DeepSeek赋能职场办公与科学研究开发实践（玩转篇+开发篇）

杨秀璋　党超辉　杜瑞祺　钟睿杰　刘　斌　著

北京航空航天大学出版社

图书在版编目(CIP)数据

DeepSeek 赋能职场办公与科学研究开发实践:玩转篇+开发篇 / 杨秀璋等著. -- 北京 :北京航空航天大学出版社,2025. 6. -- ISBN 978-7-5124-4813-1

Ⅰ. TP18

中国国家版本馆 CIP 数据核字第 2025KT6182 号

DeepSeek 赋能职场办公与科学研究开发实践(玩转篇+开发篇)

杨秀璋　党超辉　杜瑞祺　钟睿杰　刘　斌　著

策划编辑　董宜斌　　责任编辑　董宜斌

*

北京航空航天大学出版社出版发行

北京市海淀区学院路 37 号(邮编 100191)　http://www.buaapress.com.cn

发行部电话:(010)82317024　传真:(010)82328026

读者信箱:bhpress@yeah.net　邮购电话:(010)82316936

北京雅图新世纪印刷科技有限公司印装　各地书店经销

*

开本:710×1 000　1/16　印张:17.5　字数:394 千字

2025 年 6 月第 1 版　2025 年 6 月第 1 次印刷

ISBN 978-7-5124-4813-1　定价:69.00 元

推 荐 语

以 DeepSeek 为代表的生成式人工智能工具给我们工作和生活的各个方面都带来了惊喜，也给不少人带来了“震惊”。本书把 DeepSeek 带来的这些惊喜都详细地做了说明，期待读者们能在实践中发掘更多的惊喜。

——前微软研发经理、热门书籍《编程之美》《构建之法》作者　邹欣

人工智能将成为持续推动世界发展的生产力。在当前阶段，人工智能技术的实际应用变得愈发重要。本书聚焦当下热点 DeepSeek，结合了一系列实用的前沿技术，从实战角度带领读者穿梭多个实际场景、剖析技术挑战和解决方案，非常实用！

——微软最有价值专家、微软技术社区区域总监、腾讯云专家、
苏州市人工智能学会理事、盛派网络创始人兼首席架构师　苏震巍

很荣幸拿到了《DeepSeek 赋能职场办公与科学研究开发实践》新书的样章，拜读后如沐春风，对 DeepSeek 在编码领域的应用又收获了不少新的认知，尤其是 AI 应用开发领域最热门的 Agent、RAG 和 MCP 等，相信大家读完后也会和我有一样的感受。AI 爆发的时代，让我们也成为那个自信的生产力工具人！

——互联网技术大 V、GitHub 星标 13000＋、《Java 进阶之路》作者　沉默王二

DeepSeek 正深刻影响着我们的工作与生活。本书作为一部系统且全面的 DeepSeek 应用实战指南，旨在帮助读者系统而深入地掌握和应用这一强大的工具。本书的作者是 CSDN 社区的资深博主，多年来撰写了数百篇原创博文，累计访问量达数千万次。他们专业严谨、热心分享的精神贯穿全书，努力将复杂的 AI 技术化繁为简。全书按照基础篇、实战篇、玩转篇、开发篇的结构，层层递进，带领读者从零开始，逐步成长为具备深厚技术积累的开发者。本书行文深入浅出，兼具专业性与亲和力，不仅讲解技术原理，更注重实际应用场景，相信无论是初涉 AI 领域的新手，还是追求技术突破的专业开发者，都能从中汲取丰富的知识与启发。

——CSDN&《新程序员》执行总编、《万有引力》主理人　唐小引

本书由微软 MVP、阿里云、华为云、CSDN 等多重身份的技术专家团队组成，凝聚十年产业深耕经验，以其深厚的技术功底和丰富的实战经验，为我们呈现了一本从 DeepSeek 基础应用到 MCP 高阶开发的全面指南。本书内容由浅入深，既有理论基础又有实战案例，是 AI 时代不可多得的实用宝典。

——LangGPT 创始人、畅销书《智能体设计指南》作者　云中江树

市面上谈 AI 的书，多如牛毛。大多给你看看 AI 的风景，让你惊叹一番，然后呢？然后你该搬砖的还是搬砖，该迷茫的还是迷茫。该团队的这本《DeepSeek 赋能职场办公与科学研究开发实践》不一样，不跟你谈情怀，直接告诉你怎么用 DeepSeek 实实在在地干点事，解决点问题，哪怕是多摸五分钟鱼，那也是生产力的解放。

——ICHIDO DX 创始人、微软 MVP　李祺

与本技术团队始于 CSDN 相关活动而结缘，同为武大校友却素未谋面。该团队凭借深厚学识造诣与卓越技术能力让人钦佩，受其邀请为本书作序，倍感荣幸！

在 DeepSeek R1 版本于年初震撼发布后，该团队敏锐地捕捉到 AI 在职场提效与科研创新应用中的两大刚需，精心构建了一套以“基础—实战—进阶”为脉络的 DeepSeek 范例式 AI 应用框架。该框架涵盖理论筑基、办公破局、多模态探索以及科研攻坚四大板块，通俗易懂，又兼具专业深度。在数智化转型大背景下，本书以技术能力与业务价值双轮驱动，为数智化转型提供了清晰的实践路线。这本兼具前瞻性与实用性的著作，能够帮助读者真正实现“AI 赋能”，从而在智能时代牢牢掌握主动权。

——湖北移动 IT 架构师、高级工程师、高级专家　姜文平

《DeepSeek 赋能职场办公与科学研究开发实践》从基础操作到高级开发构建起完整的知识谱系。这部作品深度覆盖生成式人工智能的全场景应用，既适合初学者快速入门，也能为进阶开发者提供技术指导，堪称 AI 工具应用领域的“实战手册”。

——CSDN 博客专家、2021 年、2022 年博客之星、
北京数原数字化城市研究中心 高级算法工程师　王浩

《DeepSeek 赋能职场办公与科学研究开发实践》是一部极具价值的全面实用指南。本书作者凭借深厚的人工智能专业洞察，将大模型 DeepSeek 的核心应用精髓提炼为 4 大篇章、19 章的系统内容。本书覆盖了从基础概念到复杂职场场景应用，从创新思维

的实践转化到前沿开发技术的探索，构建了一个循序渐进的知识体系，确保不同层次的读者——无论是AI新手还是资深开发者——都能从中汲取所需，满载而归。书中结合丰富实际案例的讲解方式，将高深技术阐释得浅显易懂，为读者提供了立竿见影的操作方案。在人工智能深刻变革各行各业的今天，这本被誉为"DeepSeek is all you need"的著作，不仅是前沿的技术指南，更是助您提升职业竞争力、把握时代脉搏的必备利器。

——启明星辰资深算法工程师 CSDN2024博客之星第一名　刘洋

人工智能之兴，如日中天，其势不可挡。本书以DeepSeek为纲，分4篇19章。筑基明理，实战破局，玩转生趣，开发致远。以其全面的内容和实战案例，为读者提供了一条从基础到高级应用的清晰路径。无论是初学者还是资深专业人士，都能从中获得宝贵的知识和技能。这不仅是一本技术指南，更是一本开启智能办公和科学研究新篇章的钥匙。

余力荐此书于诸君，愿其于职场、科研中，以人工智能之力，增效创新。《DeepSeek赋能职场办公与科学研究开发实践》——一器而百工备焉！

——资深运维工程师与培训讲师 华为云社区十大博主　邓伟斌(金鱼哥)

随着大模型与生成式人工智能技术的迅猛发展，DeepSeek作为国产大模型的代表，正在重塑我们的工作与学习方式。《DeepSeek赋能职场办公与科学研究开发实践》是一本系统且实用的著作，围绕基础知识、办公实战、创意玩法与开发探索四大模块，结合大量真实案例与操作技巧，深入浅出地展现了DeepSeek在职场提效、科研探索与开发创新中的广泛应用。

本书结构清晰，案例丰富，不仅适合初学者快速入门，也为进阶读者提供了深入研究与实际落地的指导。尤其在AI技术加速普及的当下，它为各类职场人士与科研工作者提供了可操作、可复制的实践路径，有助于全面提升AI生产力水平。

本书作者团队长期专注于前沿技术研究，兼具深厚的理论功底与丰富的一线工程经验，致力于推动大模型技术的实际应用。作为一名工程师，我真诚推荐这本书给希望理解、使用甚至参与构建大模型系统的读者。它值得你细读、实践，并从中获得启发。

——前亚马逊云科技软件工程师　徐溥

《DeepSeek赋能职场办公与科学研究开发实践》聚焦大模型驱动下的科学研究与职称办公前沿，系统阐述DeepSeek在艺术创作、场景构建与内容增强等领域的实践能力。全书结合可视化效果与提示词策略，辅以典型案例与操作流程，引导读者掌握从创意构思到多模态知识生成的关键路径,适合关注 AIGC 应用与生成式智能技术的研究者与开发者深入阅读。

——南京农业大学 数字人文方向博士 武帅

《DeepSeek 赋能职场办公与科学研究开发实践》系统梳理了大模型在办公、科研、创意与开发等领域的应用路径,融合 200+真实案例与图文实操指南,是一本从入门到实战、兼顾理论与操作的 AI 实践手册,值得每位时代学习者珍藏与践行。

——武汉大学 移动安全与人工智能方向博士 张冬妮

序

回首,2016 年北京航空航天大学出版社的董宜斌老师邀我写书,那时我刚从北理硕士毕业,怀揣满腔热血回到家乡贵州,想一头扎进计算机教育事业。作为一名初出茅庐的“青椒”,写书?哪有资格。然董老师一语点醒,也恰逢我想为爱人献上一份特别的求婚礼物,于是,《Python 网络数据爬取及分析从入门到精通》上下两册应运而生。

弹指间,十年飞逝。如今的我,已是两位小可爱的父亲,博士毕业,也经历了工作辗转沉浮。技术洪流奔涌不息,董老师再次向我发出邀约——撰写一本关于 DeepSeek 大模型的书籍。思考许久之后,我欣然应允,心想:这何尝不是送给两个宝贝的一份成长礼物,亦是我自 2011 年起在开源社区耕耘十四载后,一次新的沉淀与总结。三十四岁的娜璋回望二十四岁的自己,昔日时光恍如昨日:我伏案敲击键盘,她执笔细细校稿,那份专注与默契,至今萦怀。

本书同样承载着我对黔山秀水的赤子深情,对妻子与儿女的无尽爱意与感激。犹记小珞看到书中他和妹妹的图像被大模型神奇地幻化成电影海报时,乐呵呵地问:“爸爸,我怎么成电影海报了,《黔门弄武虎山行》啥时候放映啊?”童言稚语间,既惊叹于大模型化虚为实的神奇伟力,又流淌着融融天伦之乐。这份温暖,正是支撑我许多个夜晚在书房的暖灯下,伴着小宝均匀的呼吸声,哒哒敲击键盘的原动力。

转眼间,距离上一本书已匆匆十年!技术迭代之速令人目眩。当年笔耕所向,还是机器学习与大数据分析的天地;如今,大模型、AIGC、智能体已如潮涌,重塑着时代的边界。未来我们的孩子将面对怎样的智能世界?新旧技术又将如何交汇演变?难以预料。唯愿孩子们能怀揣对家人的挚爱与对科技的好奇,以乐观开放之心,拥抱那充满无限可能的未来。

技术浪潮奔涌,DeepSeek 应时而生。作为国产大模型的卓越代表,其强大的理解、生成、推理与多模态能力,正深刻重塑着工作与科研的范式。本书取名《DeepSeek 赋能职场办公与科学研究开发实践》,正是源于这份期许——DeepSeek is all you need,它足以成为你探索智能时代的一把万能钥匙。我们精心构建了基础、实战、玩转、开发四大篇章,共十九章内容。从大模型通识与提示工程精要,到赋能 Office 办公、商业策划、科研论文、编程开发;从玩转图像、语音、视频生成,再到深入 Agent 开发、大模型微调、RAG 增强与智能体实战。我们力图为您呈现一条清晰、实用、充满乐趣的进阶之路。无论您是初探 AI 的职场新人、寻求效率突破的研究者,还是渴望创新的开发者,都能从中找到属于您的“赋能点”。

本书的灵魂在于“实战”与“易懂”。我们深知,再先进的技术,唯有落地方能彰显价值。因此,书中摒弃了空洞的理论堆砌,代之以丰富详实的案例、步步为营的操作指南和接地气的使用技巧。它可能是您职场中一键生成的精美图表、自动化处理的繁琐文档;是科研路上精准提炼的文献笔记、灵感迸发的创新润色;是新媒体人笔下引人入胜的爆款文案;是程序员手中高效可靠的代码助手;甚至,它也可以是孩子手中一套独一无二的 AI 绘本、一张趣味盎然的单词卡片、描绘黔山秀水的一个妙趣文案……DeepSeek 的价值,在于它能无缝融入您工作、学习与生活的每一个角落,激发无限可能。

然而,大模型技术日新月异,应用场景浩瀚如海。尽管我们团队倾尽全力,力求覆盖广泛、讲解透彻,但书中内容难免存在疏漏或值得商榷之处。技术的快速发展也可能使得部分前沿探索在付梓之时已有了新的进展。我们真诚地期待并欢迎各位读者、专家和同仁不吝赐教,提出宝贵的意见与建议。您的真知灼见,将是我们未来修订完善、持续探索的不竭动力。唯有在交流碰撞中,知识才能焕发更璀璨的光芒。

本书的诞生,是众人拾柴火焰高的结晶。首先,由衷感谢与我并肩奋战的创作核心团队——党老师、杜老师、刘老师和睿杰!我们从不同行业、多元视角出发,结合亲身实践与深度洞察,将 DeepSeek 在办公提效、科研加速、营销创新、内容创作乃至寓教于乐等领域的赋能之道,抽丝剥茧,倾囊相授。同时,深深感激北京航空航天大学出版社的鼎力支持,感谢贵州大学及所属团队,感谢撰写推荐语与提供建议的师长们,感谢开源社区与众多博友们,感谢人生路上的引路人与同行者,最后,特别感谢我的妻子娜女神,你的理解、包容与默默付出,始终是我最坚强的后盾和最温暖的港湾,感谢小珞和小贝带来的无尽欢乐与动力。我们唯一的夙愿,是助您从零起步,轻松开启独属于您的大模型之旅,让智能的星光点亮您前行的每一步。

行文至此,不禁想起当年女神曾为拙作书评时那句深情话语:"杨老师是一个善良、纯粹而又执着的人,日常交往中人们很容易在他身上建立起信任感,他对得失的毫不计较,对教育事业的虔诚,对他人的真挚友善,对知识的尊重与渴望,无不深深打动着身边的人。程序员有很多种,他可能并不是技术最厉害的,但他选择了一条更为艰难的路,学习积累,潜心创作,教书育人,用一篇篇文章,一个个精彩的案例去帮助更多人。作为长期陪伴他左右的人,我敬他、恋他,深深地知道他对整套书所倾注的炽热情感与心血,此生幸事莫过于得一知己共白首"。字字句句,至今读来仍令我热泪盈眶。这份理解与支持,是我十年如一日笔耕不辍的永恒动力。愿我们一家人健康平安,幸福绵长。

希望这本凝聚了我们心血、热忱与集体智慧的《DeepSeek 赋能职场办公与科学研究开发实践》,能成为您驾驭智能时代的得力伙伴。DeepSeek is all you need,期望你我均能体会其魅力,并共同探索其边界。愿我们都能在技术的星辰大海中,保持那份最初的赤子之心。知行合一,砥砺前行,共同书写属于这个智能时代的精彩篇章,领略无尽的数智之美!期待您的反馈,愿与您同行于智能探索之路。

杨秀璋
2025 年 6 月 6 日夜于贵阳

前　言

近年来，随着人工智能技术的快速发展，以大语言模型(Large Language Models，LLMs)为核心的新一代生成式人工智能(AIGC)技术强势崛起，正以前所未有的速度重塑人类社会的知识生产方式与工作模式。大模型的发展不仅实现了自然语言理解、文本生成、代码编写、知识推理等多模态、多任务的统一建模，更成为驱动千行百业智能化转型的核心引擎。它们早已突破实验室的边界，深度融入日常工作的各个环节，成为提升效率、激发创意、拓展认知的“思维引擎”。本书以“DeepSeek is all you need”为核心理念，旨在引领每一位读者掌握这把开启智能未来的万能钥匙。

一、DeepSeek is all you need——打开通往智能未来的大门

为何大模型能掀起这场风暴，其核心在于实现了“机器对人类思维范式深度适配”的革命性突破。这意味着，无论是拥有专业知识的职场人士、科研人员，还是其他领域的探索者，都无需精通复杂代码，仅需用自然语言表达需求即可借助大模型自动化繁琐任务、生成创意内容、进行深度分析、辅助决策判断。这极大地降低了智能技术的应用门槛，使“人人可用 AI”成为现实。

在这场浪潮中，DeepSeek 作为一款国产优秀大语言模型平台，凭借其开放易用、多平台兼容、自主可控、拥抱开源及强大的多模态支持能力，赢得了广泛青睐。DeepSeek 不仅仅是一个强大的“内容生成器”，更是一个专注于“能力赋能”的综合性平台。它具备卓越的自然语言理解与生成能力、强大的逻辑推理与代码能力，并对中文语境和本土需求有着深刻洞察。“DeepSeek is all you need”正是对这一愿景的最佳诠释——它致力于成为您开启智能未来的金钥匙，无缝融入工作、学习乃至生活的方方面面，激发无限潜能。

《DeepSeek 赋能职场办公与科学研究开发实践》正是在这样的背景下应运而生。本书的目标非常明确：系统化、实战化、深入浅出地展示 DeepSeek 如何切实赋能日常工作与科学研究，释放 AI 的巨大潜力。愿此书成为您通往大模型赋能职场与科研的通用钥匙，点燃您探索智能时代的热情——无论您身处何方、从事何业，此刻即可携手 DeepSeek，共同迈进智能未来的大门。

二、全景式解锁 DeepSeek 的智能赋能体系

全书分为两册，上册为基础篇与实战篇，下册为玩转篇与开发篇。全书以“基础—实战—玩转—开发”为脉络，构建了从掌握核心概念到大模型技术灵活运用，再到趣味玩转大模型和创造性开发实战的完整能力成长路径。具体内容如下：

第一部分基础篇(第 1～4 章)旨在为读者筑基核心能力，使读者掌握 DeepSeek 使

用及安装的入门知识。第 1 章通过介绍生成式 AI 与大模型的发展脉络、核心架构,并深入剖析 DeepSeek 的差异化技术特色与国产优势,读者将建立起坚实的理论基础。第 2 章聚焦 DeepSeek 实战的系统化提示工程,详解 CRISPE、CO-STAR、思维链等结构化框架,掌握高效引导模型产出高质量结果的精髓。第 3 章是 DeepSeek 平台的极速上手,从注册登录到深度思考、联网搜索、文件处理、个性化风格生成等核心功能的详解,辅以诗歌创作、题目解答等丰富示例,快速建立使用信心。第 4 章提供多平台灵活部署指南,覆盖本地、云端、移动端以及硅基流动等多种环境,并详解 API 与第三方工具集成,确保读者能更好地调用 DeepSeek,实现理论认知与基础操作的全面认识。

第二部分实战篇(第 5~11 章)直击职场办公与科研核心痛点,通过 DeepSeek 深度赋能实现效率倍增、完成个性化任务。第 5 章结合 XMind、Mermaid、PyEcharts、Gephi/Neo4j 等工具实现从思维导图到知识图谱的多样化专业可视化分析。第 6 章深度集成 Office/WPS,在 Word、Excel、PPT 中实现智能报告撰写、表格分析与动态图表 PPT 的一键自动化生成。第 7 章优化简历、教案、周报、演讲、信函等场景,提供职场全流程效率提升的 DeepSeek 解决方案。第 8~9 章覆盖市场调研、用户画像、乡村振兴策划、电商及新媒体文案,高效完成商业洞察与创意内容生产。第 10 章贯穿论文精读(自动提炼创新点与知识图谱)、研究设计到项目申报,显著提升科研工作效率。第 11 章从 LeetCode 解题、代码优化、项目开发到数据清洗、分析与报告生成,全方位提升开发者与分析师的工作效能。

第三部分玩转篇(第 12~15 章)突破文本界限,探索 DeepSeek 在文字、图像、语音、视频多模态生成与知识管理中的创意潜能。第 12 章利用 Cherry Studio、纳米 AI、Obsidian 等工具搭建销售、学术等专属本地知识库,实现基于私有数据的个性化智能问答与高效知识管理。第 13 章玩转图像生成,通过艺术迁移(梵高风)、历史修复(侗族银饰)、绘本创作及非遗剪纸,解锁艺术表达与创意图像生成能力。第 14 章从中英文朗读、AI 作词作曲(豆包/剪映/Suno 谱曲)到 RAP 生成、智能会议纪要,赋能高效且富有创意的语音内容创作与应用。第 15 章结合即梦 AI、豆包、Vidu 等工具,覆盖教学动画、文学活化(孔乙己)、治愈视频、趣味内容到文化传承(古诗吟唱),展示从创意构思到视频成片的 DeepSeek 全流程强大赋能,玩转 DeepSeek,让我们的生活更有趣。

第四部分开发篇(第 16~19 章)面向开发者深入技术腹地,探索 DeepSeek 定制化智能解决方案的开发实践。第 16 章通过扣子平台构建语音交互 Agent、文献推送系统及多模态融合应用,实现低代码高效开发复杂智能体与工作流。第 17 章聚焦幻觉问题,手把手教学使用 LLaMA-Factory 对 DeepSeek 进行 LoRA 微调(以威胁情报提取为例),显著提升模型在特定领域任务的可靠性与精准度。第 18 章结合 GraphRAG 技术与 Neo4j 可视化,通过实战案例详解高级 RAG 应用,构建基于 DeepSeek 的强大多源知识检索与推理系统。第 19 章解析 ReAct 智能体架构与 MCP 协议机制,实战开发财务分析、智能出行(高德地图)、旅游知识图谱(贵州)等 Agent,探索 DeepSeek 驱动复杂智能体应用的尖端开发范式。

三、致读者

本书以系统性赋能为核心目标，构建了一套面向职场办公、科学研究与智能开发的大模型跨领域知识应用体系。全书以“基础—实战—玩转—开发”四大板块为架构脉络，从入门使用到场景融合，从创意生成到智能体部署，逐步引导读者迈入以大模型为核心的智能生产新时代。这不仅是一本实操手册，更是一部为推动普惠 AI 教育、激发多元创新而打造的“会呼吸的”实践宝典。本书具备四项关键特质，赋予其独特的价值底色。

首先，它紧贴国家“人工智能+”与大模型战略部署，围绕大模型助力千行百业、赋能智联网生态展开，致力于为职场、科研与教育领域培养具备实战能力的复合型人才提供系统支撑。结构上，四大篇章层层递进，既全面覆盖 DeepSeek 在文档写作、数据分析、视觉生成、语音视频创作等核心应用场景，又兼顾工具搭建、RAG 检索增强、智能体开发等前沿技术探索，力图实现从 0 到 1、从学到用的闭环引导。

其次，本书场景案例实证严谨，书中囊括 200 余个真实案例，覆盖行业职场、高校科研、乡村教育、电商营销、非遗保护、新媒体创作等多个行业领域。本书的五位作者具有多年的人工智能探索和编程开发应用经验，在多个领域深耕技术多年，为读者提供了最实用和有趣的案例。例如学术论文深度阅读与图谱重构、非物质文化遗产图像修复、旅游营销文案生成、代码重构与图形化展示等，案例真实、实操性强，极具借鉴意义。

最后，语言风格通俗易懂，技术表达深入浅出。本书拒绝堆砌术语，将复杂技术转化为可复用、易上手的“技能模块”，帮助读者迅速上手、灵活迁移，即便是初学者或非技术背景用户，也可借助图文指引完成实践操作。例如第 9 章中借助 DeepSeek 快速生成爆款小红书文案，第 13 章中定制化生成微信头像与海报图形等内容，生动贴近真实场景。值得一提的是，开发篇还涉及 LoRA 微调、DeepSeek-RAG 推理、MCP 协议与多智能体开发等前沿主题，为读者搭建起从应用到研发的桥梁。

此外，本书特别设计了“轻量化学习路径”，所有案例均提供本地与云端双重部署方式，即使在设备资源受限的山区学校，也可通过手机或终端访问 DeepSeek 官网即可使用相关功能。同时，案例内容深度融合了民族文化传承、非遗保护、幼儿教育、乡村振兴、科学研究、职场办公等主题，致力于通过 AI 技术助力社会价值实现，使 DeepSeek 真正成为“人人可用、处处可用”的智能工具，真正实现 DeepSeek 技术赋能各行各业。

总之，本书全面深入地展示了其独特的价值、严谨的编写思路以及丰富实用的内容体系，能有效激发目标读者的阅读兴趣和购买欲望。面向不同读者群体，我们亦提供明确的阅读路径与实践建议。

（1）对于职场人士：本书能全面赋能提升办公效率。第 6 章与第 7 章重点讲解如何利用 DeepSeek 优化市场调研报告、构建动态 PPT 并完成精准润色，让日常办公从“机械操作”走向“智能创造”。第 12 章的企业知识库构建案例，适用于运营管理、市场分析、人力资源等多类岗位，帮助职场读者显著提升文案产出效率与信息管理能力。

（2）对于高校教师与科研工作者：本书能帮助大家更好地从事科学研究与教书育

人。第 5 章可以帮助刚入大学的同学更好地进行可视化分析;第 10 章聚焦论文阅读、创新点提取、基金申请材料润色与思维导图自动化生成;第 18 章介绍的 GraphRAG 推理引擎可助力学者开启知识图谱构建研究;第 16—19 章则为计算机相关专业教师提供从低代码智能体搭建到智能系统开发的可教学案例。

(3) 对于小学、初中和高中一线教师:本书是教学创新的实用工具箱。第 7 章与第 14 章展示如何生成个性化教案、课程目标、课件内容、音视频材料,适配核心素养导向的教学设计。无论是语文老师借助 DeepSeek 让课本人物“活起来”(如孔乙己),还是科学教师生成科普视频、图像与图解教学材料,皆可快速上手,真正实现“AI 助教”的课堂落地。

(4) 对于大学生与研究生:本书可作为“AI 时代的学术助手与求职引路人”。从第 3 章的基础使用,到第 11 章的数据分析与编程实战,再到第 7 章的个性化简历生成与面试话术设计,均围绕学生实际发展需求展开。借助 DeepSeek,大学生可以更高效地提升专业技能、开展学科竞赛与研究探索;研究生群体可借力论文自动阅读、文献综述辅助、学术写作指导等功能显著提升科研效率。

(5) 对于父母群体与育儿教育者:本书提供了 AI 赋能家庭教育的全新视角。第 14 章和第 15 章展示了如何与孩子共同创作儿歌、绘本、动画故事,激发创造力与表达力。通过 DeepSeek 生成的儿童科普图像、亲子共读内容,不仅提升亲子互动质量,也为乡村家长提供了低成本的素质教育资源。

(6) 对于泛兴趣读者与数字素养提升者:本书是探索生成式 AI 的一本全景式实战手册。从图像风格迁移与旧照片修复(第 13 章),到旅游文案生成、社交媒体短视频创作(第 9 章、第 15 章),再到本地知识库搭建与音视频 AI 创作(第 12 章、第 14 章),均提供了零门槛、强体验的实践内容。无论您是自媒体创作者、非遗文化爱好者,还是希望拥抱未来技术的探索者,都将在本书中发现灵感。

总之,本书既可作为高校“智能技术应用”(含人工智能、大模型)类课程教材,亦可作为行业数字化转型的实践指南。我们期待读者将 DeepSeek 的赋能价值转化为个体认知进阶与组织效能提升的持续动能。

此外,为更好地与读者交流,作者团队将在 Github 开源平台持续更新配套资源,包含教案模板、案例数据集及技术补遗。我们期待读者结合自身应用场景开展实证研究,并对书中不足之处提出批判性意见,共同推动大模型赋能范式的持续演进,也非常欢迎广大读者批评指正。开源地址如下所列:

- https://gitee.com/Zmata_admin/deep-seek-is-all-you-need;
- https://github.com/eastmountyxz/DeepSeek-is-all-you-Need。

四、版权声明与学术道德

本书为作者团队基于人工智能技术研究与教学应用经验,独立编写而成。书中所涉及的内容,包括 DeepSeek 平台使用方法、提示词设计模式、实际案例、图示流程及代码片段,旨在为读者提供系统性、实用性强的 AI 赋能路径参考。全书内容仅用于个人学习、研究与非商业性目的，不得用于任何未经授权的商业用途。本书中所提软件\网站及其开发公司无任何隶属或代理关系，所引用的界面、图示或名称，仅用于教学与学术说明场景，其版权归原版权所有者所有。任何单位或个人如需引用或改编本书内容，需征得原作者书面授权。

同时，我们团队呼吁读者：加强学术道德和学术诚信教育，营造良好的学术生态，坚决反对任何利用人工智能技术进行学术不端、数据造假、论文代写、作业代做等行为，抵制任何侵犯知识产权、制造虚假信息、攻击网络系统和大模型网站的非法用途。

大语言模型作为赋能工具，其最大价值在于启发思维、提升效率，而非替代创新和思考本身。书中案例均以“结构优化”“语言润色”“辅助思考”为导向，绝非鼓励照搬模仿或自动生成终稿。在快速演进的 AI 时代，人类的批判性思维与自主决策能力仍是学术研究与技术创新的基石。我们呼吁广大读者以负责任的态度使用生成式人工智能，将其作为认知扩展与能力提升的辅助工具，实现从“被动使用”到“主动掌控”的转变。请始终坚守“人类智慧主导、AI 工具协同”原则，让技术真正成为激发新质生产力的火种，而非消解创造力的枷锁。

五、致谢与感恩

本书的完成，凝聚了众多伙伴的智慧与心血，是一场跨越学科、行业与地域（北京、贵州、新疆）的深度协作旅程。首先，诚挚感谢创作团队中志同道合的伙伴——杨秀璋、党超辉、杜瑞祺、钟睿杰、刘斌。我们在技术探索与应用实践的道路上并肩前行，将彼此在教育、科研、政企咨询等领域的第一线经验融汇于书中，共同构建出这本体系化、实用性强、覆盖面广的 DeepSeek 应用指南。

特别感谢北京航空航天大学出版社在出版过程中的大力支持，感谢董宜斌老师的付出和校稿，感谢贵州大学陈玉玲教授团队的帮助，也感谢指导和鼓励我们持续打磨内容的各位师长与同仁们。在本书撰写过程中，我们曾多次与行业多位专家深入交流，感谢你们提供的建设性意见与推荐语，老师和专家们包括：邹欣、苏震巍、唐小引、沉默王二、于巍、李祺、云中江树、姜文平、满达、王浩、张艳、刘洋、刘思雨、邓伟斌（金鱼哥）、梁迪 Chris、徐香香、红月姐、徐溥、张冬妮、武帅、陈超帆、姚迪、杨子轩等。

此外，我们也衷心感谢开源社区及技术博客作者，是你们的无私分享为我们在构建本书案例与代码时提供了坚实基础。感谢 CSDN、华为云、微软云技术、阿里云栖、腾讯云、公众号、知识星球、知乎、Gitee、Github 等技术社区平台多年来对本书作者们博客与专栏的支持，也感谢所有参与试读与反馈的读者，你们提出的每一条意见，都是我们持续优化内容的动力源泉。愿这本书能为每一位读者点亮探索智能世界的起点，激发你我共同奔赴更加高效、有趣、富有创造力的明天。

本书的撰写和出版过程中得到了贵州省基础研究（自然科学）基金（No. 黔科合基础 MS[2025]686）、贵州省科技重大专项计划（No. [2024]014）、贵州省科技支撑计划项目（No. 黔科合支撑 PA[2025]004）、贵州大学引进人才科研项目（No. 贵大人基合(2024)15 号）、贵州省算力网络安全防护科技创新人才团队（No. 黔科合人才 CXTD

[2025]029)等项目及其所在团队的大力支持,也得到贵州大学公共大数据国家重点实验室和贵州省大数据产业发展应用研究院的支持和帮助,在此表示诚挚感谢。

尽管我们在内容编排与案例设计上力求严谨、系统,但受限于个人视野与时间精力,书中难免仍有疏漏、不当或表达不够准确之处,恳请广大读者批评指正。如您在阅读过程中发现任何错误、歧义或改进建议,欢迎通过联系北京航空航天大学出版社、Gitee(Zmata_admin)、Github(eastmountyxz)、公众号(娜璋 AI 安全之家)反馈,我们将虚心采纳、持续修订,以期后续版本更加完善。

衷心感谢每一位关注和支持本书的读者,您的建议与鼓励,正是推动本书不断进步的原动力。期待与您在开源社区相遇,共塑智能时代的温度,共勉!

作　者
2025 年 6 月

目　录

玩转篇

开 发 篇

玩转篇

第 12 章　DeepSeek 玩转本地知识库

在智能信息管理与知识获取需求日益增长的背景下，本章系统探讨了如何基于 DeepSeek 构建与应用本地知识库，实现高效、私有且智能的知识交互能力。借助 DeepSeek 强大的语言理解与生成能力，用户可通过与 Cherry Studio、纳米 AI、Obsidian、RAGFloa 及 AnythingLLM 等平台的集成，实现涵盖学术文献管理、AI 博客撰写、新闻知识汇总与数据库构建的多元本地化知识系统部署。本章为职场办公与科研工作提供可控、安全且具扩展性的知识智能服务方案，为后续深入探索大模型知识增强应用奠定了实践基础。

12.1　DeepSeek+Cherry Studio 搭建本地学术知识库

首先介绍如何利用 DeepSeek 和 Cherry Studio 在本地搭建学术知识库。

12.1.1　DeepSeek 和 Cherry Studio 配置

Cherry Studio 是由硅基流动推出的本地智能交互平台，专为开发者和 AI 从业者设计，支持多种大语言模型的接入与调用。平台集成模型接口管理、本地知识库构建、语义检索、插件扩展等功能，适用于智能问答、代码生成、摘要提取等任务。用户可导入文档并通过嵌入模型实现向量化处理，构建语义驱动的本地问答系统。Cherry Studio 支持 DeepSeek 等主流模型的 API 接入，提供可控、安全、高效的私有化应用环境，广泛应用各类场景。

■ https://cherry-ai.com。

下面详细讲解 DeepSeek 在 Cherry Studio 中的本地部署，其主界面如图 12.1 所示。

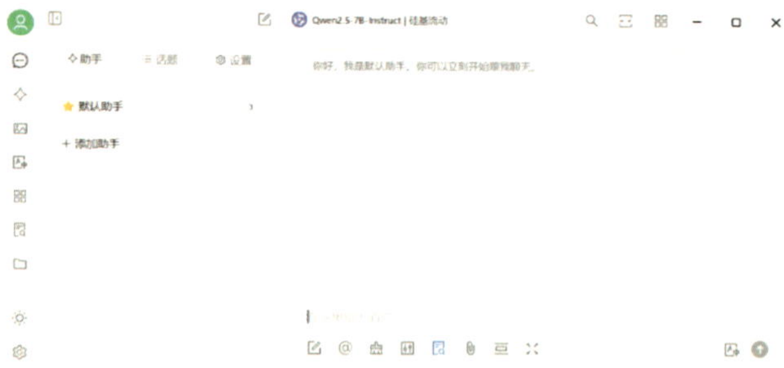

图 12.1　Cherry Studio 主界面

第一步，下载 Cherry Studio 软件并安装。

第二步，打开硅基流动官网，注册并登录账户（见图 12.2）。

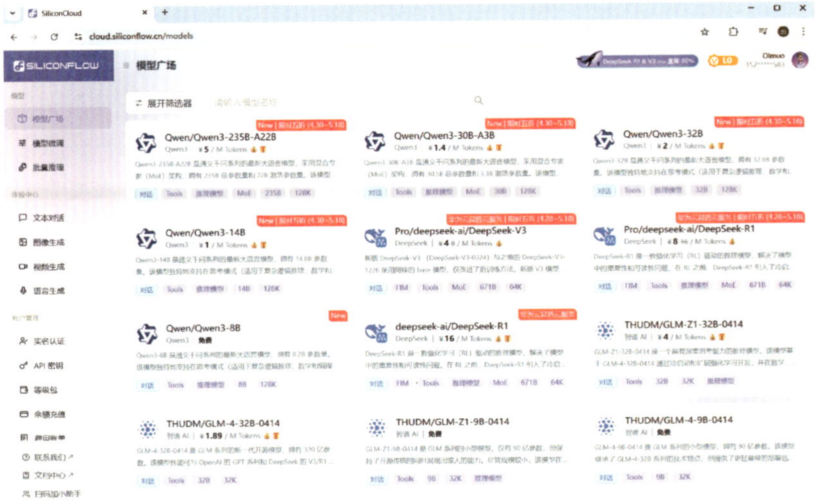

图 12.2　硅基流动主界面

■ 官方地址为：https://siliconflow.cn/zh-cn。

第三步，在左侧单击“API 密钥”，再新建 API 密钥，将其描述设置为“StudyBase”（见图 12.3）。

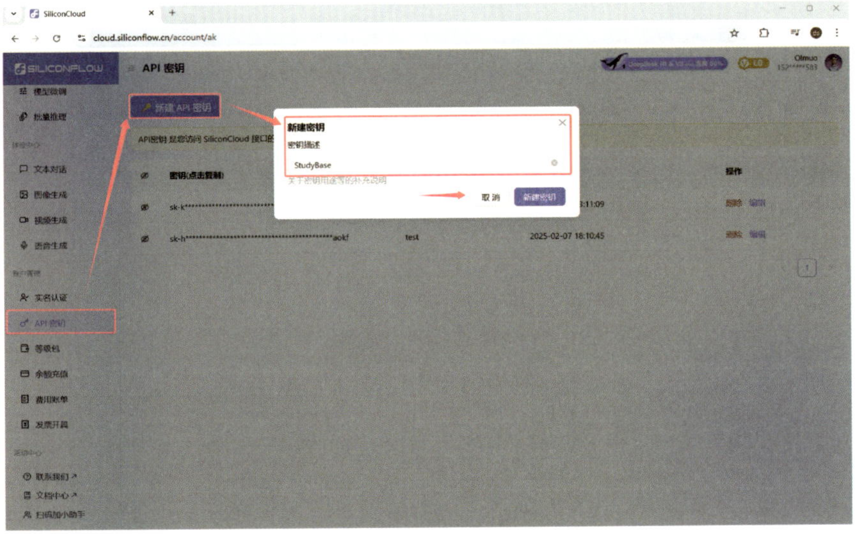

图 12.3　新建 API 密钥

生的成密钥如图 12.4 所示，复制刚建立的 API 密钥。

■ 密钥：sk-txheq.... xpcw；

■ 描述：StudyBase。

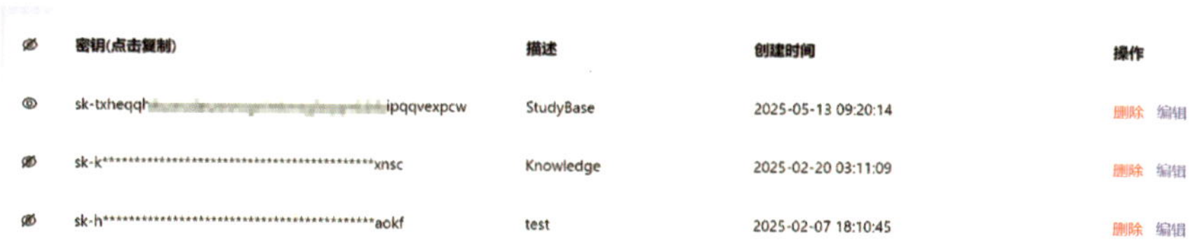

图 12.4 复制 API 密钥

第四步，在 Cherry Studio 中单击“设置”，选择“硅基流动”并输入复制的 API 密钥(图 12.5)。

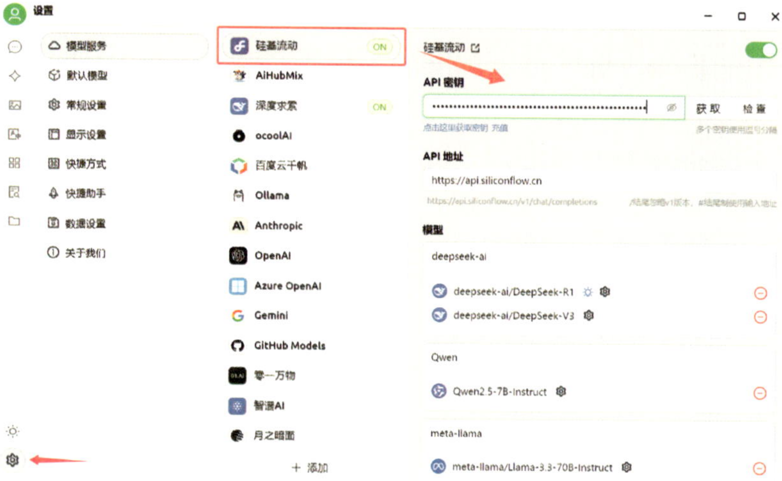

图 12.5 Cherry Studio 设置密钥

随后，单击“检查”按钮，选择对应的 DeepSeek－R1 模型，如图 12.6 所示。至此，DeepSeek 配置完毕。

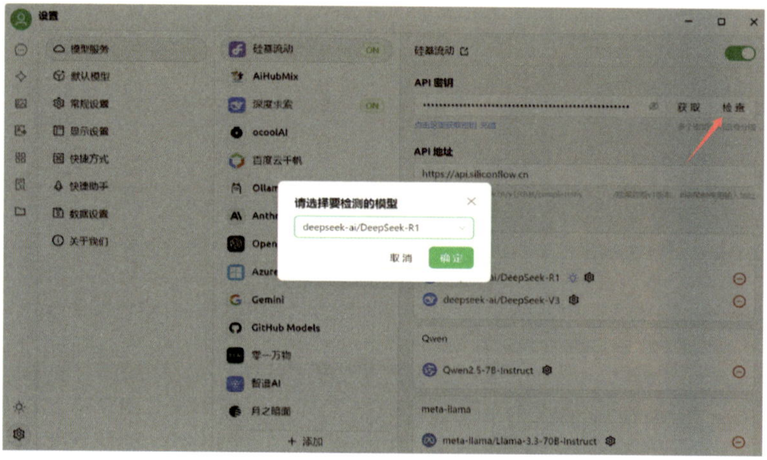

图 12.6 选择 DeepSeek 模型

完成验证确保 API 连接状态正常后，可供后续问答服务调用。接下来可以进行 DeepSeek 对话，如图 12.7 所示。

请描述大模型如何在网络安全中应用。

图 12.7 DeepSeek 智能问答测试

12.1.2 学术知识库搭建

接着搭建个性化学术知识库。

第一步，在本地整理知识库所需论文。用户需在本地收集与主题相关的学术论文（PDF）、技术报告等文件，并统一整理至指定目录。建议放置于非 C 盘路径以利持续维护与更新。如图 12.8 所示，作者整理了 APT 攻击检测、大模型安全相关论文 124 篇。

图 12.8 本地论文

第二步，在 Cherry Studio 中单击“知识库”按钮，选择“添加”(图 12.9)。

图 12.9　添加知识库

第三步，根据需要添加名称和嵌入模型。输入知识库名称“CyberSecurity”，选择嵌入模型用于向量化检索(推荐使用 BAAI/bge-m3)，如图 12.10 所示。

该部分添加的嵌入模型仅有硅基流动的 BAAI/bge-m3 模型，其为硅基流动“模型广场”→“嵌入”中的 BAAI/bge－m3 模型，如图 12.11 所示。

图 12.10　输入知识库名称和嵌入模型

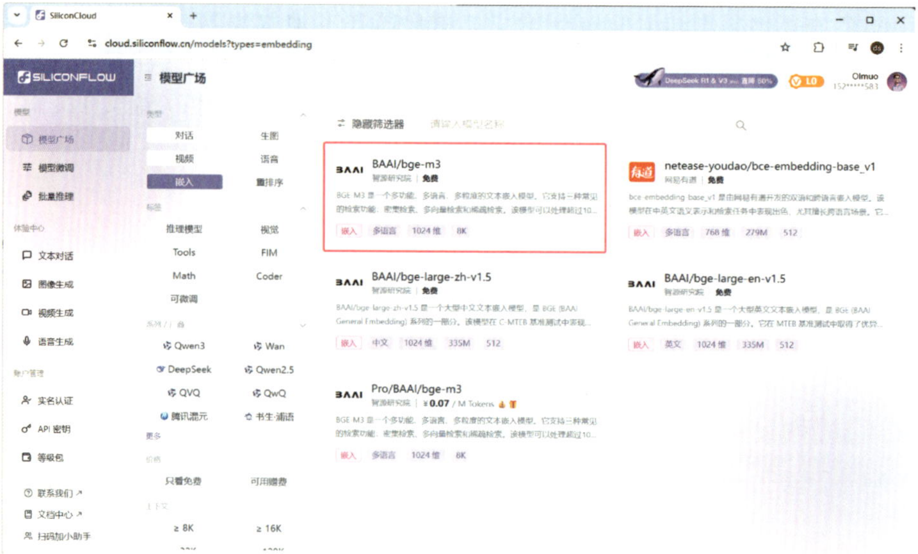

图 12.11　BAAIbge-m3 模型

第四步，添加文件目录。通过选择目录或拖拽方式导入文件，如图 12.12 所示，平台将调用嵌入模型对文档向量编码，生成高维语义索引，用于支持后续语义检索与内容匹配。

图 12.12　添加文件目录

单击“...”按钮回到对话页面，单击创建的知识库“CyberSecurity”，如图 12.13 所示。

图 12.13　开启创建的知识库

第五步，开启本地知识库的智能问答。向量处理完成后，在对话页面开启刚构建的知识库，在图 12.14 中顶部选择硅基流动创建的 DeepSeek，通过 DeepSeek 在本地知识范围内进行问答。

图 12.14　本地知识库智能问答

我现在需要一篇 APT 威胁狩猎的学术论文。

DeepSeek 生成的内容如图 12.15 所示。

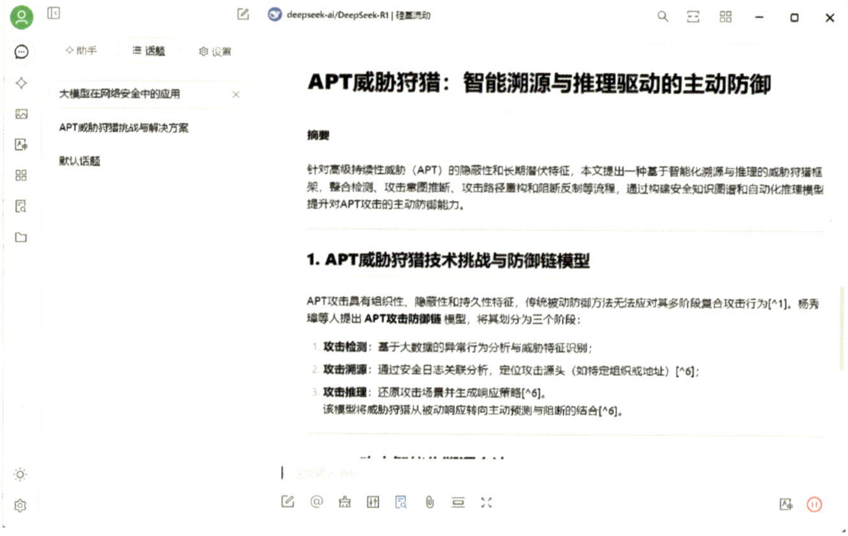

图 12.15　DeepSeek 搜索 APT 威胁狩猎

此外，读者可以单击“编辑”按钮对生成内容进行编辑(图 12.16)，更好地生成 Markdown 学习笔记。至此，该流程通过嵌入模型实现了对非结构化文档的深度向量建模，显著提升了知识库的语义检索精度与问答相关性。

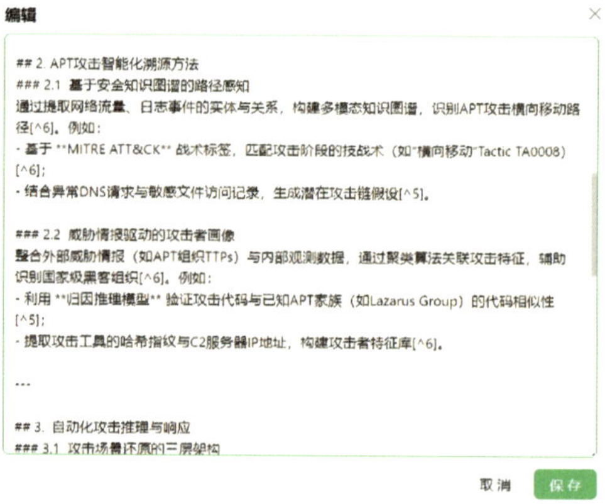

图 12.16　编辑生成内容

12.1.3　本地知识库智能交互与问答

知识库构建完成后，用户可直接基于自然语言与 DeepSeek 交互，触发对本地文档内容的语义理解与答案生成。为保证问答效果，提示词需清晰、具任务导向性。

请描述 HOLMES: Real-time APT Detection through Correlation of Suspicious Information Flows 论文的核心内容和创新点，并给出本地知识库所在地址。

输入提示词，系统将从知识库中调取相关论文，并结合摘要内容生成推荐结果，深度思考过程如图 12.17 所示。

图 12.17　DeepSeek 思考并总结论文内容

生成内容如图 12.18 所示，其很好地总结了 HOLMES 论文摘要，核心通过动态分析并关联攻击活动中产生的多阶段可疑信息流。

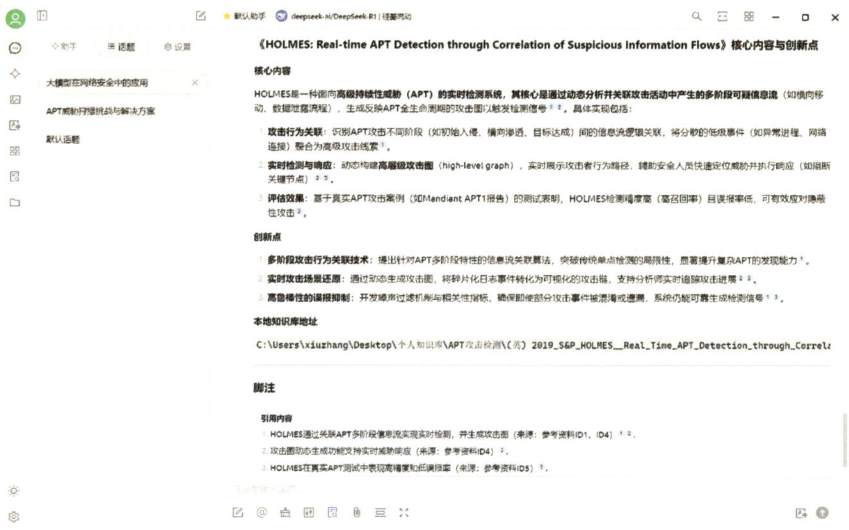

图 12.18　论文核心内容和创新点总结

为进一步验证本地知识库，可以打开 HOLMES 论文的 PDF，其结果如图 12.19 所示。

图 12.19 本地 PDF 论文

请从本地知识库中给出 3 篇代表性大模型存在的安全问题的论文,并介绍论文提出了什么方法来解决该问题的。

本地知识库搜索生成的答案如图 12.20 所示,包括 3 篇代表性论文。核心内容如下所示。

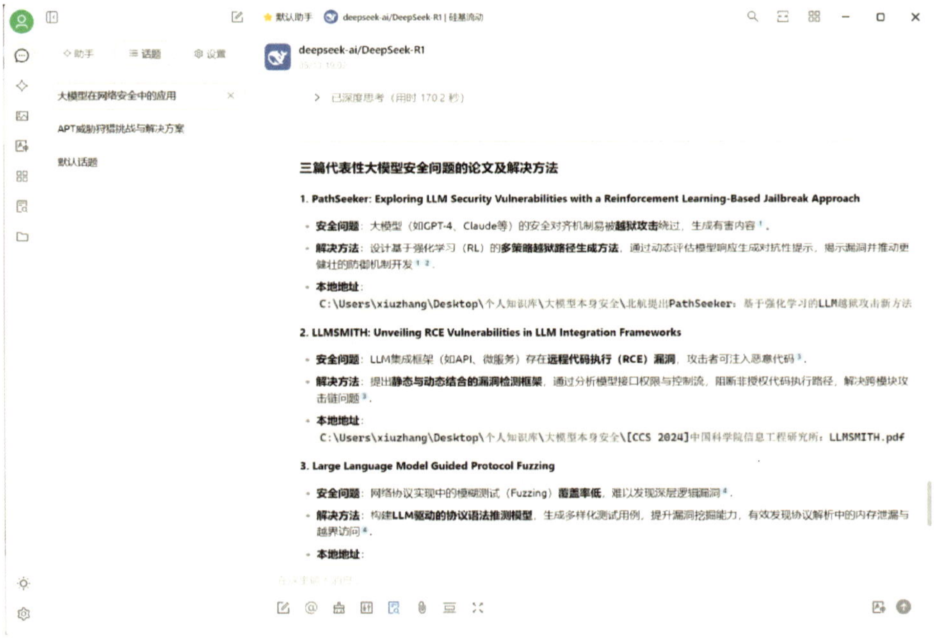

图 12.20 本地知识库搜索代表性论文

1. PathSeeker: Exploring LLM Security Vulnerabilities with a Reinforcement Learning - Based Jailbreak Approach

方法：PathSeeker 提出了一种基于强化学习的越狱攻击方法，通过生成针对性输入来绕过模型的安全机制。该方法通过实验验证了模型的脆弱性，并强调了安全对齐技术的改进需求。

2. LLMSMITH——揭秘 LLMs 集成框架与应用中的 RCE 漏洞

方法：LLMSMITH 通过分析 LLMs 集成框架的架构，揭示了潜在的 RCE 漏洞，并提出了一种基于静态和动态分析的综合检测方法，以识别并修复这些漏洞。

3. Universal Fuzzing via Large Language Models

方法：该论文提出了一种基于 LLM 的通用模糊测试方法，通过引导模型生成更符合协议规范的测试用例，提高了模糊测试的覆盖率和有效性。

DeepSeek 根据本地文件实际内容进行语义读取，并生成结构化摘要与文献引用。生成内容不仅包括摘要内容，还能列出具体论文标题与出处，甚至引用 PDF 中具体段落，图 12.21 为上述回答的本地验证。生成结果可导出为 Markdown 格式，便于二次编辑、归档与发布。论文 LLMSMITH 的本地 PDF 文件如下，发现其被创建的知识库成功学习。

图 12.21　本地论文验证

总之，DeepSeek＋Cherry Studio 实现了大语言模型在本地知识库构建、语义向量检索与智能问答中的高效协同，其适用于科研人员进行文献归纳、论文写作辅助与领域知识提取。注意，如果配置过程中报错，读者可以尝试利用 DeepSeek 协助解决。

12.2　DeepSeek＋纳米 AI 搭建本地知识库

纳米 AI 搜索是由 360 集团推出的基于大语言模型和多模态技术的搜索及内容创作

工具，是一款轻量级、本地可控的知识库构建平台，支持文档导入、向量化检索、多轮对话与大模型调用等功能，具备良好的扩展性与可视化管理界面，且已接入 DeepSeek 模型。

第一步，访问纳米 AI 官网（https://bot.n.cn）并注册登录（见图 12.22）。

图 12.22　纳米 AI 官网界面

第二步，单击“知识库”按钮并创建名为“安全知识库”的知识库（图 12.23）。

图 12.23　创建安全知识库

第三步，在“我创建的专业知识库”中单击创建知识库，会弹出如图 12.24 所示的本地上传文件界面，其支持多种模态和格式的文件上传，包括添加网址和订阅 Bilibili。

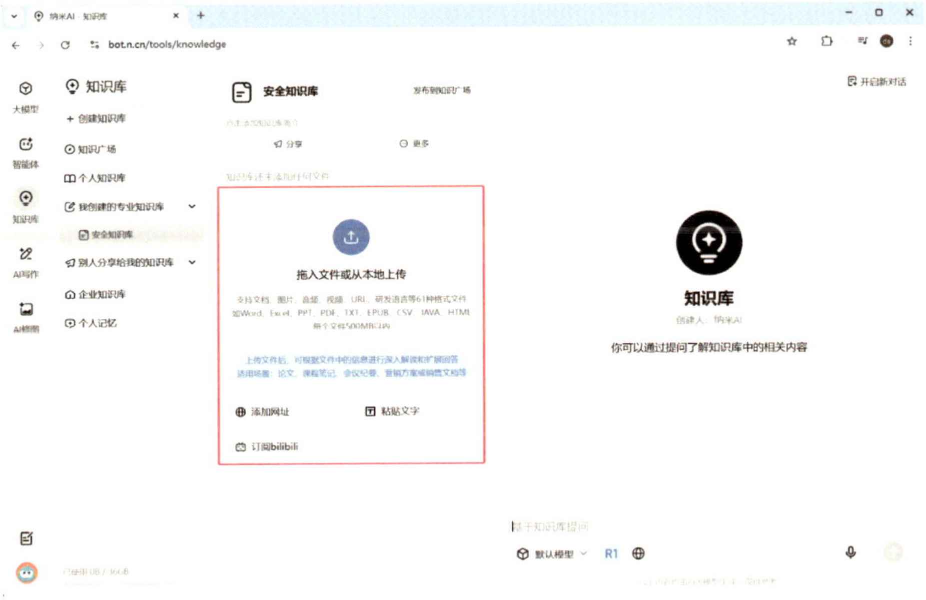

图 12.24　单击创建的知识库

第四步，单击“添加网址”并粘贴网络博客、安全网址等内容，如图 12.25 所示增加一篇安全学术博客网址，再单击“添加”按钮。

图 12.25　知识库添加网址

第五步，添加本地论文的 PDF 文件。如添加本书作者杨秀璋等人 2025 年在《软件学报》发表的《面向 APT 攻击的溯源和推理研究综述》论文，如图 12.26 所示。

此时本地安全知识库显示内容如图 12.27 所示，真实的个性化知识库需要读者结合自身需求上传更多的内容。

第六步，在图 12.28 的右下侧对话框中选择大模型“DeepSeek - R1”。随后，大家可以利用已搭建的本地知识库进行搜索与对话，更好地实现个性化问答。

图 12.26　添加本地文件

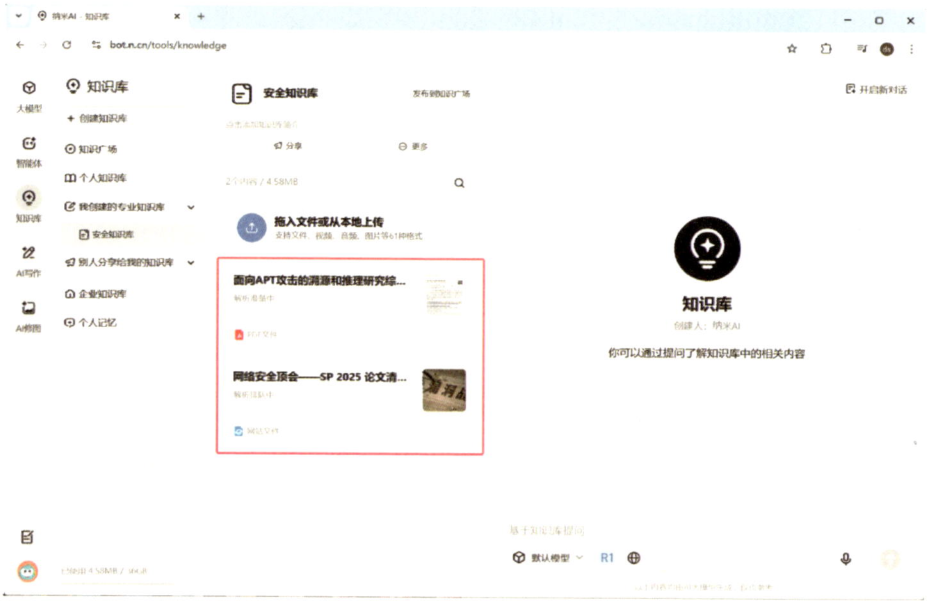

图 12.27　本地知识库添加内容后的效果图

图 12.28　本地知识库接入 DeepSeek

第七步，构建提示词实施智能问答。先利用在线网页进行问答，提示词如图 12.29 所示。

请概述 SP 2025 年主要包括哪些方向的论文，核心创新点是什么？

图 12.29　本地知识库深度思考

本地知识库经 DeepSeek 深度思考后生成的内容如图 12.30 所示，可很好地总结论文。

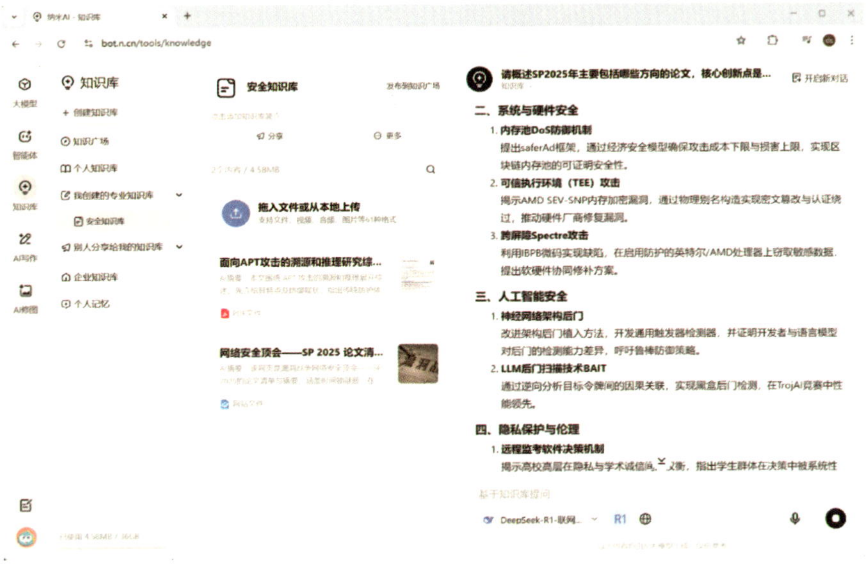

图 12.30　总结安全论文知识

第八步，利用本地文件开展智能问答。构建如下提示词。

请概述面向 APT 攻击的溯源方法主要包括哪些？结合本地 PDF 文件进行描述。

生成内容如图 12.31 所示，可以看到本地知识库结合本地 PDF 文件进行深度思考。

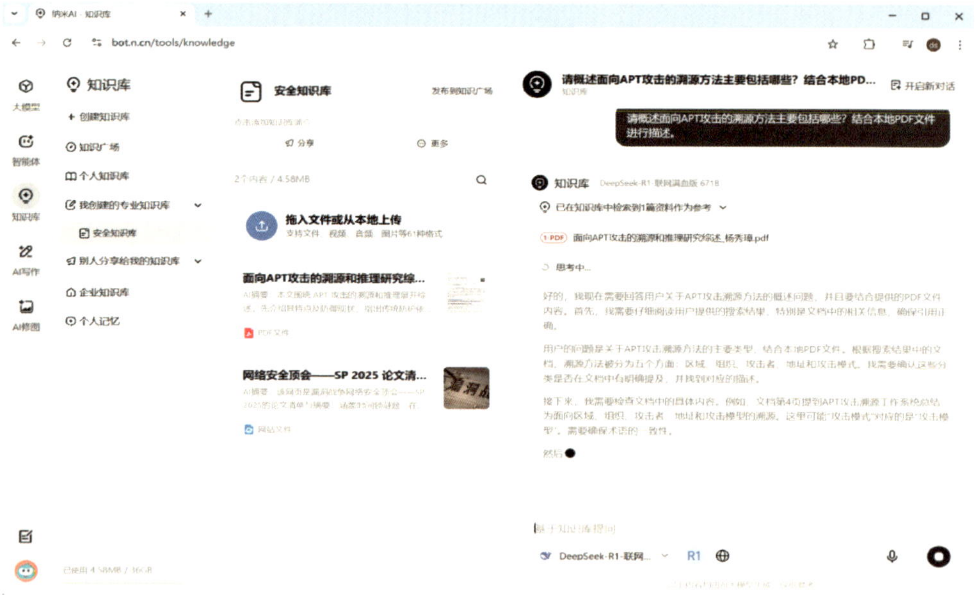

图 12.31　本地论文智能总结

最终 DeepSeek 生成内容如图 12.32 所示，有效理解该论文，并按照论文知识点总结为面向区域、组织、攻击者、地址、攻击模式的溯源方法。

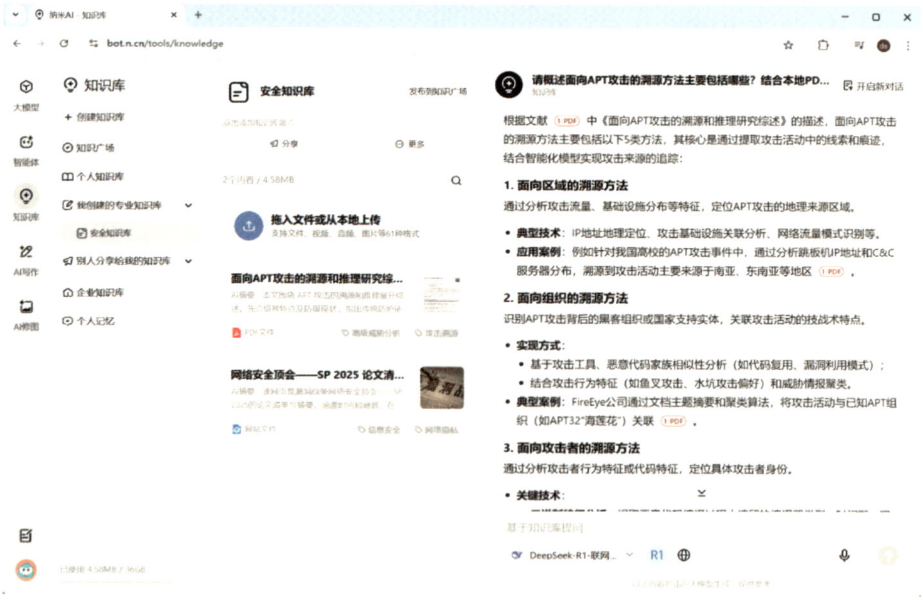

图 12.32　生成 APT 攻击溯源知识

温馨提示，读者可以在纳米 AI 首页中选择上述步骤建立的本地“安全知识库”，更好地实现智能搜索与知识问答，对话过程与上面的步骤类似，如图 12.33、图 12.34 所示。

图 12.33　纳米 AI 选择本地知识库

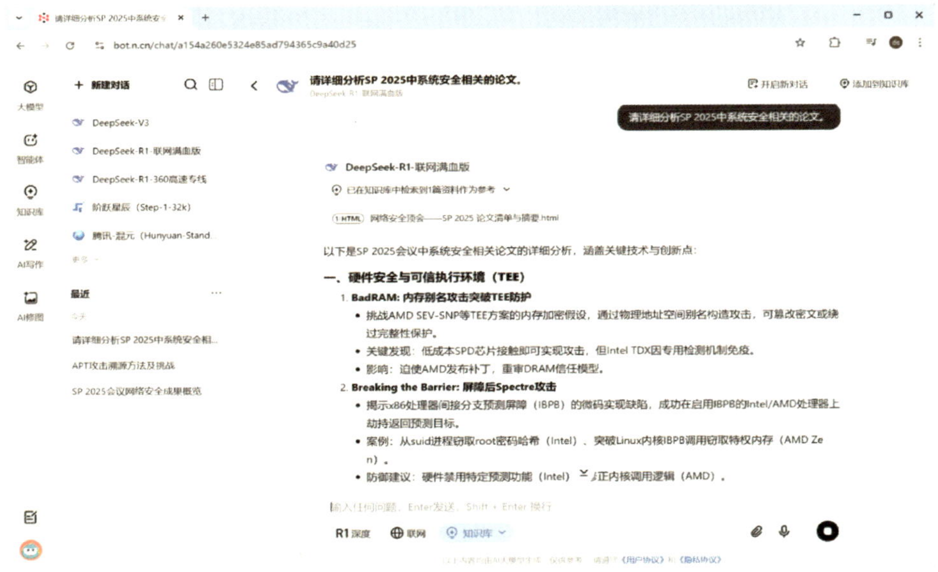

图 12.34　利用本地知识库总结安全论文

12.3 Anything LLM 搭建本地知识库

Anything LLM 是一款开源的本地知识库平台,具备高度可配置性与多模型兼容能力,支持将本地文档转化为向量数据库形式,并通过集成大语言模型(如 DeepSeek、OpenAI、Qwen2 等)实现自然语言驱动的语义问答与信息检索。其主要优势在于可部署于本地服务器或局域网络中,确保数据隐私与访问控制。

第一步,本地大模型部署。从 Ollama 官网下载对应版本 Ollama 并安装,如图 12.35 所示,官方地址为:https://ollama.com/download。

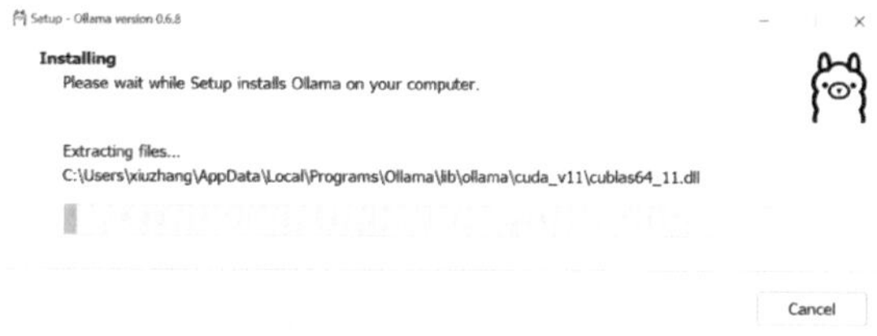

图 12.35 Ollama 安装

第二步,通过运行打开 CMD,并安装 qwen2 或 llama3 模型。调用指令"Ollama run qwen2 / llama3"安装成功如图 12.36 所示。

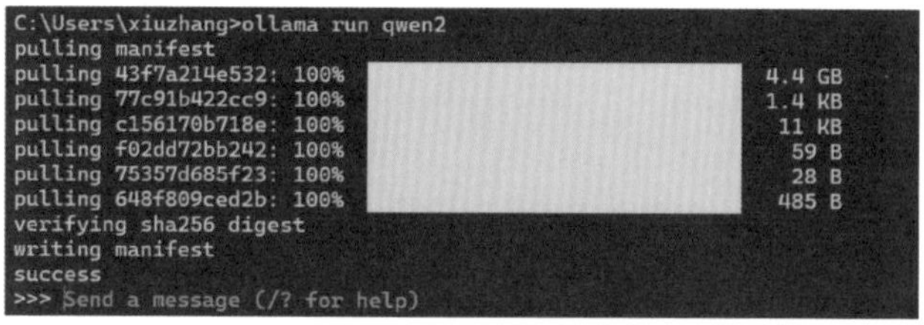

图 12.36 本地安装 qwen2 大模型

此时我们可以通过在本地安装好的千问大模型实现智能问答,如图 12.37 所示。

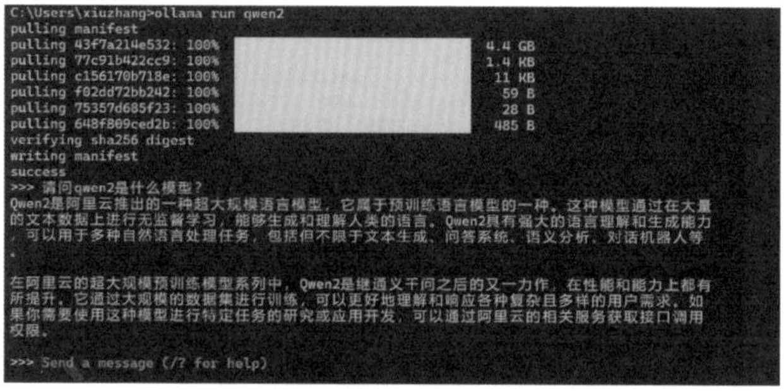

图 12.37 本地大模型智能问答

注意，输入“ollama server”可以在后台服务运行大模型。

第三步，安装 Anything LLM。从官网下载可执行软件，如图 12.38 所示。Anything LLM 可以直接在界面中对话，或调用大模型 API。

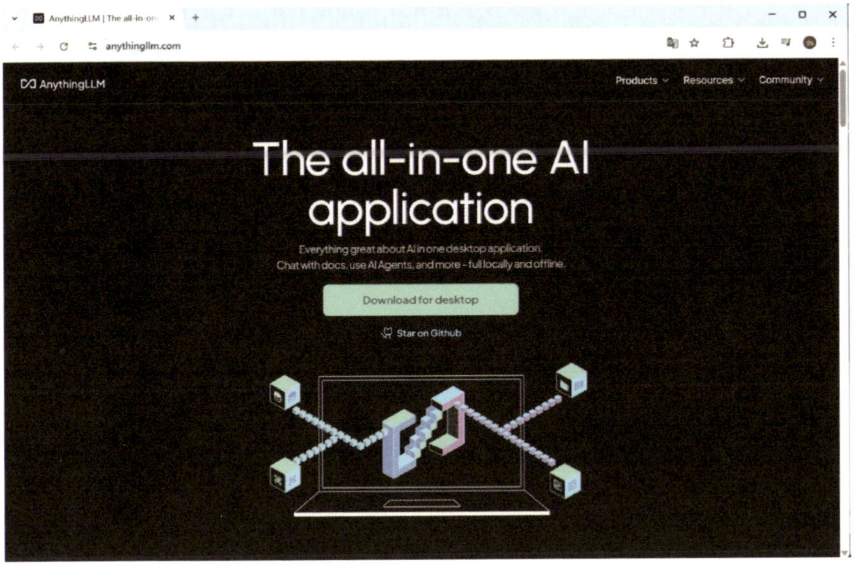

图 12.38　Anything LLM 官网

选择指定目录安装，如图 12.39 所示安装在 G 盘的“LLM”目录下。

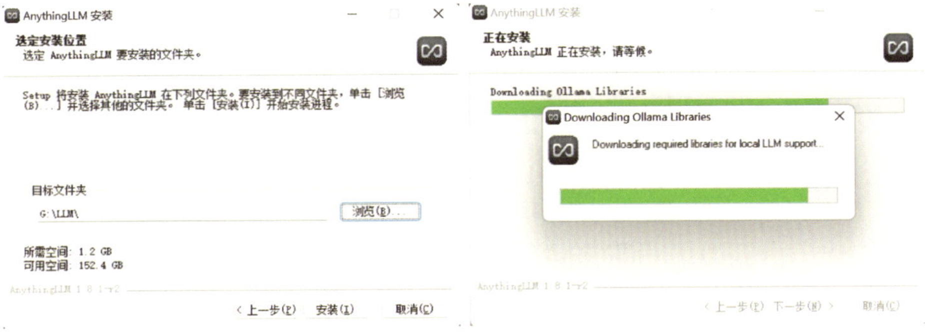

图 12.39　安装 Anything LLM 软件

第四步，运行 Anything LLM 软件，初次启动可能需要一些时间执行初始化操作。该软件既可以使用开源的大模型，也可以利用闭源的商用大模型(填入 API Key 即可)，这里我们选择本地刚安装的 Ollama。由于该服务在后台运行着，因此 qwen2 能被自动识别，如图 12.40 所示初始化操作。

第五步，选择嵌入模型将数据转换为嵌入向量，默认为“AnythingLLM Embedder”；再选择一个向量数据库来存储数据，选择默认的“LanceDB”，后续将调用向量数据库实现智能问答和对话，如图 12.41 所示。

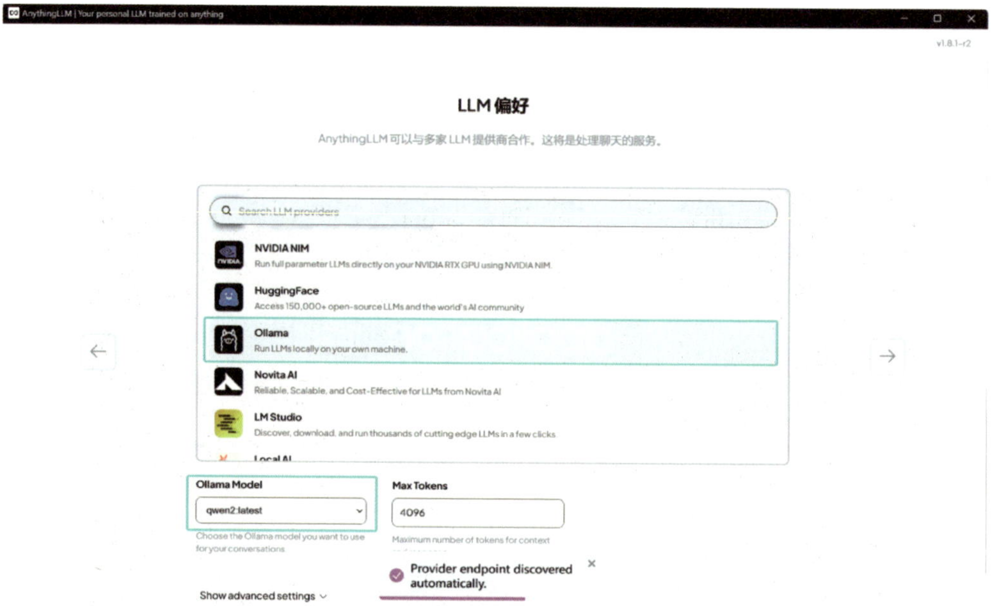

图 12.40 选择本地大模型

图 12.41 选择嵌入模型和向量数据库

■ LLM:AnythingLLM 支持多种 LLM,包括但不限于 OpenAI 的 GPT 系列、Gemini、Mistral 等。

■ 嵌入模型:可以选择内置的嵌入模型或下载其他模型,如 OpenAI、LocalAi、Ollama 等提供的嵌入模型。

- 向量数据库：默认使用内置的 LanceDB，也可以选择 Chroma、Milvus、Pinecone 等。

注意，该选择后续还能更改。接着，我们跳过一个需要填写电子邮件等内容的调查。

第六步，创建工作区，自定义如图 12.42 所示的“KBase”工作区。

图 12.42　创建工作区

创建成功之后即可运行该知识库，如图 12.43 开启对话。

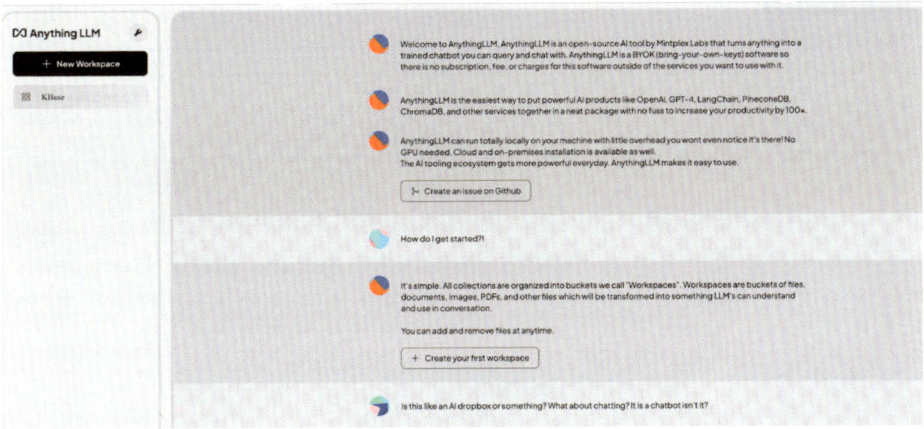

图 12.43　运行知识库

第七步，在 AnythingLLM 中单击“选择知识”按钮，上传文档或给定知识文件链接，其支持 PDF、TXT、DOCX 等文档格式。

如图 12.44 所示，上传本地的大数据笔记 TXT 文件，软件会将文档通过嵌入模型转化为向量，并保存到向量数据库中。这个过程可能需要一些时间，具体取决于文档的大小和系统的性能。

第八步，在底部窗口中发送提示词即可与本地知识库进行对话。图 12.45 展示了本地知识库对话过程，至此，读者能在 Anything LLM 中进行基于检索增强生成的聊天

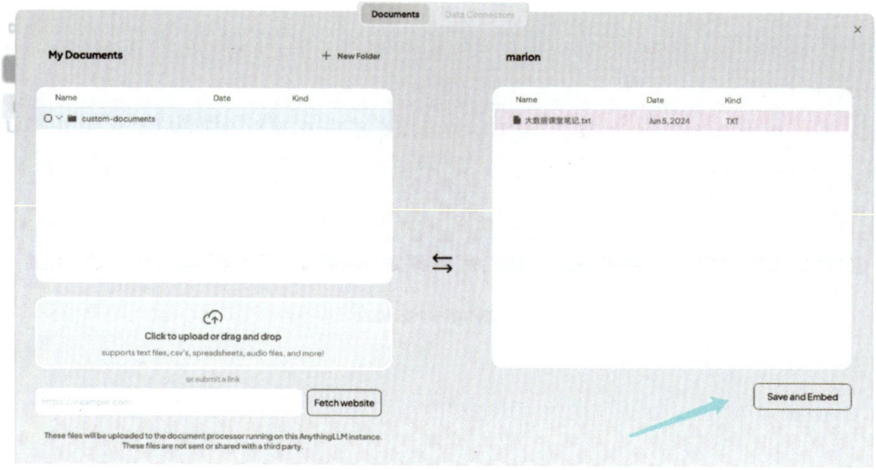

图 12.44　上传本地文件或资料

或问答,也能创建自己的工作区,与 LLM 进行个性化交互。读者可以设置语言为汉语,更好地进行交互。

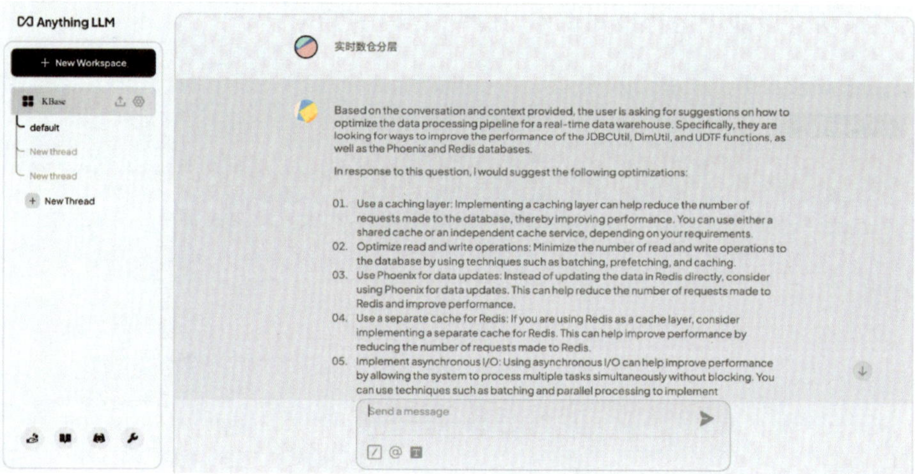

图 12.45　本地知识库智能问答

12.4　搭建本地个性化知识库

接着我们简要概述三种本地知识库搭建的常见方法。

12.4.1　DeepSeek 本地搭建销售知识库

在本书第 4 章我们详细介绍了 DeepSeek 本地部署流程,用户可以将大模型部署于本地服务器或内网环境，从而构建局域网级的大模型知识问答平台。该平台支持内部文件上传与个性化对话，实现如企业销售文档、用户案例、产品手册等的知识闭环管理，有效规避数据外泄风险，确保对敏感业务资料的本地可控访问。

第一步，安装 Ollama 和 DeepSeek 大模型（图 12.46）。

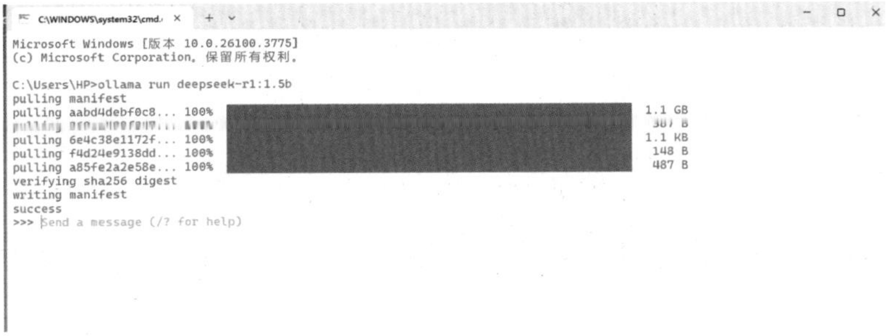

图 12.46　本地安装 DeepSeek

第二步，整理企业销售文档（知识源库构建）。为构建企业销售专属知识库，需对销售相关资料进行结构化整理，包括产品手册、客户案例、话术模板、培训资料等，并将其与本地模型语义服务进行联动。

第三步，文档向量化与 RAG 接入。结合 RAG 机制将文档向量化并接入模型查询流程，使用本地嵌入模型（如 bge－m3，text2vec－base）对文档进行向量编码；接入支持 RAG 框架的前端工具，如 AnythingLLM、Chatbox、PrivateGPT 或自定义接口服务。

第四步，提示词设计。为实现高质量个性化问答，可设计具备场景上下文的提示词，如下所示。

提示词 1：“请根据我们产品的销售手册，整理适用于初创企业的产品推荐逻辑与沟通话术。”

提示词 2：“结合客户 A 的过往案例，生成一段针对其痛点的销售开场白。”

提示词 3：“请从知识库中提取三个关于数据安全产品的客户常见异议及应对策略。”

模型可基于上下文动态生成结构化回答，并结合原始文档内容进行引用标注。总之，通过该本地化部署能有效建立私有化知识库，符合实际应用需求。

12.4.2　DeepSeek＋Obsidian 搭建 AI 笔记知识库

Obsidian 是一款支持 Markdown 文件管理与多插件拓展的知识笔记软件，具备本地化、双向链接和图谱视图等功能，适合与大语言模型集成形成智能问答式知识笔记平台。结合 DeepSeek 模型与 RAG 向量检索机制，可实现从文档笔记到语义交互的全流程闭环。下面简要介绍如何利用 DeepSeek 和 Obsidian 搭建 AI 笔记知识库。

第一步，从官网下载 Obsidian 软件并安装。官方网站如图 12.47 所示。

■ https://obsidian.md/download。

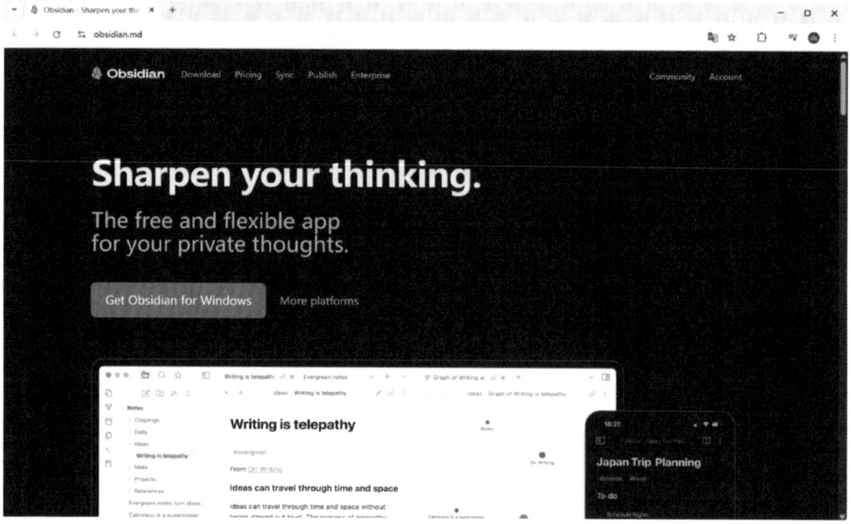

图 12.47 Obsidian 官方网站

安装完成后,运行 Obsidian 软件,其主界面如图 12.48 所示,单击左下角设置,在"选项"中将语言设置为"中文简体"。

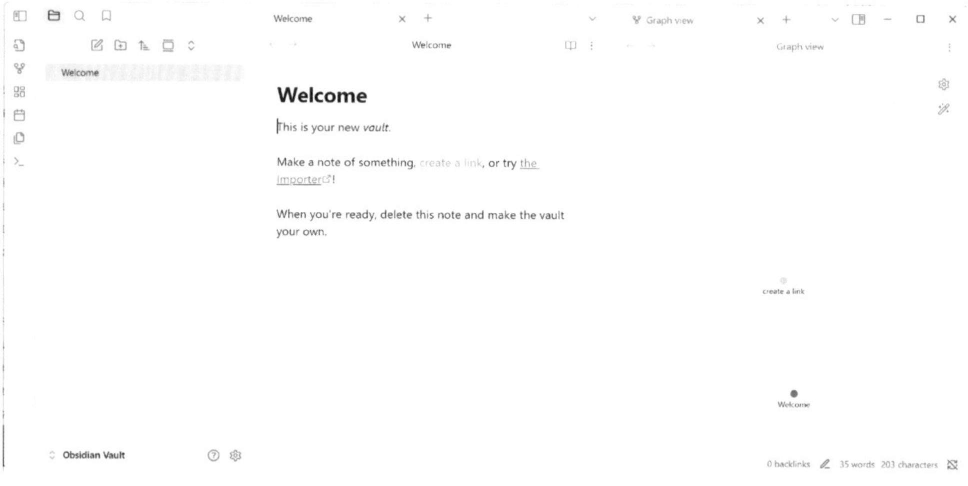

图 12.48 Obsidian 主界面

第二步,访问硅基流动并创建 API 密钥,部署 DeepSeek 并配置向量模型。这里使用 12.1.1 节在硅基流动中所创建的 StudyBase 密钥,读者也可以利用本地 Ollama 的大模型。

第三步,配置插件 Copilot。返回 Obsidian 软件,单击"设置"→"第三方插件",从浏览中找到"Copilot"插件,单击安装,如图 12.49 所示。

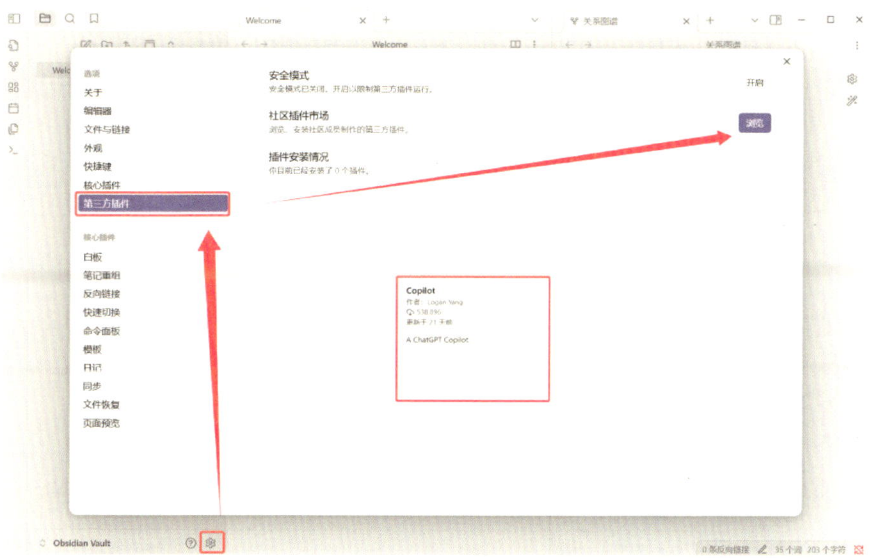

图 12.49　配置插件 Copilot

第四步，安装成功之后在“第三方插件”中单击“Copilot”，并在图 12.50 中选择“Model”。

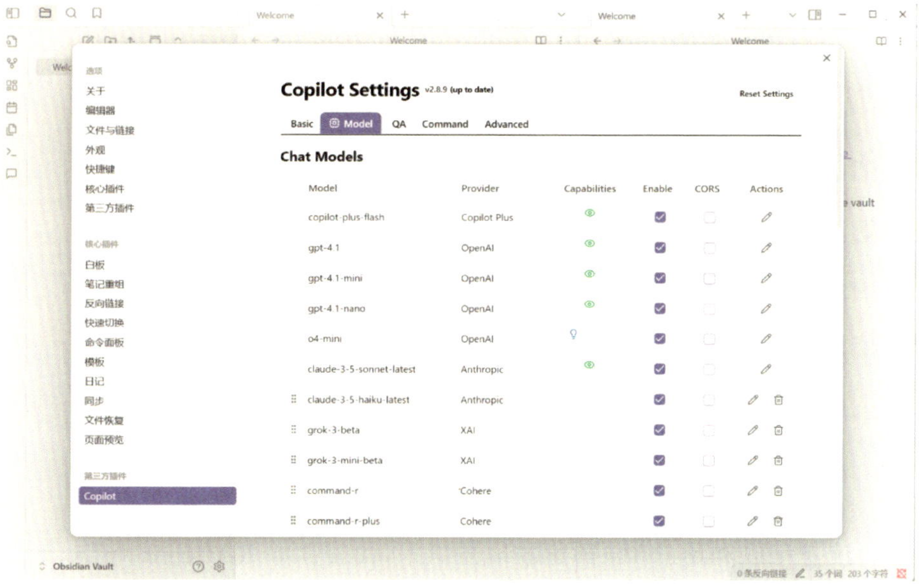

图 12.50　配置模型

第五步，依次添加 Chat Model 和 Embedding Model。填写的内容如图 12.51 和图 12.52 所示，模型名称、URL、和硅基流动复制的 API key，并且勾选“Enable CORS”，单击“Verify”验证通过后，再单击“Add Model”按钮增加模型。

- Model Name:deepseek-ai/DeepSeek-V3、BAAI/bge-m3。
- Provider:OpenAI Format。
- Base URL:https://api.siliconflow.cn/v1。

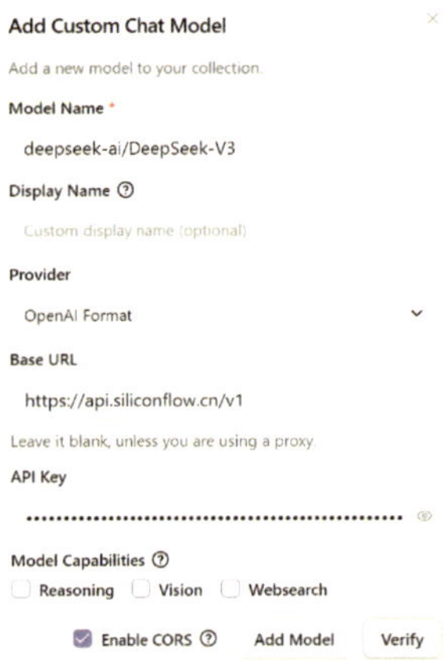

图 12.51　添加 Chat Model

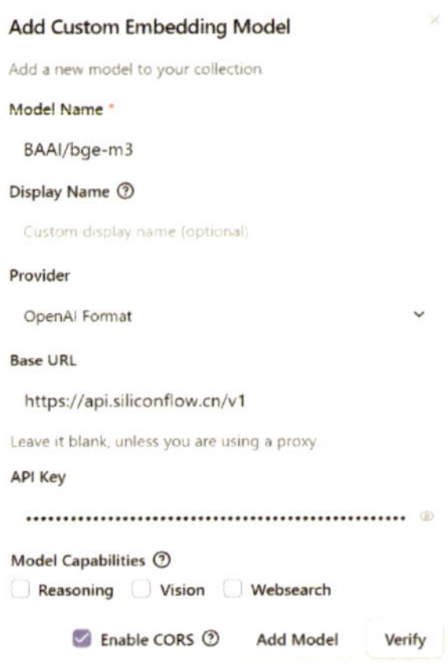

图 12.52　添加 Embedding Model

第六步,在"Copilot"主界面中选择"Basic"并添加创建的两个模型(图 12.53)。

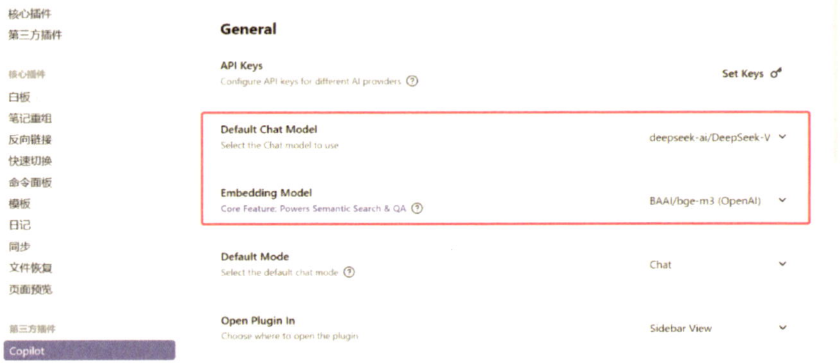

图 12.53　本地知识库添加模型

第七步,在聊天界面中输入提示词,并在本地添加 AI 笔记链接,即可利用 Copilot 进行智能对话,如图 12.54 所示构建单词模板。

此外,读者可以利用 RAG 搭建本地知识库,代表性如 RAGFloa。RAGFloa 是一个轻量级开源框架,支持"检索增强生成"(Retrieval－Augmented Generation)流程,包括文档加载、分片切割、嵌入向量化、向量检索与生成模型集成。通过接入本地或 API 形式的 DeepSeek 模型,可实现高准确性、高语言表达能力的问答系统。关于 RAG 我们将在第 18 章描述。

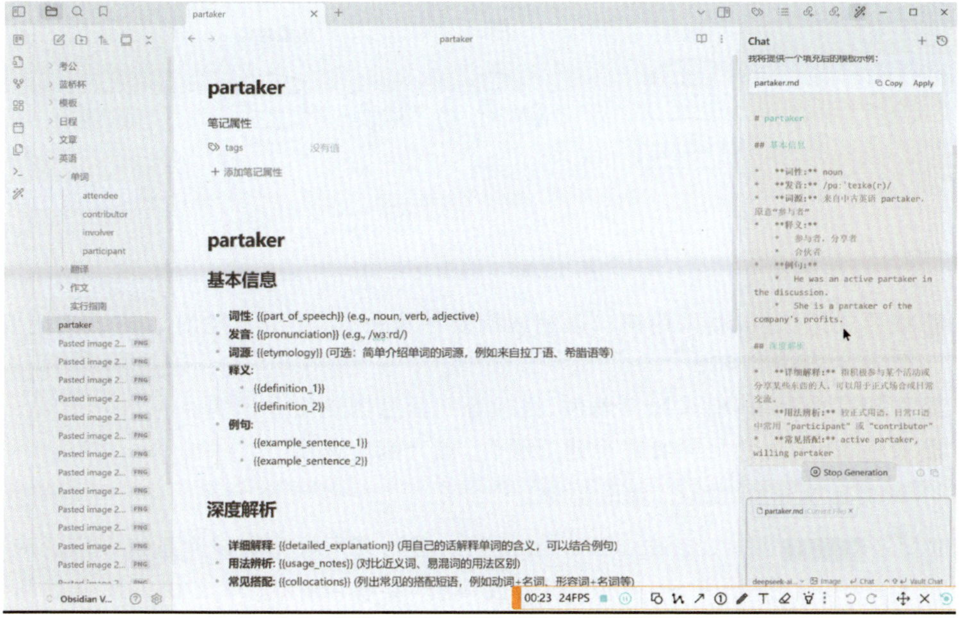

图 12.54　智能对话

12.5　大模型构建知识库的技巧

最后，我们概述下大模型构建本地知识库的部分技巧和用法。

1. 文档碎片化存储与向量化处理

大模型在知识问答中面临上下文窗口限制，难以直接处理长文本。因此，文档需进行碎片化分割与语义编码，以实现高效语义检索。技术要点包括以下 4 点。

- 分片策略：将 PDF、TXT、HTML 等文档按自然段落或语义块进行切片，建议设定合理的 Token 长度(如 256－512 tokens)；
- 重叠窗口机制：采用滑动窗口添加上下文冗余，避免语义割裂；
- 向量化处理：使用高性能嵌入模型(如 bge－m3，text2vec－large，E5－mistral)将文本片段转化为语义向量，并存入向量数据库，核心逻辑如图 12.55 所示；
- 索引与检索机制：构建快速检索索引结构，提升查询效率与匹配精度。

2. 多轮问答与上下文记忆机制优化

为满足复杂交互需求，知识库系统需支持多轮对话的上下文保持与用户意图追踪。技术要点包括以下 4 点。

- 对话状态管理：记录历史问答内容，构建对话链结构；

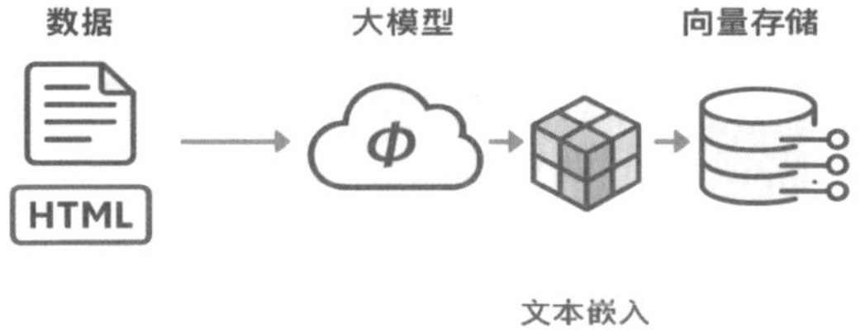

图 12.55 向量化逻辑

- 摘要式记忆机制：采用窗口压缩或摘要抽取方式，生成上轮对话的语义摘要，以节省 Token 空间；
- 用户画像引入：引入用户角色、目标等元信息增强指令识别；
- 缓存机制：对常见问答路径建立缓存，提升响应速度。

3. 检索增强生成(RAG)结合策略

RAG(Retrieval-Augmented Generation)是当前大模型知识库系统中广泛应用的核心技术路径，通过“检索 + 生成”双阶段流程，实现可控、上下文相关性强的问答能力。结合 DeepSeek 优异的指令理解与生成能力，在 RAG 框架中可显著提升回答的准确性、连贯性与学术表达质量；支持引入文档原始内容并保留引用，适用于科研、法务、企业政策等高准确性场景。RAG 作为一种兼顾可控性与生成能力的复合机制，其底层架构、向量检索策略、生成优化算法等内容将在本书第 18 章中进行深入剖析。建议读者结合本节实践内容与后续章节的理论支撑，共同构建完整的知识库构建与智能推理能力体系。

12.6 本章小结

本章系统介绍了基于 DeepSeek 构建本地知识库的多种方案，包括与 Cherry Studio、纳米 AI、Anything LLM 等平台集成，实现文档解析、向量化处理与智能问答；同时涵盖销售知识库、AI 笔记与新闻知识库等实战场景，并总结了大模型构建知识库的关键技术路径与提示词设计策略。

第 13 章　DeepSeek 玩转图像生成

本章系统探讨了 DeepSeek 在图像生成领域的多样化应用，展示了人工智能如何赋能图像智能生成与美学表达的全流程。本章剖析了 DeepSeek 在历史图像重建、个性化风格转换、艺术风格迁移、图像去噪与自动修复、旧照片上色等任务的关键技术实现与操作方法，进一步拓展至知识卡片与海报设计、儿童绘本创作等实用场景。本章还介绍了与豆包、百度 AI 图片助手协同推动非遗剪纸传承的探索，体现了技术与文化传播的融合价值。通过本章学习，读者可掌握图像智能生成方法，理解 DeepSeek 在文化创意与教育可视化等场景的应用潜力。

13.1　图像生成基本原理与流程

图像生成(Image Generation)是生成式人工智能(AIGC)的关键方向，通常以自然语言提示(Prompt)为输入，通过深度生成模型合成高质量图像。其核心依赖于扩散模型(Diffusion Model)、生成对抗网络(GAN)或变分自编码器(VAE)等技术框架。

基于 DeepSeek 的图像生成流程如图 13.1 所示，关键技术包括以下几点。

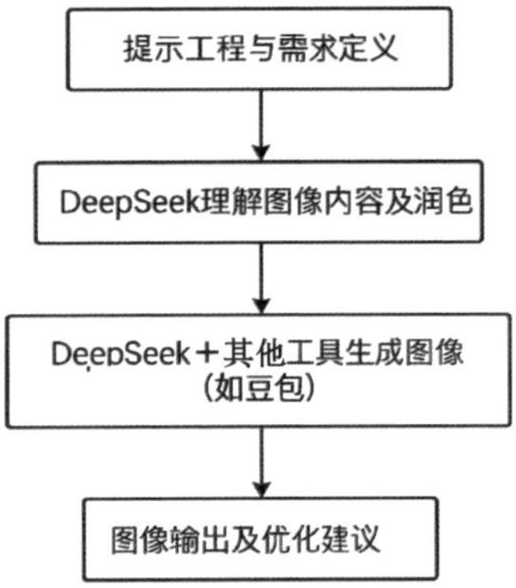

图 13.1　图像生成基本流程

- 提示词理解：输入的自然语言提示通过语言模型进行编码提取语义特征。
- 语义图像映射：借助跨模态模型对语言与图像空间建立联合表征。
- 逐步生成：以扩散模型为例，通过在高斯噪声图像上逐步去噪生成目标图像，提升细节与一致性。
- 后处理优化：包括图像锐化、色彩平衡、人脸识别微调等步骤，提升生成图像质量。

如果大家想直接利用 DeepSeek 生成图像，可能会遇到如图 13.2 所示的提示。DeepSeek 需要结合第三方工具来实现图像生成案例。下面给出两种常见的案例。

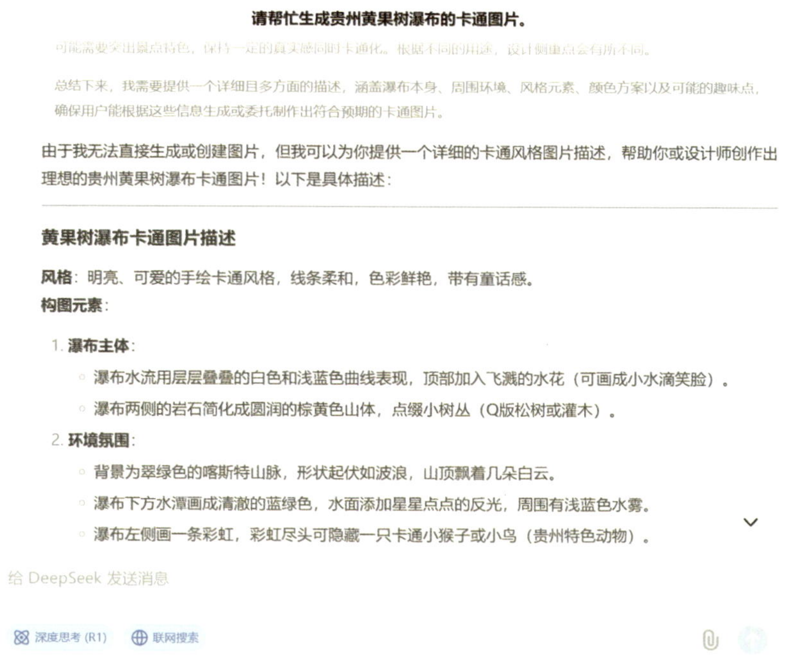

图 13.2　DeepSeek 无法直接生成图片的提示

13.1.1　DeepSeek+Pollinations.ai 生成图像

首先介绍如何借助 DeepSeek 与图像生成平台 Pollinations.ai 协同实现智能图像创作。

Pollinations.ai 是一个基于大模型和扩散式图像生成技术的开放式图像生成平台，支持通过自然语言提示生成图像内容。该平台具备以下特点：

■ 支持多语言提示输入与跨语言图像合成；

■ 可调节图像宽度、高度与安全等级；

■ 通过 URL 触发图像生成，便于集成；

■ 提供 Flux、Midjourney、DALL·E 等模型接口，适配多种风格。

Pollinations.ai 的灵活性和可扩展性，使其成为学术创作、内容生产、个性表达等场景下的理想生成工具，建议读者结合具体需求去运用 Pollinations.ai 平台，其官网如图 13.3 所示。

■ https://pollinations.ai。

当然，读者也可以利用其他图像生成网站，各类网站均能实现很多有趣的案例。譬如 MidJourney、DALL·E、liblib.art 等。

第一步，在 DeepSeek 平台输入提示词。该提示词包含生成图像的 Pollinations.ai 链接，系统会进入图像创作模式并生成可交互内容，如图 13.4 所示。该链接包含图像大小等参数。

图 13.3　Pollinations. ai 官网

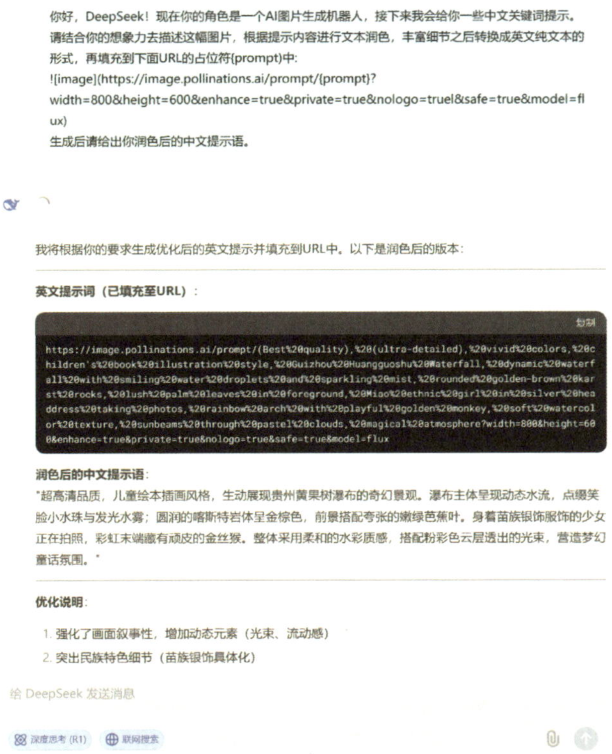

图 13.4　DeepSeek 生成图像链接

你好,DeepSeek! 现在你的角色是一个 AI 图片生成机器人,接下来我会给你一些中文关键词提示。请结合你的想象力去描述这幅图片,根据提示内容进行文本润色,丰富细节之后转换成英文纯文本的形式,再填充到下面 URL 的占位符{prompt)中:

! [image](https://image. pollinations. ai/prompt/{prompt}? width = 800&height = 600&enhance = true&private = true&nologo = truel&safe = true&model=flux)

生成后请给出你润色后的中文提示语。

第二步,输入需要生成图像提示。DeepSeek 将自动进行语义润色,生成具象且意境丰富的图像描述,并将翻译内容嵌入图像生成链接模板。由于作者之前已经输入过提示,所以该部分直接生成内容。

请帮忙生成贵州黄果树瀑布的卡通图片。

第三步,通过浏览器查看链接生成如下图片(图 13.5)。若用户对当前图像不满意,还可进一步补充提示词,如下所示。建议使用电脑端 Web 浏览器操作,便于图片保存与高清查看。

请生成一幅具有中国风意境的画面:画面中央是一支古色古香的毛笔在宣纸上挥洒墨韵,墨迹如花朵绽放;背景为典雅书房,窗外阳光洒入,营造出静谧诗意的氛围。

图 13.6 是生成“苔花如米小,也学牡丹开”诗句的图像。

图 13.5 生成卡通黄果树瀑布内容

图 13.6 生成古诗句内容

13.1.2 豆包生成图像

豆包(Doubao)是字节跳动推出的通用人工智能助手,具备文本理解、代码生成、语音交互、图像创作等多模态能力,支持长文本对话、多轮交互与图像生成。其图像生成能力依托国产 Diffusion 类模型,融合了艺术风格迁移、语义控制、审美调优等技术。下面讲解如何利用豆包生成图像,这里使用手机端“豆包”APP 实现。

第一步,在手机端打开豆包软件并输入创意的提示词。

请您帮我生成一张 APT 攻击检测的卡通图像,包含 APT 三个字母,并且具有科技感。

豆包生成的 APT 图像如图 13.7 所示。

同理，我们可以生成黄果树瀑布卡通图像(图 13.8)，豆包支持生成多个候选图像，可自由下载。

图 13.7　豆包生成 APT 图像

图 13.8　豆包生成黄果树瀑布图像

第二步，输入提示词或单击按钮优化图像。选中图像单击“AI 编辑”，我们可以勾选所需的图像风格(如动漫、写实、国风、水墨)，可自定义分辨率，从而优化图像，如图 13.9 所示。

豆包还支持本地上传图像、语音文本等，并且提供了多种功能更好地与用户交互，譬如“AI 生图”“照片动起来”“音乐生成”“录音纪要”等。

第三步，图片转换为动画。单击“照片动起来”按钮，经过一段时间图像会转换为动画，如图 13.10 所示。

图 13.9　图像优化

图 13.10　照片生成动画

图片动起来的效果如图 13.11 所示,瀑布流动、燕子飞舞。

图 13.11　豆包生成动画

此外,读者可以尝试利用 DeepSeek,基于上下文语义对输入内容进行润色、拓展,使其更加具象、可视化。譬如“城市夜景中的霓虹雨”润色后的文本如下所示,生成的图片如图 13.12 所示。

一座现代化城市的夜晚街头,灯光闪耀,霓虹灯反射在湿润的地面上,天空下起细雨,路人打着雨伞缓缓而行,整个画面充满了赛博朋克风格。

图 13.12　DeepSeek 润色文案生成图像

最后,在豆包图像展示界面中单击“下载”按钮,可将图像在本地保存。需要注意,根据豆包平台政策,当前生成图像归属用户所有,但建议注明“由豆包生成”以规避版权争议。

总之,通过将 DeepSeek 的文本润色与豆包的图像生成深度结合,用户可以实现从语义创意到图像落地的全流程一体化创作。该模式不仅适用于内容营销与教学设计,更可扩展至非遗文化可视化、科学图表制作、产品展示原型开发等多场景。随着图像生成模型能力不断增强，未来"文一图一意"三位一体的生成生态将逐步成为主流人机协作范式。

13.2 基于 DeepSider 的历史图像丰富

DeepSider 是一款基于浏览器侧边栏的 AI 扩展工具，已集成主流大模型，用户无需提供 API 即可免费使用。此外，该工具支持 GPT-4o-Image 图像生成模型，可便捷生成吉卜力风格等多类型图像，实现对模糊、抽象或风格化历史图像的精细化还原与语义增强。本节以历史人物"李白"的图像为例，探讨如何借助现代 AI 工具实现视觉重建与图像饱满化处理。

■ GPT-4o-Image 模型：OpenAI 推出的多模态增强模型，支持对上传图像进行语义理解、补全和结构化细化，用于提升图像真实感与表现力。

第一步，准备原始图像素材。用户可从历史数据库（如故宫博物院数字馆、开放知识图谱平台）获取历史人物的画像，并保存为本地图像文件，如图 13.13 所示。

图 13.13 历史人物"李白"画像

第二步，启动 Edge 浏览器并安装 Deepsider 插件。打开 Microsoft Edge 浏览器，单击"扩展"进入插件市场，单击"添加扩展"并搜索"deepsider"，如图 13.14 所示获取该扩展。

图 13.14 配置 Deepsider

第三步，单击浏览器右上角插件图标打开 Deepsider（图 13.15）。安装完成后在工具栏中激活插件，如图 13.16 所示，其囊括了很多常见的大模型。然而，当我们在 Deepsider 中直接调用 DeepSeek 尝试生成图像，其仅能给出具体操作描述，无法自动生成图像（如前所示），如图 13.17 所示。

请生成一幅具有中国风意境的画面：画面中央是一支古色古香的毛笔在宣纸上挥洒墨韵，墨迹如花朵绽放；背景为典雅书房，窗外阳光洒入，营造出静谧诗意的氛围。

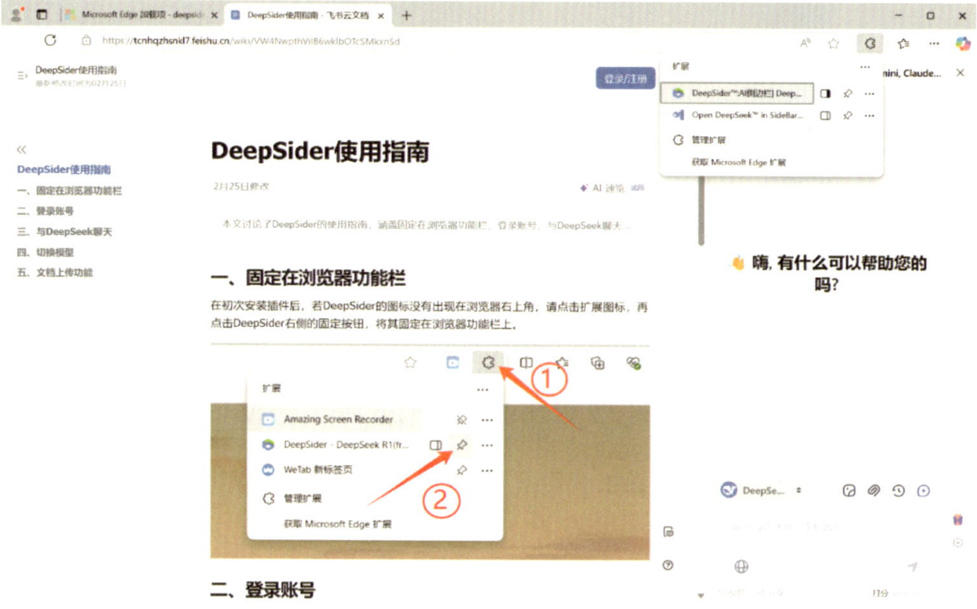

图 13.15　运行 Deepsider

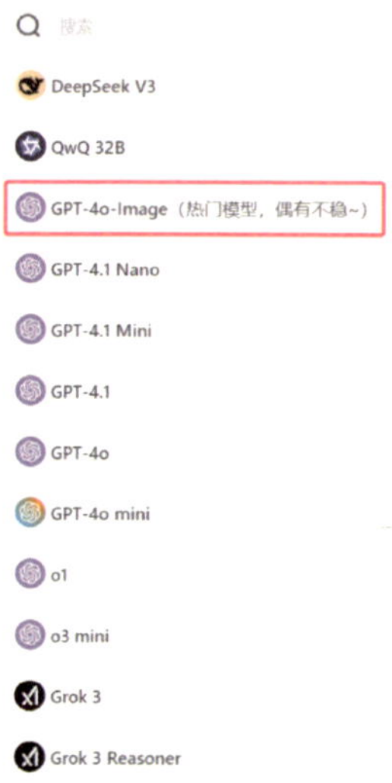

图 13.16　选择 GPT-4o-Image 模型

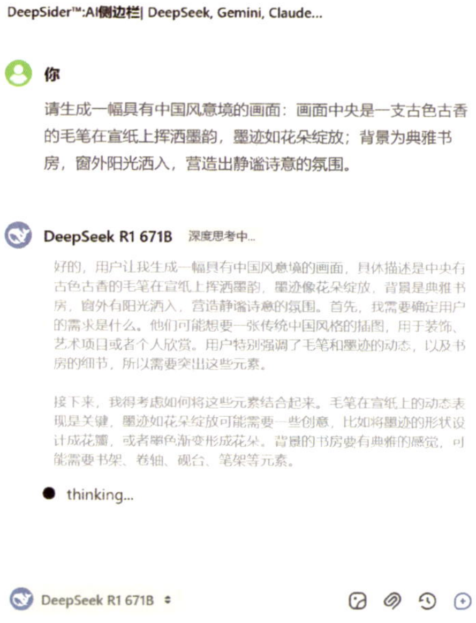

图 13.17　DeepSeek 未有效生成图像

第四步，在模型选择栏中启用“GPT-4o-Image”，启用“图像增强模式”，上传图片并输入提示实现对应的还原。需要注意，整个过程可能需要登录，如果图像未有效生成或报错，可以尝试多输几次。最终等待模型处理完成，生成增强后图像。

请还原图像中的人物，让他看起来跟真实人物一样，直接显示还原的图像。

在生成图像过程中，作者又增加一个提示，让最终生成图像呈现。总之，原图与增强图将在对比窗口中呈现，如图 13.18 所示。最后，单击“保存图像”按钮，将优化后的历史图像下载至本地。

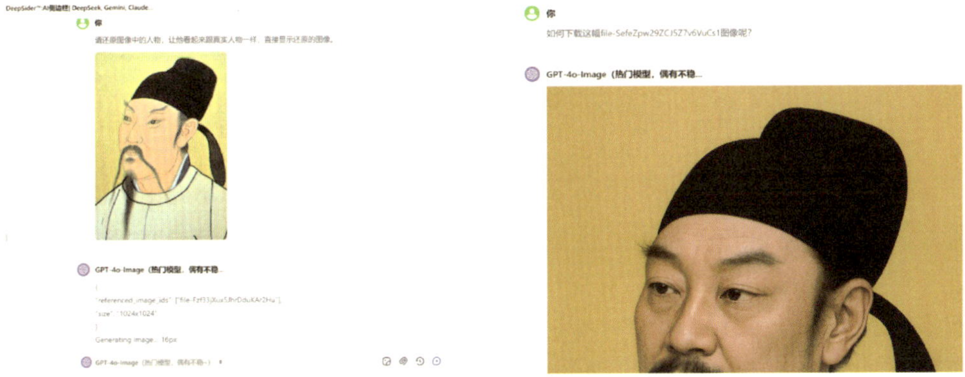

图 13.18　Deepsider 图像生成

通过分析，我们可以观察图像整体更为饱满、人物服饰更具层次感、背景元素更加自然，前后对比如图 13.19 所示，后续可用于课件演示、数字展览或科研文献插图。

图 13.19　生成图像前后对比

此外，我们可以借助 DeepSeek 生成图像的更多细节，譬如输入关键词“李白、盛唐、青莲居士、诗仙、月下独酌”，DeepSeek 将自动润，色如下所示。

■ 一位身着白衣、手执酒壶的古代文人站在月色之下，眼神洒脱而高远，背景为山川瀑布与松林，整体风格诗意盎然，具有唐代写意画的气韵。

由于 DeepSeek 能更好地处理中文和理解中文语义,润色后的描述输入至图像生成平台,可生成更具艺术表达力的历史人物画像,亦可作为 GPT-4o-Image 模型的图像补全语义输入,增强模型对目标意图的理解。

13.3 DeepSeek+豆包个性化图像生成

接下来,我们介绍 DeepSeek+豆包个性化图像生成个性化及艺术风格图像内容。

13.3.1 梵高艺术风格迁移

Midjourney 是一个基于 Discord 平台运行的人工智能图像生成工具,采用深度神经网络和图像扩散模型(Diffusion Models)相结合的方式,实现自然语言到图像的精准转换。该工具以其高质量的艺术图像风格迁移效果著称,尤其擅长模拟梵高、莫奈等经典艺术家的绘画风格。用户只需通过提示词(Prompt)描述图像意图,即可快速生成具有特定美学风格图像。Midjourney 在视觉艺术创作、文化遗产数字化、品牌设计等领域具有广泛应用前景。

本节将结合 DeepSeek 的语言理解与提示生成能力,协同第三方工具完成一幅梵高风格的艺术图像生成任务。步骤如下所示。

第一步,使用 DeepSeek 构造提示语以润色描述图像。

请将"一位穿汉服吟诗的青年站在山水之间,背景为夜色星空与远山"润色为一段适合用于艺术图像生成的英文提示词,风格参照梵高,内容需要精简。

DeepSeek 将自动输出经过优化的 Prompt,如图 18.20 所示。

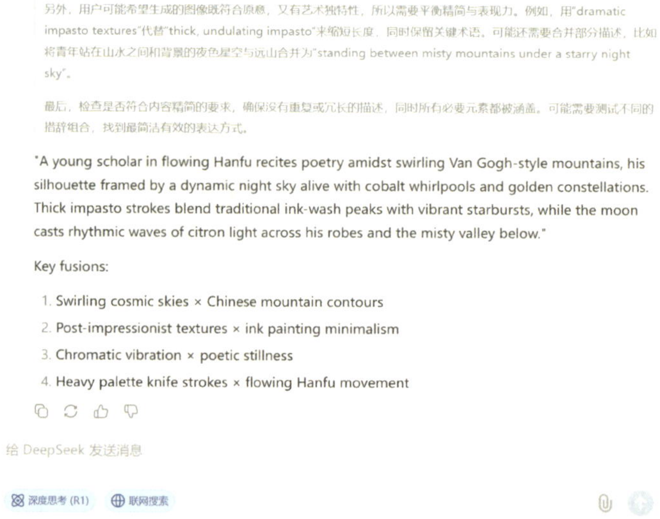

图 13.20　DeepSeek 生成描述内容

第二步，登录 Midjourney 官网进行图像生成（图 13.21）。地址为：https://www.midjourney.com/home。

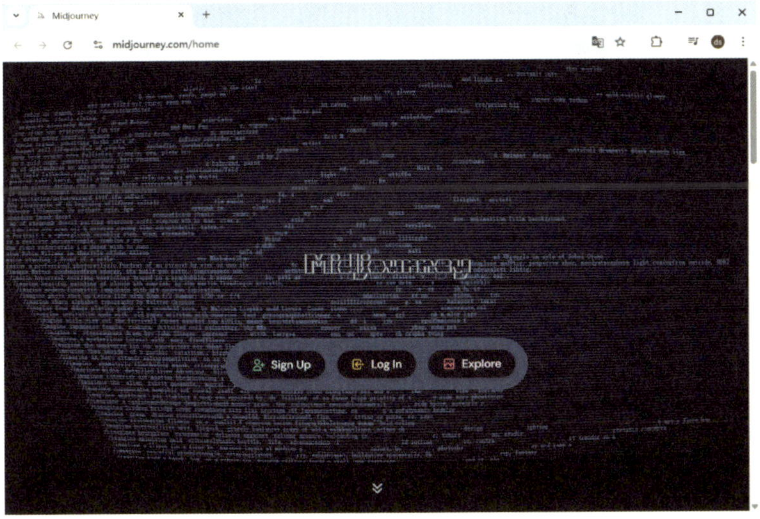

图 13.21　登录 Midjourney 官网

接着输入提示即可生成内容。然而，该网站目前需要付费后服务，并且需要配置 Discord，过程较为繁琐，读者可以在 Midjourney 官网进行尝试。下面介绍国内豆包平台如何完成该功能。

第三步，在豆包中输入 DeepSeek 润色后的提示词（中英文均可），即可生成如图 13.22 所示的梵高风格图像。该部分以网页版豆包为例。

图 13.22　豆包生成梵高风格图像

具体效果如图 13.23 所示，整体效果不错，但背景图像未有效创作。当然，若生成效果不满意，可返回 DeepSeek 和豆包对话窗口，优化 Prompt 再重新生成，形成更完美的图像。

当然，我们可以结合日常工作生成所需的图像，并进行海报或宣传创作。图 13.24 展示了“贵州西江千户苗寨和 Python LOGO”的有效结合。

图 13.23　汉赋与油画融合

图 13.24　豆包图像创作

总之，通过 DeepSeek 优化图像描述提示，配合第三方工具的艺术风格迁移能力，用户能够实现极具表现力的梵高风格图像创作，其拓展了人工智能在艺术与视觉创作中的应用。

13.3.2　生成各类风格图像

本节以作者在赛里木湖拍摄的实景照片为起点，展示如何利用 DeepSeek+豆包实现典型图像风格的智能生成，譬如素描风格、卡通风格、吉卜力风格。

第一步，在豆包中上传图像并输入简短提示词。用户首先选择一张高分辨率、主体清晰的“实景人物合影”照片，输入如下所示提示词，随后生成对应的图像，如图 13.25 所示。

请将这幅图像生成为素描风格的图像。

然而，生成的内容存在一定损失和幻觉现象，譬如女生应该是坐着的。同时，为更

图 13.25　豆包生成素描图像

好地生成不同风格的精准化图像，我们可以借助 DeepSeek 进行复制。

第二步，利用 DeepSeek 生成图像描述。提示词如下所示。

假设存在一幅图片，需要利用豆包生成素描、卡通、吉卜力风格的图像，请对其进行精准润色。图像内容为：一男子站立在蔚蓝的赛里木湖前，深色外套，身穿坐着一位穿着红色长裙的美女，远处为寂静蔚蓝的湖泊，蓝天白云交错，整体构图开阔明亮。请给出自动润色后输出精准描述：

生成内容如图 13.26 所示，包括吉卜力风格的阐述，复制该描述至豆包进行图像生成。

润色后精准描述（适配素描/卡通/吉卜力风格）：

【景别构建】广角纵深构图下，一位身着炭灰色立领风衣的东方青年以守护姿态立于前景礁石，其右侧青岩上倚坐着戴琥珀色流苏耳坠的维吾尔族少女，酒红色丝绸长裙随湖风扬起涟漪状褶皱，裙摆与腰际银饰在阳光下折射出细腻高光。

【环境特写】背景中赛里木湖呈现出渐变的矢车菊蓝色调，水面细密排线构成粼粼波光，倒映着棉花糖质感的积云团。天际线处延绵的科古尔琴雪山采用柔焦处理，山体轮廓线与云层边缘用极细勾线笔强调，形成类似宫崎骏动画中的空气透视效果。

【风格化参数】整体采用吉卜力标志性的水彩渐变技法，人物五官保留铅笔素描的碳素颗粒质感，衣料褶皱运用漫画式速度线强化动态。色彩系统设定为：主色相H=210°（湖蓝）与H=0°（朱红）形成经典撞色，辅以HSB饱和度68%的鹅卵石灰作为过渡，营造澄净通透的视觉体验。

注：该描述已强化空间层次与材质表现力，特别标注的色相参数与笔触特征可确保AI准确还原吉卜力手绘动画的三大核心要素——治愈系配色方案、细腻的自然光效处理、以及富有呼吸感的线条韵律。

开启新对话

图 13.26　DeepSeek 生成描述

第三步，打开豆包，单击左下角“曲别针”按钮上传本地图像，复制图像描述内容至豆包，执行图像生成操作。

最终系统将输出具有典型 Ghibli 色彩、光影温润、构图童话感的图像，可通过“另存为”保存至本地，用于封面、海报或文创设计等用途，生成内容如图 13.27、图 13.28 所示。

图 13.27　豆包生成吉卜力风格图像

图 13.28　吉卜力风格图像

然而，上述 DeepSeek 和豆包生成的内容还是存在一定幻觉问题，譬如生成文本内容多了很多描述，图像细节也需要完善，本章小结部分我们将简要概述如何避免该类问题。

13.3.3　儿童绘本创作

近年来，人工智能在文化创意与教育出版领域的应用持续拓展，尤其是在儿童绘本创作方面，AI 图像生成技术以其高效率、多风格、易交互的优势，已成为教育信息化背景下的重要图形创作工具。下面介绍一个简单案例。

第一步，在 DeepSeek 平台输入儿童绘本相关提示词。

请帮忙生成一个适合三岁半小朋友听的中文小故事，围绕“贵州 FAST 天文望远镜”主题，内容描述精简易懂。

生成对应的描述内容，如图 13.29 所示。

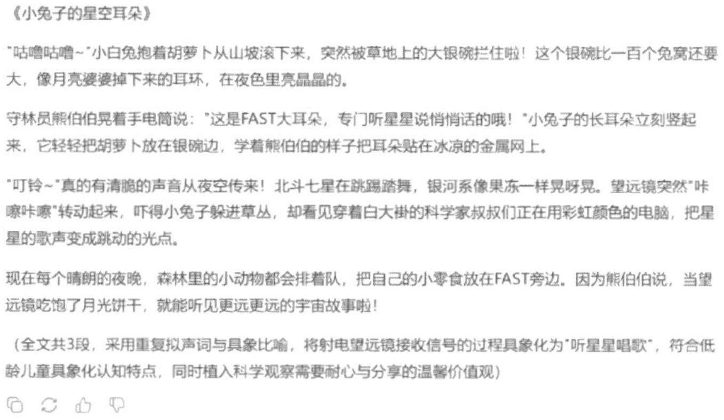

《小兔子的星空耳朵》

"咕噜咕噜~"小白兔抱着胡萝卜从山坡滚下来，突然被草地上的大银碗拦住啦！这个银碗比一百个兔窝还要大，像月亮婆婆掉下来的耳环，在夜色里亮晶晶的。

守林员熊伯伯晃着手电筒说："这是FAST大耳朵，专门听星星说悄悄话的哦！"小兔子的长耳朵立刻竖起来，它轻轻把胡萝卜放在银碗边，学着熊伯伯的样子把耳朵贴在冰凉的金属网上。

"叮铃~"真的有清脆的声音从夜空传来！北斗七星在跳踢踏舞，银河系像果冻一样晃呀晃。望远镜突然"咔嚓咔嚓"转动起来，吓得小兔子躲进草丛，却看见穿着白大褂的科学家叔叔们正在用彩虹颜色的电脑，把星星的歌声变成跳动的光点。

现在每个晴朗的夜晚，森林里的小动物都会排着队，把自己的小零食放在FAST旁边。因为熊伯伯说，当望远镜吃饱了月光饼干，就能听见更远更远的宇宙故事啦！

（全文共3段，采用重复拟声词与具象比喻，将射电望远镜接收信号的过程具象化为"听星星唱歌"，符合低龄儿童具象化认知特点，同时植入科学观察需要耐心与分享的温馨价值观）

图 13.29 生成描述词

第二步，利用 DeepSeek 将上述内容生成为画面描述词。

请根据上面的故事生成场景和画面描述词，为后续豆包生成图像提供支持。要求内容简短，并且每幅图像包含简短的关键词。

生成内容如下，包含封面和场景及风格的描述。

《小兔子的星空耳朵》简化的 AI 绘图关键词方案(每图 3—5 个核心视觉元素)：

封面

[毛绒小白兔][巨型银碗][踮脚趴伏][深蓝星空][荧光银河][胡萝卜橙撞色]

场景 1：山坡滚动

[滚动的毛球兔][星星状胡萝卜切片][蜡笔绿色螺旋山坡][月光镀银 FAST][弯曲拟声气泡]

场景 2：耳朵倾听

[兔爪贴金属网格][卡通北斗七星倒影][酒红丝绸裙褶皱][彩虹电脑光][金色辉光描边]

场景 3：星空果冻

[半透明银河果冻][踢踏舞北斗七星][彩虹数据流][脉冲星礼帽][Q 版黑熊偷看]

场景 4：月光野餐

[动物零食队列][发光月光饼干][夜光脉冲波纹][几何机械支架][暖黄光晕]

风格锚定词

吉卜力水彩 / 2.5 头身 Q 版 / 蜡笔叠涂质感 / 月光蓝+暖黄双色温 / 拟人化天体

第三步,将封面、场景 1 至 4 分别输入豆包的“图像生成”模块,生成绘本内容,如图 13.30 所示。

图 13.30　绘本封面生成

第四步,图像微调与语图联动。若对图像细节不满意,可以与豆包或 DeepSeek 交互,优化 Prompt 内容,譬如让其添加文字。

图像包含一个巨大的射电望远镜,底部包含“月光镀银 FAST”文字。

图像底部包含“北斗七星倒影”文字。

图像通过天文望远镜看星空,底部包含“FAST 观测脉冲星”文字。

最终四个场景的绘本内容如图 13.31 所示。

(a) 场景一　山坡滚动　　(b) 场景二　耳朵倾听

图 13.31　AI 绘本生成

(c) 场景三　星空果冻　　(d) 场景四　月光野餐

图 13.31　AI 绘本生成(续)

13.4　GTP－4o 个性化图像生成

GPT－4o(“o”代表 omni,全能)是 OpenAI 于 2024 年发布的多模态旗舰大模型,具备原生的文本、图像、音频、视频统一处理能力,能在毫秒完成多模态输入的统一感知与响应。相较前代 GPT－4－turbo,GPT－4o 在响应速度、推理能力和多模态协同方面均实现显著优化。接下来我们利用 GTP－4o 实现个性化图像生成,当然这些方法在国内平台同样适用。

13.4.1　卡通和吉卜力风格微信头像生成

第一步,在 ChatGPT 中选择 GPT－4o 模型并上传原始照片。

第二步,在 GPT－4o 中输入提示词。GPT－4o 生成的卡通图像如图 13.32 所示。

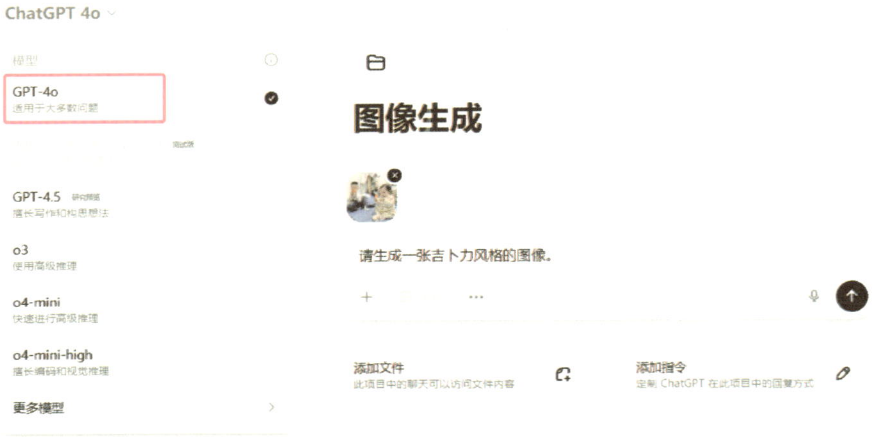

图 13.32　GPT－4o 生成卡通图像

请生成一张吉卜力风格的图像

GPT-4o 生成的微信头像如图 13.33 所示,整个细节和效果还原得非常丰富。

图 13.33 卡通图像生成

第三步,图像润色和优化。此外,读者可以尝试对提示词进行润色,比如添加“小清洗”描述,颜色效果描述,字体生成描述等,以生成更好的图像。譬如生成如图 13.34 所示颜色搭配更清新的头像。

图 13.34 小清新风格头像

13.4.2 图像合成

同样的方式,我们可以在 GPT-4o 中上传多张图片,让其生成指定的图像。

案例一:深度学习 3 位大佬的图像合成。

请以深度学习 3 位老师头像为例,创建一张 3 个人穿着相同的校服,在多媒体教室听课,并且投影仪中投影着卷积神经网络,荧幕中包含“DeepSeek 大模型”字样。

生成图像如图 13.35 所示,整个效果相对比较丰富。

案例二:卡通动画哪吒图像合成。

请生成一张图像,卡通哪吒人物穿着棉袄,并且在用笔记本电脑编程。

生成的图像如图 13.36 所示,哪吒真的穿上了花棉袄。

图 13.35　深度学习 3 位大佬的图像合成

图 13.36　卡通动画哪吒图像合成

案例三：文字生成图像。

贵州西江千户苗寨前站了一家四口，第一个是高瘦穿着白衬衣、背着书包的爸爸，第二个是戴着卡通帽子 1.2 米的男孩子，第三个是高瘦穿着红色连衣裙的妈妈，她怀中抱着一位 6 个月大的女婴儿，嘴里含着奶嘴。请您生成一张生动卡通图像。

生成内容如图 13.37 所示，并且理解了整个描述，包括"贵州西江千户苗寨"。

贵州西江千户苗寨前站了一家四口，第一个是高瘦穿着白衬衣、背着书包的爸爸，第二个是带着卡通帽子1.2米的男孩子，第三个是高度穿着红色连衣裙的妈妈，她怀中抱着一位6个月大的女婴儿，嘴里含着奶嘴。请您生成一张生动卡通图像。

图片已创建

图 13.37 文字生成图像

案例四:年代感图像增强。

通过大模型来增强历史图像的色彩,尤其是彩色图像还原。

请将上传的黑白历史陈旧图像增强和修复,让其变成彩色,并且色彩还原得更真实且具有历史年代感,图像内容更加清晰。

生成图像的前后对比效果如图 13.38 所示。

图 13.38 黑白图像色彩恢复

13.4.3 儿童科普图像文案生成

下面尝试利用 GTP-4o 生成儿童科普图像文案。

案例一:生成儿童科普海报。

请生成一张给幼儿园小朋友的视觉科普图像,来描述“太阳为什么会从东边升起”。

生成图像如图 13.39 所示：

案例二：制作儿童英文卡片。

请生成一张儿童英语单词介绍的卡片，主要描述句子“Big House”，并且给出音标。

生成图像如图 13.40 所示。

图 13.39　儿童科普海报

图 13.40　儿童英文卡片

此外，作为幼儿园老师，我们同样可以利用 DeepSeek 或图像生成模型/工具完成教学相关任务。譬如，生成提醒小朋友睡前的卡通图像。

案例三：制作小朋友教学卡通文案图像。

首先利用 DeepSeek 生成小朋友睡前的清单，包括洗漱清洁、整理玩具等，然后将内容提示输入 GTP－4o 模型以生成图像。

请用彩色图像展示以下内容，该图由多个子图组成，主要介绍小朋友睡前准备清单，包括整理玩具、刷牙洗脸洗脚、更换睡衣、亲子阅读、关灯拥抱。

生成内容如图 13.41 所示，将整个内容划分成了 6 张子图。

图 13.41　小朋友教学卡通文案图像

13.4.4 装修图纸与实景图转换

在日常生活中我们可以利用大模型辅助各种场景的图像生成。譬如,作为一名设计者或正在装修房屋的读者,可以利用大模型辅助实现装修图纸与实景图转换。在 GPT-4o 中输入如下所示的提示。

请将下面的装修图纸还原成 3D 真实图像。

生成图像如图 13.42 所示,成功将装修图纸还原成 3D 图像。同样,在试衣、数字孪生、旅游等场景均适用,建议读者结合自身需求和工作进行探索。

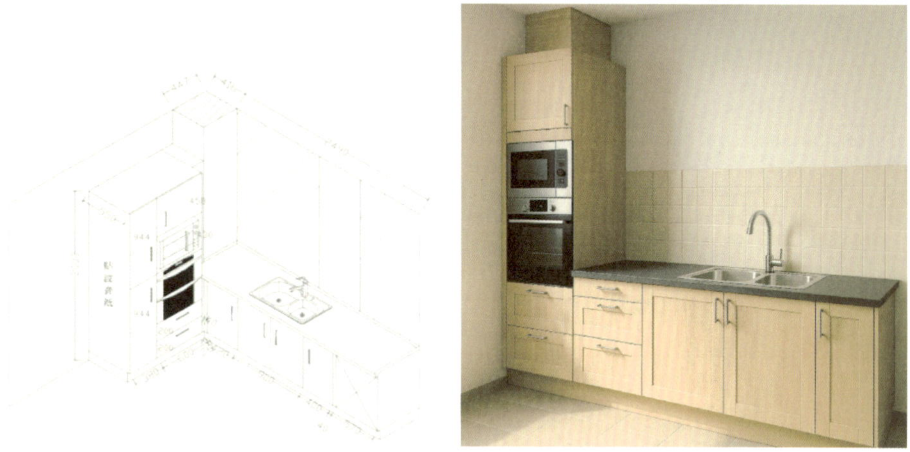

图 13.42 装修图纸 3D 还原

此外,由于人工智能和大模型技术不断发展,技术变化非常快,建议读者结合最新模型或成果进行科学研究探索,代表性的 InstantID 模型。

温馨小提示:

InstantID 是由一种高效图像生成与人脸定制模型,基于扩散模型框架(Diffusion Model)构建。其核心优势在于无需复杂的模型微调,即可通过单张输入人脸图像快速实现身份保持与风格迁移的图像生成。该模型引入 IdentityNet 与适配控制模块,使生成图像在保持人物特征一致性的同时,实现自然风格转化与背景替换。相比传统人脸重绘方法,InstantID 在准确性、生成速度与适应多样风格方面表现更优,广泛应用于头像定制、个性化形象生成与创意设计场景。

13.5 DeepSeek+即梦 AI 制作创意海报

即梦 AI(Dreamina AI)是一款基于大模型和多模态图文生成技术的人工智能创意工具,集成了图像生成、照片编辑、头像创作、文案生成、照片修复、证件照生成等功能,用户通过自然语言提示即可高效完成多类型图文内容创作。

13.5.1　制作创意社团招生海报

第一步，利用 DeepSeek 撰写高质量文案。在 DeepSeek 对话框中输入如下提示词。

请生成一段适合大学生“游戏编程”社团招生的宣传文案，突出“技术创新”“团结互助”“成长进步”，语言简洁、生动，风格青春洋溢。整个内容描述为一段，不要增加特殊的符号。

生成结果如图 13.43 所示。

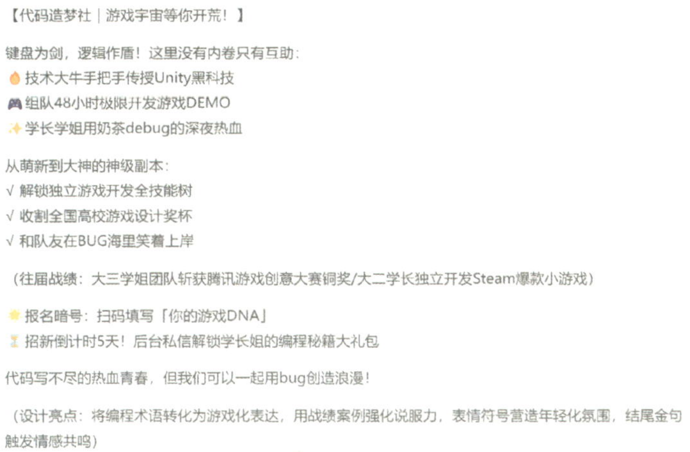
【代码造梦社｜游戏宇宙等你开荒！】

键盘为剑，逻辑作盾！这里没有内卷只有互助：
🔥技术大牛手把手传授Unity黑科技
🎮组队48小时极限开发游戏DEMO
✨学长学姐用奶茶debug的深夜热血

从萌新到大神的神级副本：
√ 解锁独立游戏开发全技能树
√ 收割全国高校游戏设计奖杯
√ 和队友在BUG海里笑着上岸

（往届战绩：大三学姐团队斩获腾讯游戏创意大赛铜奖/大二学长独立开发Steam爆款小游戏）

🌟报名暗号：扫码填写「你的游戏DNA」
⏳招新倒计时5天！后台私信解锁学长姐的编程秘籍大礼包

代码写不尽的热血青春，但我们可以一起用bug创造浪漫！

（设计亮点：将编程术语转化为游戏化表达，用战绩案例强化说服力，表情符号营造年轻化氛围，结尾金句触发情感共鸣）

图 13.43　DeepSeek 生成招新文案

第二步，打开即梦 AI 平台并注册登录（图 13.44）。该工具与抖音能很好地交互，且支持移动端。

■ https://jimeng.jianying.com。

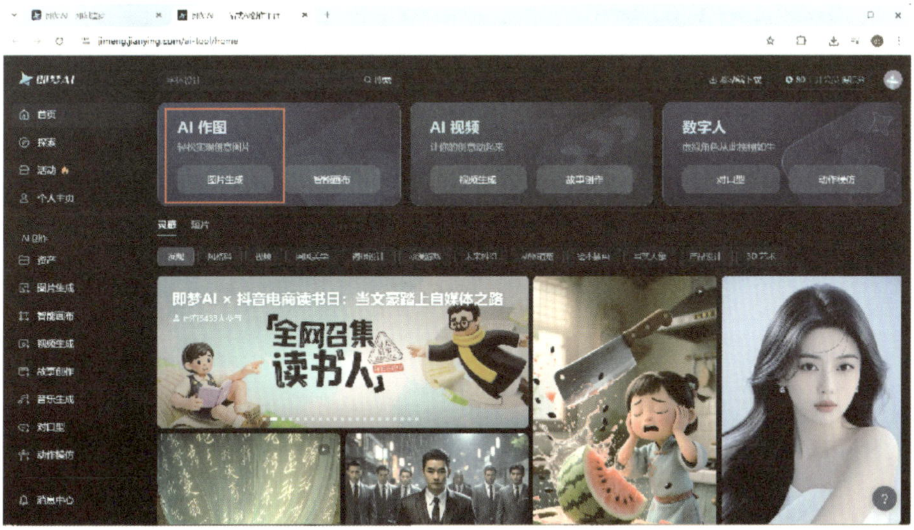

图 13.44　注册并登录即梦 AI

第三步,单击"AI 作图→图片生成",在弹出的页面输入提示词并进行配置(图 13.45)。

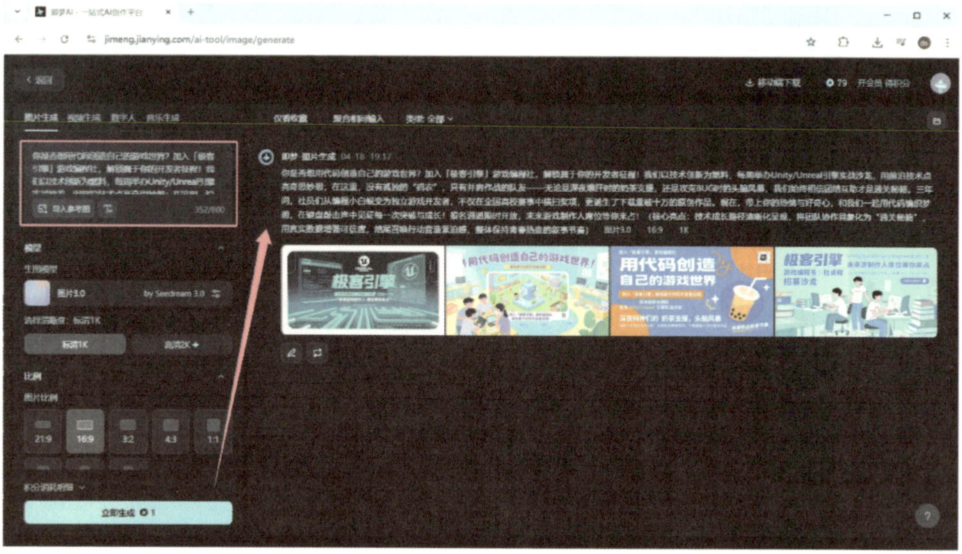

图 13.45　即梦 AI 生成图像

即梦 AI 会生成 4 张图片供读者选择,最终游戏社团的宣传海报如图 13.46 所示。即梦 AI 自动完成内容与视觉的统一呈现,导出 PNG 或 JPG 格式图片用于宣传。

图 13.46　游戏编程社海报

13.5.2　制作证件照

第一步,进入即梦 AI 平台,选择"AI 作图"功能模块。

第二步,单击"导入参考图"选择本地照片。

第三步,勾选"人像写真"会自动识别人脸。单击"保存"按钮会去到新的页面,该页面进行图像生成参数设置，如图 13.47 所示。

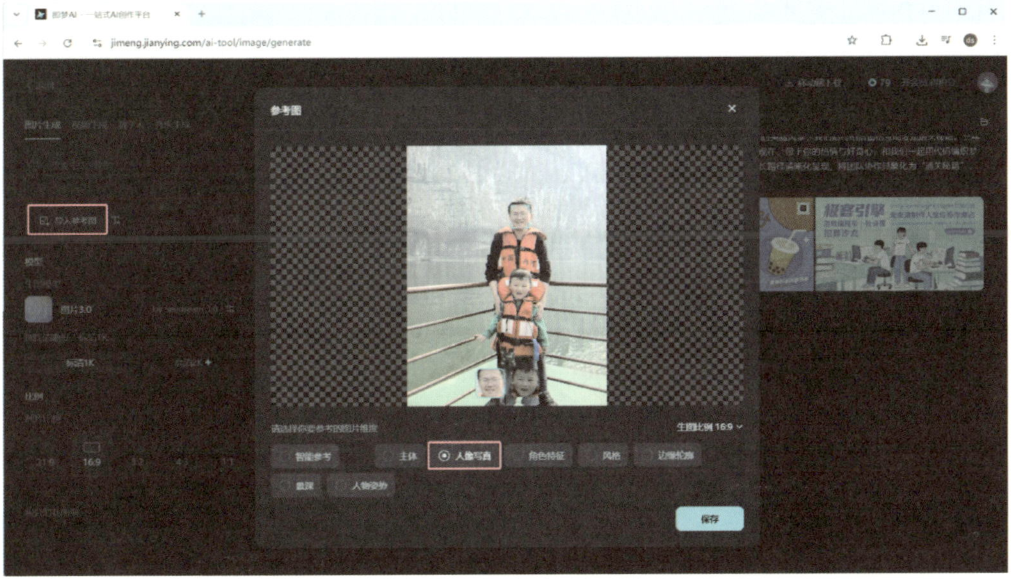

图 13.47　上传本地图像

第四步，在左上角“参考人像写真”中输入提示词，表示要生成证件照。

男生，白衬衣，黑西装，蓝底背景，证件照

第五步，单击“立即生成”按钮即可生成做的证件照写真。整个效果还不错，如图 13.48 所示。

图 13.48　生成作者证件照

此外,即梦 AI 支持一键换装功能(如西装、正装)、自动磨皮、亮度优化等操作,可适用于正式证件场景。

13.5.3 精美电影海报制作

下面利用即梦 AI 的局部重绘功能制作精美电影海报。

第一步,在即梦 AI 平台单击“图片生成”按钮,单击“导入参考图”,上传如图 13.49 所示的本地图像。

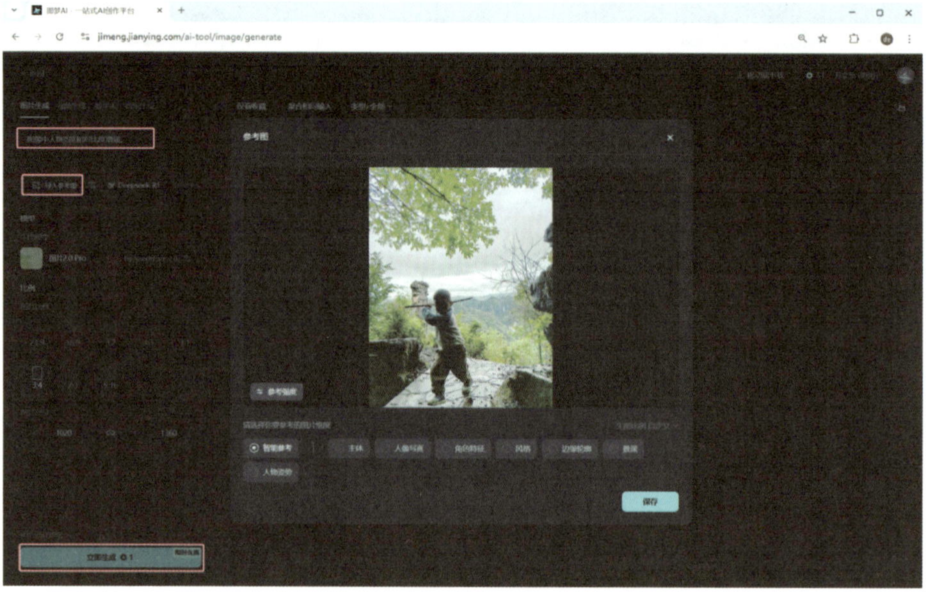

图 13.49 导入参考图

第二步,在“智能参考”中输入提示词。生成如图 13.50 所示的图像,单击“超清”查看原图。

图像中人物亮度和对比度增强。

图 13.50 查看原图

第三步,在左上角“图像生成”中输入提示词,生成玄幻风格的电影背景图。提示词如下所示，生成如图 13.51 所示的四张背景图，选择第四张作为融合图像，将其下载到本地。

玄幻风格，图像中间有一个阶梯直达山顶的门派，呈现一个山洞图像，兼顾王家卫电影风格。整幅图像无人物，部分参考《道士下山》电影的封面宣传图。

图 13.51　生成玄幻风格背景图

第四步，单击第二步生成人物图像的左上角“...”按钮，选择“去画布进行编辑”（图 13.52）。

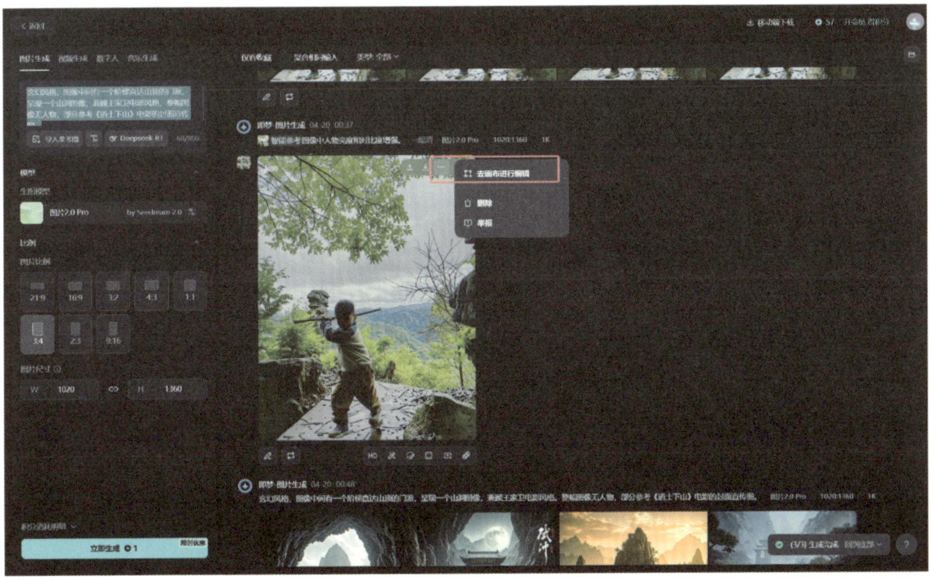

图 13.52　去画布进行编辑

第五步,在弹出的界面中选择“图生图”,在风格中单击“选择风格参考图”,上传先前生成的玄幻风格图像,如图 13.53 所示。

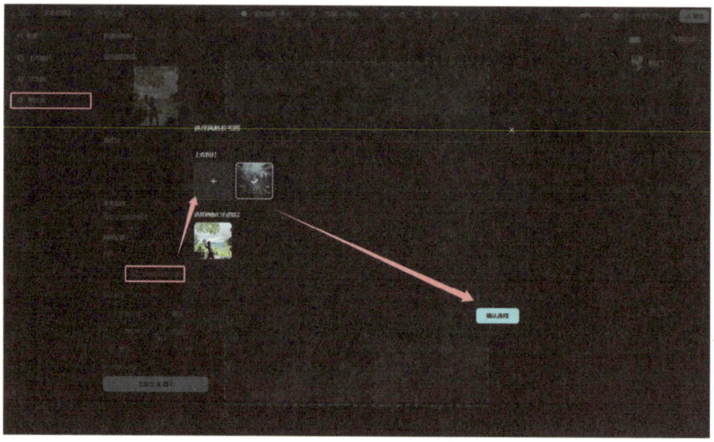

图 13.53 图生图且上传指定风格图像

第六步,选择风格参考图后,在左侧描述词方框中输入提示。

以选择的玄幻风格图像为背景,一个阶梯直达山顶的门派,图像中的人物换成举着木棍的小朋友,主体人物不要太变化,写实为主。

单击“立即生成”后,即梦 AI 生成如图 13.54 所示的海报。

图 13.54 图生图且上传指定风格图像

此外,单击顶部“细节修复”,可进一步优化图像,直到满意为止,如图 13.55 所示。

第七步,单击“局部重绘”,鼠标拖动选中武器,输入如下提示词。

图 13.55　细节修复

武器替换为一把丈八长矛。

生成结果如图 13.56 所示，单击“完成编辑”，并下载该图片至本地。

图 13.56　局部重绘前后对比

第八步,给电影海报增加标题。返回“图像生成”主界面,在“导入参考图”中上传生成的海报图片,并在左上角输入提示词,单击“立即生成”,如图 13.57 所示。

图 13.57　海报文字添加

结合整幅图像给出该电影海报的名称《黔门弄武之虎山行》,文字为中文,字体为仿宋,水平排版,并且增加 4 月 20 日上映。

最终生成如图 13.58 所示的电影海报,从原图到最终海报,整个效果极佳。因此,大模型和即梦 AI 可以赋能帮助大家完成更多案例,尤其在图像生成中(文字生成存在一定误差)。

图 13.58　《黔门弄武之虎山行》电影海报

13.5.4　结合 DeepSeek 的生活百科知识卡片生成

下面介绍如何利用 DeepSeek＋即梦 AI 生成生活百科的知识卡片。

第一步，在 DeepSeek 平台输入提示词以生成生活百科内容。

请给出麻婆豆腐制作的基本步骤，内容需要精简准确，以 Markdown 格式给出。

生成步骤如图 13.59 所示。

```markdown
# 麻婆豆腐制作步骤

## 1. 备料
- **嫩豆腐**切块焯水（去豆腥）
- **辅料**：牛肉末/猪肉末、豆瓣酱、豆豉碎、辣椒面、花椒粉、姜蒜末、葱花
- **调料**：盐、糖、酱油、水淀粉、高汤/清水

## 2. 炒制
1. 热锅冷油，下肉末炒至酥香
2. 加**豆瓣酱**、**豆豉**、**辣椒面**、姜蒜末炒出红油

## 3. 烧豆腐
- 倒入高汤煮沸，下豆腐块中火煮3分钟
- 加少许**盐**、**糖**、**酱油**调味

## 4. 勾芡
- **分2次淋水淀粉**，轻推至汤汁浓稠挂勺

## 5. 成菜
- 装盘撒**花椒粉**、**葱花**
- 淋一勺滚油激香

> **关键**：豆腐焯水定型，分次勾芡保亮度，起锅前补花椒增麻。
```

图 13.59　生成麻婆豆腐制作步骤

第二步，在即梦 AI 中输入 DeepSeek 生成的提示，以生成知识卡片。

请以如下文字制作一张知识卡片。

DeepSeek 生成内容

最终生成结果如图 13.60 所示。然而，即梦 AI 生成的文字仍需要完善。

图 13.60　即梦 AI 生成知识卡片

另一方面,MD2Card 提供了有效的方法用以生成知识卡片。

第一步,打开 MD2Card 官网,并单击“立即开始”(图 13.61)。

■ https://md2card.com。

图 13.61　打开 MD2Card

第二步,输入 DeepSeek 生成的 Markdown 格式文件,并上传一张先前即梦 AI 生成的麻婆豆腐图像。

第三步,选择不同的风格和主题。这包括“长图文”“紫色小红书”“大小”等。最终生成小红书文案的知识卡片,单击“导出”即可生成最终卡片,将其发送到不同的自媒体即可实现宣传,如图 13.62 所示。

图 13.62　小红书款式知识卡片

13.6　DeepSeek 生成代码优化图像

DeepSeek 和第三方工具可以实现图像的优化，譬如利用自动化工具增强图像或实现图像马赛克去噪处理。然而，考虑到部分读者是专业的图像处理爱好者或程序员，因此该部分介绍 DeepSeek 如何生成代码来优化图像。

13.6.1　Photoshop 脚本专业美工

首先，介绍如何利用 PS 实现图像优化。

第一步，在 DeepSeek 中输入提示以生成脚本优化代码(图 13.63)。

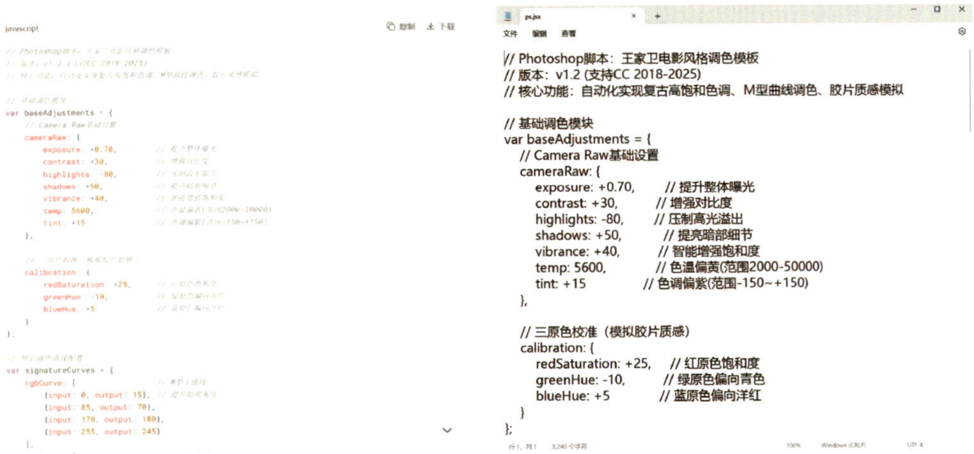

图 13.63　PS 脚本代码

现在你是一名专业数字媒体工程师，请帮我撰写一个 Photoshop 脚本模仿王家卫电影风格调色。

第二步，复制 DeepSeek 生成代码至本地 TXT 文件，并重命名为“ps.jsx”。

第三步，打开 PhotoShop 软件，依次选择“文件”→“脚本”→“浏览”，即可实现图像润色处理。具体操作请结合 PS 软件尝试，过程中遇到问题也可以尝试利用大模型解决。

13.6.2　撰写 OpenCV 代码实现图像处理

在 Python 中，OpenCV 提供了强大的计算机视觉处理功能，下面举个案例进行描述。

第一步，在 DeepSeek 中输入提示以生成 Python 代码。

请撰写 Python 和 OpenCV 代码实现图像增强，将图像转换为吉卜力风格，代码要求精简。

生成代码如图 13.64 所示，复制代码至本地的 Python 文件。

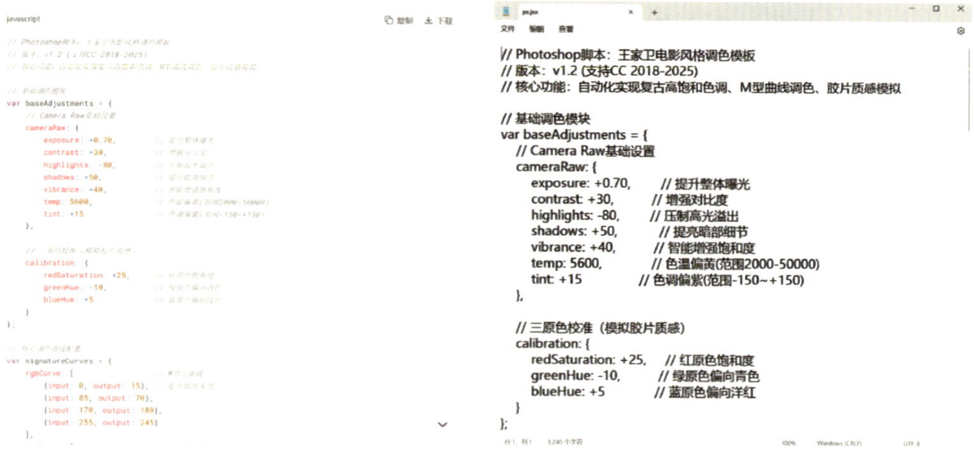

图 13.64　DeepSeek 生成 Python 代码

第二步，运行 Python 代码，最终实现相关功能。

```
import cv2
import numpy as np

def ghibli_style(img_path, output_path):
    # 读取图像
    img = cv2.imread(img_path)
    if img is None: return

    # 核心色彩调整
    img = cv2.cvtColor(img, cv2.COLOR_BGR2LAB)
    clahe = cv2.createCLAHE(clipLimit=2.0, tileGridSize=(8,8))
    img[:,:,0] = clahe.apply(img[:,:,0])
    img = cv2.cvtColor(img, cv2.COLOR_LAB2BGR).astype(np.float32)/255.0

    # 吉卜力色彩矩阵
    styled = cv2.transform(img, np.array([
        [0.7, 0.3, 0.1],
        [0.2, 1.1, 0.1],
        [0.1, 0.2, 0.9]
    ], dtype=np.float32))

    # 边缘强化
```

```
    edges = cv2.Laplacian(cv2.cvtColor(styled, cv2.COLOR_BGR2GRAY), cv2.CV_32F)
    styled = np.clip(styled + edges[..., None] * 0.3, 0, 1)

    # 光晕效果
    glow = cv2.GaussianBlur(styled, (0,0), 30)
    styled = cv2.addWeighted(styled, 0.8, glow, 0.2, 0)

    # 输出处理
    cv2.imwrite(output_path, (np.clip(styled, 0, 1) * 255).astype(np.uint8))

# 使用示例
ghibli_style("input.jpg", "ghibli_output.jpg")
```

最终生成结果如图 13.65 所示，更多功能读者可以尝试探索。

图 13.65 Python 代码图像处理

13.7 DeepSeek 赋能非遗剪纸传承探索

在信息爆炸的时代，非物质文化遗产的保护与创新传承面临着海量资源整合与知识转化的挑战。本节将创新性地融合 DeepSeek 大模型、豆包多模态创作工具与百度 AI 图片助手，构建智能非遗传承三阶体系，以数字技术赋能传统剪纸艺术的研究、传播与创作实践。

首先，我们运用 DeepSeek 强大的语义解析能力，对全国非遗剪纸流派的历史文献、工艺参数、纹样数据库进行深度挖掘，基于“文化基因图谱-工艺传承脉络-现代创新路径”的三维逻辑与实践框架，明确设计原则既保留传统剪纸“图必有意，意必吉祥”的文化内核，又通过知识图谱技术呈现不同流派间的演化规律。在此核心基础上，我们便可以通过 DeepSeek＋豆包＋百度 AI 图片开展非遗剪纸创作。

第一步，在 DeepSeek 平台中启用“深度思考＋联网搜索”模式，输入任务提示词。

现在需要生成关于铸牢中华民族共同体意识主旋律的剪纸作品。请帮我生成一些关键词,关键词为以下几个核心开始:

1. 确定主体方向,将铸牢中华民族共同体意识与民族团结的内容相结合,突出非遗剪纸不仅是技艺传承,也是文化认同的一部分;

2. 明确具体,如在中国新疆克州,要结合柯尔克孜族文化进行设计;

3. 明确关键词,例如我们可以通过“像爱护自己的眼睛一样爱护民族团结,像珍视自己的生命一样珍视民族团结,像石榴籽那样紧紧抱在一起”。提取出关键词:民族团结 石榴籽 一家亲 紧紧抱在一起

DeepSeek 会自动理解指令,并生成关键词(图 13.66),大家可以根据自己需要进行选择。

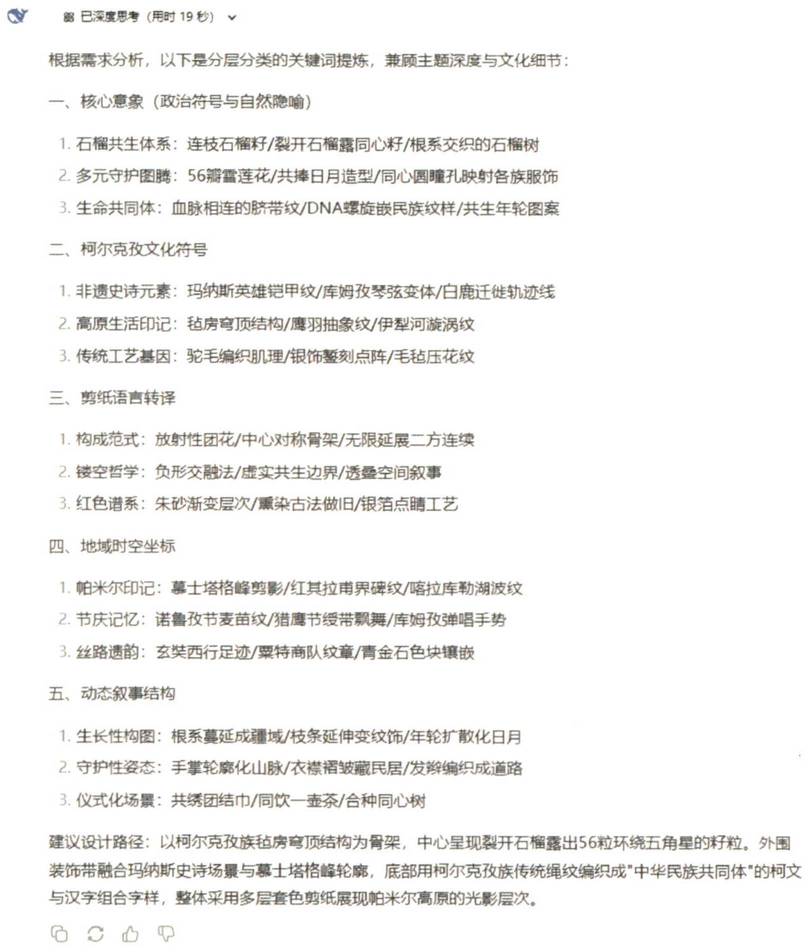

已深度思考(用时 19 秒)

根据需求分析,以下是分层分类的关键词提炼,兼顾主题深度与文化细节:

一、核心意象(政治符号与自然隐喻)

1. 石榴共生体系:连枝石榴籽/裂开石榴露同心籽/根系交织的石榴树
2. 多元守护图腾:56瓣雪莲花/共捧日月造型/同心圆瞳孔映射各族服饰
3. 生命共同体:血脉相连的脐带纹/DNA螺旋嵌民族纹样/共生年轮图案

二、柯尔克孜文化符号

1. 非遗史诗元素:玛纳斯英雄铠甲纹/库姆孜琴弦变体/白鹿迁徙轨迹线
2. 高原生活印记:毡房穹顶结构/鹰羽抽象纹/伊犁河漩涡纹
3. 传统工艺基因:驼毛编织肌理/银饰錾刻点阵/毛毡压花纹

三、剪纸语言转译

1. 构成范式:放射性团花/中心对称骨架/无限延展二方连续
2. 镂空哲学:负形交融法/虚实共生边界/透叠空间叙事
3. 红色谱系:朱砂渐变层次/熏染古法做旧/银箔点睛工艺

四、地域时空坐标

1. 帕米尔印记:慕士塔格峰剪影/红其拉甫界碑纹/喀拉库勒湖波纹
2. 节庆记忆:诺鲁孜节麦苗纹/猎鹰节绶带飘舞/库姆孜弹唱手势
3. 丝路遗韵:玄奘西行足迹/粟特商队纹章/青金石色块镶嵌

五、动态叙事结构

1. 生长性构图:根系蔓延成疆域/枝条延伸变纹饰/年轮扩散化日月
2. 守护性姿态:手掌轮廓化山脉/衣襟褶皱藏民居/发辫编织成道路
3. 仪式化场景:共绣团结巾/同饮一壶茶/合种同心树

建议设计路径:以柯尔克孜族毡房穹顶结构为骨架,中心呈现裂开石榴露出56粒环绕五角星的籽粒。外围装饰带融合玛纳斯史诗场景与慕士塔格峰轮廓,底部用柯尔克孜族传统绳纹编织成"中华民族共同体"的柯文与汉字组合字样,整体采用多层套色剪纸展现帕米尔高原的光影层次。

图 13.66 DeepSeek 挖掘非遗领域知识

第二步,将生成的关键词导入到豆包。

豆包工具将基于 DeepSeek 输出的结构化数据，智能生成动态剪纸教程；

■ 打开豆包，选择左侧的图像生成，并输入您的关键词，单击生成如图 13.67 所示图片。

帮我生成图片：
图片风格：剪纸
图片内容：儿童手拉手环绕石榴，包含柯尔克孜族的“鹿角纹”和汉族的“云雷纹”元素

图 13.67　豆包生成图像

接着筛选图片。需要注意，随着新技术的出现，我们要改变传统剪纸的设计理念。例如在传统剪纸过程中，每一个图形都可以单独出现，但激光切割加工不同，激光在切割纸类时极易容易着火，因此在切割时会开启强吹气。基于此，在设计激光切割剪纸图案时，我们要将剪纸设计为一个整体。

第三步，将生成的图片导入到百度 AI 图片助手生成线稿。

■ https://image.baidu.com。

打开百度 AI 图片，选择提取线稿，如图 13.68 所示。

图 13.68　提取线稿

单击上传图片即可生成能加工的线稿,如图 13.69 所示。

图 13.69　生成指定模板线稿

第四步,根据需求进行作品迭代,利用激光切割加工生成最终作品图 13.70。整个过程实践中,大家一定要注意安全,儿童必须由老师或家长操作完成。

图 13.70　生成剪纸

总之,通过 AI 工具链的协同创新,我们期待构建非遗剪纸的"数字生命体",让千年传承的文化密码转化为可计算、可推演的知识网络,使传统技艺在智能时代获得更强大的传播力与创造力。这种技术赋能的人文研究范式,将为非遗保护提供新的路径和探索。

13.8　本章小结及图像生成安全保护建议

本章系统探讨 DeepSeek 在图像生成领域的创新应用,涵盖基础生成原理、历史图像修复、个性化创作(梵高风格迁移/儿童绘本)及多模态生成(GTP - 4o 头像设计/装修图纸转换)。重点解析 AI 技术赋能创意场景的实践路径,包括代码级优化与非遗数字化(剪纸生成),本章展现了大模型技术在艺术、教育、文化传承等领域的跨界融合潜力。

此外,大模型图像生成也带来了一些安全问题,我们又将如何保护呢?

未来,我们需构建"技术+伦理+法律"三位一体防护体系。技术侧采用数字水印、

AI 检测模型(如 DeepFake 识别)与内容过滤算法,阻断暴力/虚假信息生成;数据端确保训练集版权合规,建立生成内容区块链存证;应用层明确用户协议,禁止政治/色情等非法场景使用,部署实时人工审核机制;伦理层面制定 AI 生成标识规范,成立多学科的伦理审查委员会,定期评估模型偏见与社会影响。最终实现开发者备案模型、用户知情授权、监管沙箱试点等协同治理模式。再次强调,上述案例主要使用大模型平台提供的功能完成,所引用的界面截图仅作教学用途,内容仅为个人学习与研究使用目的,与软件平台及其开发公司无直接关系,亦不构成其官方立场。

第 14 章　DeepSeek 玩转语音生成

本章详细介绍 DeepSeek 在语音生成领域的多元应用，涵盖了制作中英文朗读工具、辅助歌词创作、快速生成短视频配乐、手机端视频配音以及优化会议流程等实用场景，帮助用户在工作、学习和娱乐等方面实现高效语音内容生成。

14.1　DeepSeek 自制中英文朗读工具

在语言学习和内容创作领域，个性化语音生成工具需求日益增长。借助 DeepSeek 强大的自然语言处理与生成能力，结合 Web Speech API，我们可以快速搭建一款功能丰富的英语朗读工具。本教程以打造支持多角色对话、参数自定义、状态管理的英语朗读工具为例，带您从 0 到 1 完成开发。

第一步，构建如下所示的提示词。

现需要生成一个能精准阅读的中英文朗读工具。具体要求如下：

(1) 该工具支持用户输入带说话人标识的文本，使用 Web Speech API 实现多角色语音合成，具备说话人语音分配系统，可将不同语音分配给每个说话人。

(2) 能对语音参数（语速、音高）进行调节，还可控制对话间隔时间。支持旁白朗读，能通过正则解析说话人标识来完成带标识解析的文本朗读。

(3) 在功能控制方面，有动态语音选择界面，能进行实时朗读状态反馈，具备多控制状态管理（播放、暂停、继续、停止），还可实现语音合成队列管理。在设置保存上，支持语音设置持久化存储、本地存储设置记忆以及跨会话设置持久化。

(4) 界面设计为响应式 UI 设计，能动态加载语音资源，同时具备输入格式验证提示、多语音同时配置和语音合成错误处理等功能。

请给出完整 HTML 代码并确保中英文朗读工具能运行。

第二步，在 DeepSeek 平台中输入提示词（图 14.1），生成关键 HTML 代码。

DeepSeek 生成中英文朗读工具的 HTML 代码如图 14.2 所示。

第三步，将源代码保存至本地 TXT 文件，其后缀修改为“.html”。关键代码如图 14.3 所示，由 HTML 和 JavaScript 组成，通过 JavaScript 定义函数可实现各种功能，最终成功构建中英文朗读工具，其可赋能辅导小孩英语学习。完整代码请参考本书开源的 Github 仓库。

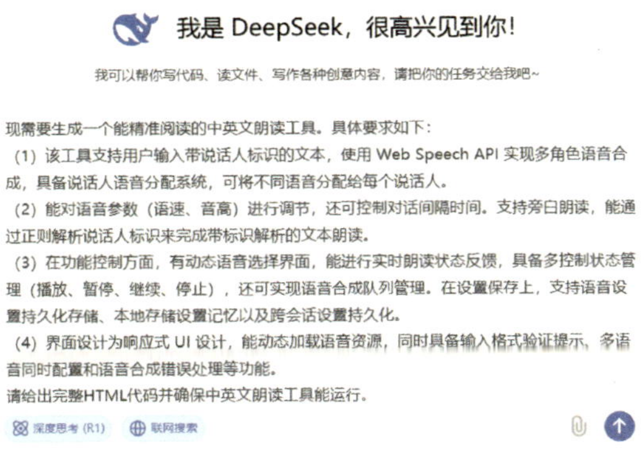

图 14.1　DeepSeek 构建提示词

以下是一个经过优化和完善的中英文多角色朗读工具完整代码，解决了格式验证问题并增强了稳定性：

html　复制　下载　运行

```html
<!DOCTYPE html>
<html lang="zh-CN">
<head>
    <meta charset="UTF-8">
    <meta name="viewport" content="width=device-width, initial-scale=1.0">
    <title>智能多角色朗读工具</title>
    <style>
        :root {
            --primary-color: #2196F3;
            --secondary-color: #607D8B;
        }

        body {
            font-family: 'Segoe UI', system-ui;
            margin: 0;
            padding: 20px;
            background: #f5f5f5;
        }

        .container {
            max-width: 1000px;
            margin: 0 auto;
            background: white;
            padding: 25px;
            border-radius: 10px;
            box-shadow: 0 4px 6px rgba(0,0,0,0.1);
        }

        .input-section {
            margin-bottom: 25px;
        }

        textarea {
            width: 100%;
            height: 250px;
            padding: 15px;
            border: 2px solid #ddd;
            border-radius: 6px;
            resize: vertical;
            font-family: monospace;
```

图 14.2　DeepSeek 生成中英文朗读工具代码

```html
<body>
    <div class="container">
        <h1>自制中英文朗读工具</h1>

        <textarea id="textInput" placeholder="请输入文本材料，每行开头用[说话人]标识说话人，例如：
[Tom] 我喜欢看猫和老鼠
[Jerry] me too
"></textarea>

        <div class="controls">
            <button id="playBtn">开始朗读</button>
            <button id="pauseBtn" disabled>暂停</button>
            <button id="resumeBtn" disabled>继续</button>
            <button id="stopBtn" disabled>停止</button>
            <button id="settingsBtn">设置</button>
        </div>

        <div class="status" id="status">准备就绪</div>

        <div class="settings-panel" id="settingsPanel">
            <h3>语音设置</h3>
            <div id="voiceSettings"></div>

            <div class="global-settings">
                <h3>全局设置</h3>
                <div class="voice-selector">
                    <label for="rate">语速 (0.1-2):</label>
                    <input type="number" id="rate" min="0.1" max="2" step="0.1" value="1">

                    <label for="pitch">音高 (0-2):</label>
                    <input type="number" id="pitch" min="0" max="2" step="0.1" value="1">

                    <label for="pauseDuration">说话间隔时间 (秒):</label>
                    <input type="number" id="pauseDuration" min="0" max="30" value="1">
                </div>
            </div>

            <button id="saveSettingsBtn">保存设置</button>
        </div>
    </div>
```

图 14.3　HTML 关键布局代码

JavaScript 主要调用 Web Speech API 函数实现，关键代码如图 14.4 所示，其能将

```javascript
<script>
    // 获取DOM元素
    const textInput = document.getElementById('textInput');
    const playBtn = document.getElementById('playBtn');
    const pauseBtn = document.getElementById('pauseBtn');
    const resumeBtn = document.getElementById('resumeBtn');
    const stopBtn = document.getElementById('stopBtn');
    const settingsBtn = document.getElementById('settingsBtn');
    const settingsPanel = document.getElementById('settingsPanel');
    const voiceSettings = document.getElementById('voiceSettings');
    const saveSettingsBtn = document.getElementById('saveSettingsBtn');
    const status = document.getElementById('status');

    // 语音合成对象
    const synth = window.speechSynthesis;
    let voices = [];
    let currentUtterance = null;
    let isPlaying = false;
    let currentLineIndex = 0;
    let textLines = [];
    let voiceMap = {};
    let globalSettings = {
        rate: 1,
        pitch: 1,
        pauseDuration: 1
    };

    // 初始化语音
    function initVoices() {
        voices = synth.getVoices();
        if (voices.length === 0) {
            synth.onvoiceschanged = initVoices;
            return;
        }

        // 如果有设置，恢复设置
        const savedSettings = localStorage.getItem('voiceSettings');
        if (savedSettings) {
            globalSettings = JSON.parse(savedSettings);
            document.getElementById('rate').value = globalSettings.rate;
            document.getElementById('pitch').value = globalSettings.pitch;
            document.getElementById('pauseDuration').value = globalSettings.pauseDuration;
        }
    }
```

图 14.4　JavaScript 关键代码

语音数据合并到 Web 应用程序中，speechSynthesis 能实现语音合并（文本到语音转换），SpeechRecognition 能实现语音识别。完整 API 和用法请查看官网：

■ https://developer.mozilla.org/en-US/docs/Web/API/Web_Speech_API。

第四步，运行本地 HTML 文件，生成的中英文朗读工具，如图 14.5 所示。

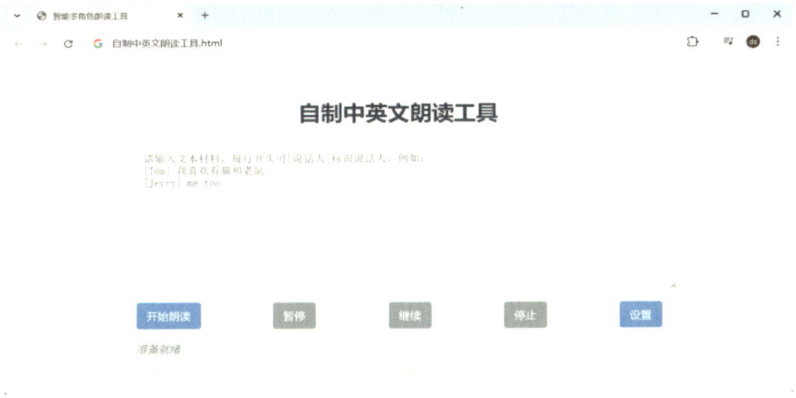

图 14.5　中英文朗读工具

按照工具提示，在图 14.6 的对话框中输入文本“[杨秀璋] 我们正在撰写 DeepSeek 书籍，欢迎大家购买和交流学习！”，单击“开始阅读”，该工具会自动朗读。

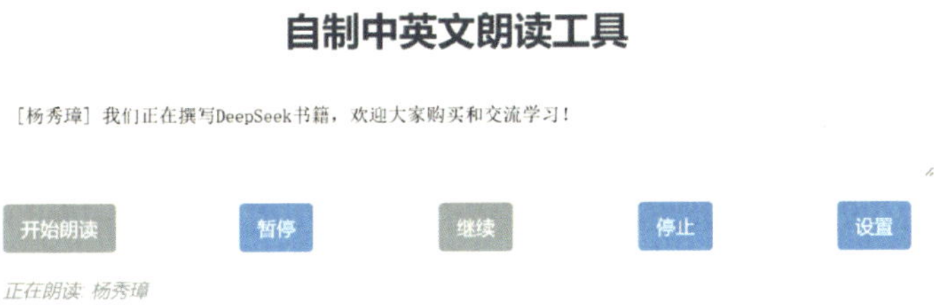

图 14.6　朗读测试

最终，我们利用 DeepSeek 成功实现了一款语音工具，这既体现了 DeepSeek 强大的语音交互能力和代码生成能力，又体现了 JavaScript 和 HTML 的前端优势，读者可以结合实际需求进行各种探索。

14.2　DeepSeek+豆包玩转歌曲创作与歌词生成

在人工智能助力音乐创作的浪潮中，DeepSeek 凭借强大的语言处理能力，成为歌词创作与歌曲制作的得力助手。本教程严格依据豆包音乐的创作要求，手把手教你如何运用 DeepSeek 生成喜欢的歌词，完成歌曲创作实践，帮助你轻松开启 AI 音乐创作之旅。

14.2.1 精准把握豆包音乐创作要求

在使用 DeepSeek 进行创作前,必须透彻理解豆包音乐的具体要求,打开豆包官网,可看到豆包的相关要求,如图 14.7 所示。豆包音乐生成中的歌词分为以下两类:

- AI 帮我写歌词;
- 自定义歌词。

其中,自定义生成歌词有字数限制,歌词需严格控制在 200 字以内,确保内容精炼,避免冗长拖沓。其他设置内容包括以下 3 个方面。

- 音乐风格选择:从流行、嘻哈、国风、DJ、摇滚、民谣、R&B、雷鬼、朋克、电音、爵士等风格中,明确选定一种作为歌曲风格,为创作奠定基调。
- 情绪传达设定:确定歌曲要传达的情绪,如快乐、放松、活力、兴奋、忧郁、鼓舞、伤感、怀旧、浪漫等,让歌词情感表达更具指向性。
- 音色选择:根据歌曲风格和情感需求,选择男声或女声作为演唱音色,使声音特质与歌曲氛围相契合。

图 14.7 豆包音乐生成具体要求

14.2.2 使用 DeepSeek 生成歌词

接着,我们利用 DeepSeek 生成所需的歌词,具体过程如下所示。

第一步,构建精准提示词。提示词是引导 DeepSeek 生成符合豆包音乐要求歌词的核心。构建时需将各项要求精准融入,示例如下,生成的流行风格快乐情绪歌词如图 14.8 所示。

流行风格,快乐情绪,女声:“创作一首不超过 200 字,以‘夏日派对’为主题,风格为流行音乐,传达快乐情绪,适合女声演唱的歌词。主歌两段,每段 4 行;副歌 1 段,6 行。”

DeepSeek 生成的国风风格怀旧情绪歌词如图 14.9 所示。

国风风格，怀旧情绪，男声："请生成一篇 200 字以内，围绕'乡村记忆'主题，采用国风音乐风格，表达怀旧情绪，适配男声演唱的歌词。包含一段主歌(5 行)和一段副歌(7 行)，融入'田间''稻香''炊烟'等国风意象。"

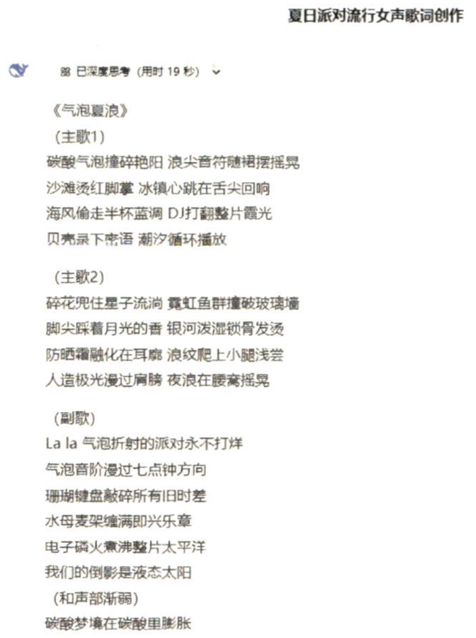

图 14.8　创作流行风格快乐情绪歌词

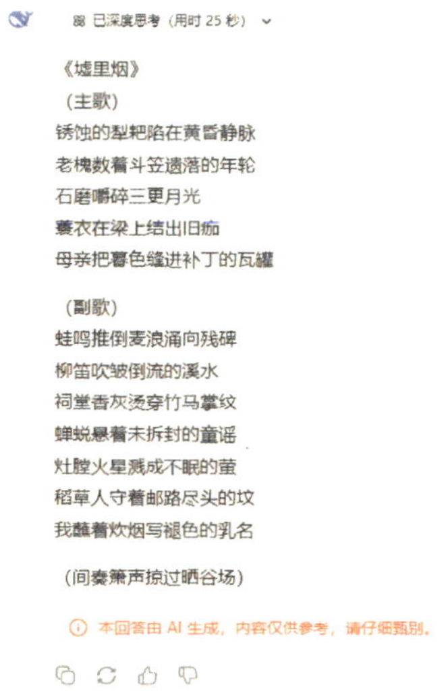

图 14.9　创作国风风格怀旧情绪歌词

第二步，提示词优化。将精心构建的提示词输入 DeepSeek 后，若首次生成的歌词未达预期，可从以下几个方面进行优化。

- 进一步明确主题相关细节，让 DeepSeek 更精准把握创作方向。
- 添加风格特征关键词，如嘻哈风格可加入"节奏""flow""押韵技巧"等词。
- 用更具体的词汇描述情绪，如将"忧郁"细化为"孤独的忧郁""思念的忧郁"。反复调整提示词，直至获得满意的歌词。
- 严格按照 200 字以内的要求，对歌词进行删减和调整。检查歌词内容的逻辑连贯性，确保主题明确，情节或情感表达自然流畅，避免出现跳跃或矛盾之处。
- 根据选定的音乐风格，优化歌词的押韵和节奏。流行风格可采用朗朗上口的押韵方式；国风风格可借鉴古典诗词的韵律特点。同时，让歌词的节奏与预期的音乐节奏相匹配，增强歌曲的整体表现力。
- 依据选择的男声或女声，对歌词进行细微调整。若为女声，可使用更细腻、柔美的词汇；若为男声，则可突出力量感和沉稳感，使歌词与演唱音色完美融合。

14.2.3 豆包音乐创作

接着，利用豆包创作音乐，其歌词为先前 DeepSeek 生成的内容。

第一步，打开豆包平台并单击"音乐生成"。部分未显示的需要单击"更多"后查看。

■ 豆包官网：https://www.doubao.com/chat，主界面如图 14.10 所示。

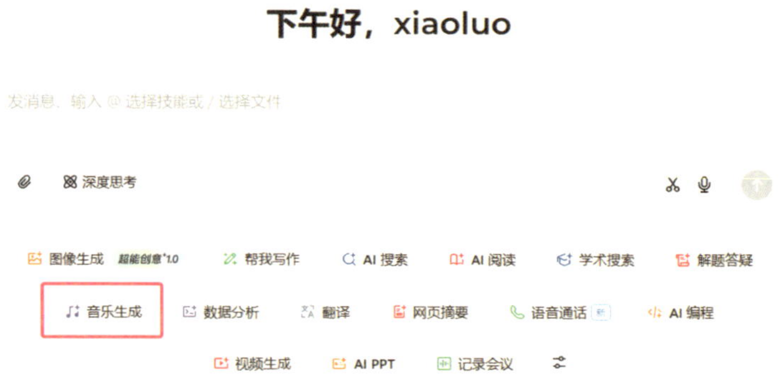

图 14.10　豆包平台

第二步，选择“AI 帮我写歌词”，导入生成的歌词，如图 14.11 所示。

图 14.11　AI 帮我写歌词

第三步，填写[描述歌词要表达的主题]，选择音乐风格、情绪、音色，最后单击生成。图 14.12 为豆包风格设置界面。

图 14.12　豆包风格设置

稍等一会，即可生成，可以在线试听也可以下载保存本地。如图 14.13 所示，其歌词正是 DeepSeek 创作，即“锈蚀的犁耙陷在黄昏静脉，老槐数着斗笠遗落的年轮”，整个歌词还比较文艺。

图 14.13　豆包创作歌曲

通过严格遵循豆包音乐的创作要求，借助 DeepSeek 强大的生成能力，结合后续的优化与制作流程，我们能够高效完成从歌词创作到完整歌曲制作的全过程。在实践中不断尝试不同的风格、情绪和设定，发挥创意，相信你能创作出独具特色的音乐作品。若在创作过程中遇到问题或有新的想法，可随时调整创作思路和方法，探索更多音乐创作的可能性。

14.3　DeepSeek＋剪映玩转歌曲与纯音乐生成

在短视频内容爆炸式增长的时代，配乐作为短视频的“灵魂伴侣”，直接影响着观众的观看体验与情感共鸣。剪映 AI 音乐平台凭借便捷的创作与丰富的曲库，成为无数短视频创作者的首选，但平台对一分钟以内歌曲和纯音乐的需求持续攀升，如何快速产出适配的优质音乐成为创作者们亟待解决的难题。

DeepSeek 作为前沿的大模型，在歌词创作方面展现出强大的创意与高效性，结合专业音乐制作工具，能够帮助创作者突破灵感瓶颈，高效产出符合平台要求的音乐作品。本教程将深度结合剪映 AI 音乐的规范，从歌词生成到音乐制作全流程解析，助力你在短视频配乐创作赛道脱颖而出。

14.3.1 DeepSeek 歌词创作

整体而言,一分钟以内的时长限制,对使用要求是极高的。因此,音乐必须“短小精悍”,在极短时间内完成主题呈现、情感传递与旋律记忆点塑造,避免冗长拖沓的过渡段落。同时,音乐风格需紧密贴合短视频内容,如美食探店视频适配轻快活泼的流行乐,悬疑剧情类视频则更适合节奏紧张的电子乐。在创作前,创作者需精准定位短视频的内容属性、目标受众与情感基调,才能更好的为后续音乐创作锚定方向。

第一步,构建提示词。以 UP 主视角来看,在拍摄了一段美食街的夜拍后,需要对短视频进行后期配乐,从短视频内容与需求分析,我们以“城市夜生活”为主题的美食探店短视频,需要一首节奏轻快、充满活力的流行歌曲,时长控制在 1 分钟内,使用男声演唱,传递探索美食的愉悦与兴奋感。由上述需求我们可以这样构建提示词:

“创作一首时长约 1 分钟的流行风格歌词,以‘城市夜食记’为主题,用男声演唱,表达在夜晚探寻美食时的兴奋与满足。歌词结构为主歌 1 段(4 行)、副歌 1 段(4 行),融入霓虹灯、街头小吃、烟火气等意象,语言生动活泼。”

运行结果如图 14.14 所示。

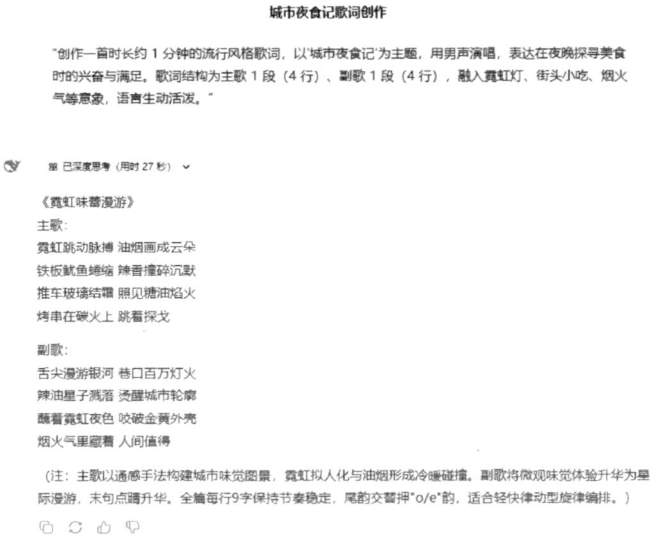
城市夜食记歌词创作

“创作一首时长约 1 分钟的流行风格歌词,以'城市夜食记'为主题,用男声演唱,表达在夜晚探寻美食时的兴奋与满足。歌词结构为主歌 1 段(4 行)、副歌 1 段(4 行),融入霓虹灯、街头小吃、烟火气等意象,语言生动活泼。”

已深度思考(用时 27 秒)

《霓虹味蕾漫游》
主歌:
霓虹跳动脉搏 油烟画成云朵
铁板鱿鱼蜷缩 辣香撞碎沉默
推车玻璃结霜 照见糖油焰火
烤串在碳火上 跳着探戈

副歌:
舌尖漫游银河 巷口百万灯火
辣油星子溅落 烫醒城市轮廓
蘸着霓虹夜色 咬破金黄外壳
烟火气里藏着 人间值得

(注:主歌以通感手法构建城市味觉图景,霓虹拟人化与油烟形成冷暖碰撞。副歌将微观味觉体验升华为星际漫游,末句点睛升华。全篇每行9字保持节奏稳定,尾韵交替押"o/e"韵,适合轻快律动型旋律编排。)

图 14.14 DeepSeek 创作歌词

14.3.2 剪映歌曲创作

接着打开剪映开启歌曲创作。

第一步,打开剪映,选择音频,选择 AI 音乐,单击人声歌曲,如图 14.15 所示。

第二步,在音乐描述中填写如图 14.16 所示的提示信息。

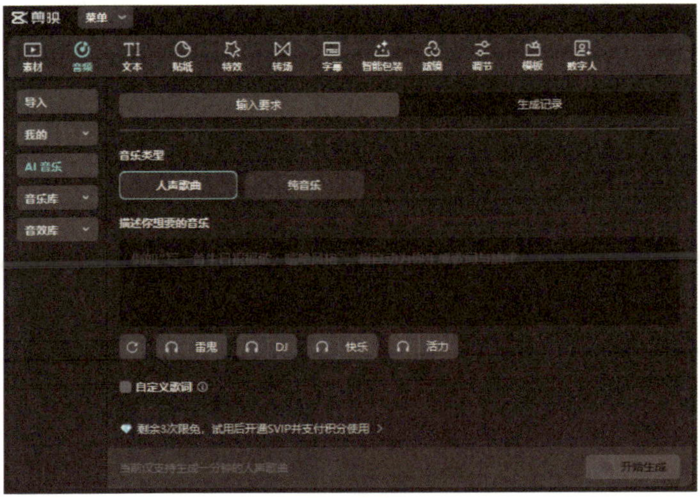

图 14.15　打开剪映软件

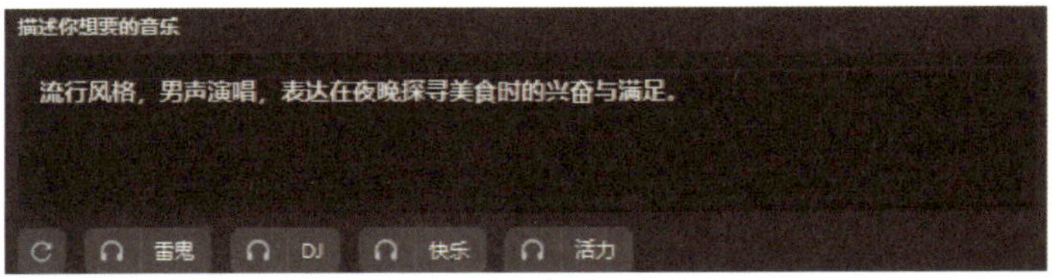

图 14.16　描述音乐

第三步，选择自定义歌词，将先前生成好的歌词导入即可，如图 14.17 所示。

图 14.17　自定义歌词

第四步，单击“开始生成”按钮即可创作音乐，如图 14.18 所示。

对比人声歌曲来说，纯音乐的创作就显得简单得多了，从提示上可得知，最基础的数据要有歌曲风格、描述性词语，以及注明是用来对什么类型视频配音的。

第一步，在剪映中选择“纯音乐”，如图 14.19 所示。

第二步，构建提示词。由上述需求我们可以这样构建提示词：

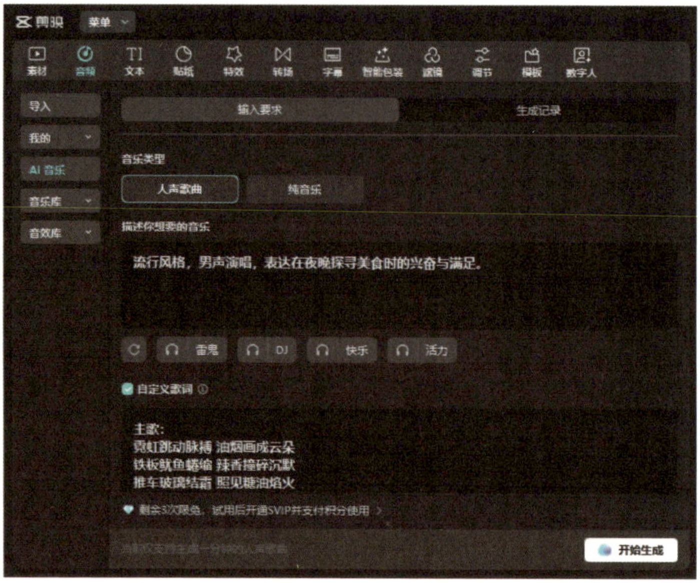

图 14.18　剪映创作音乐

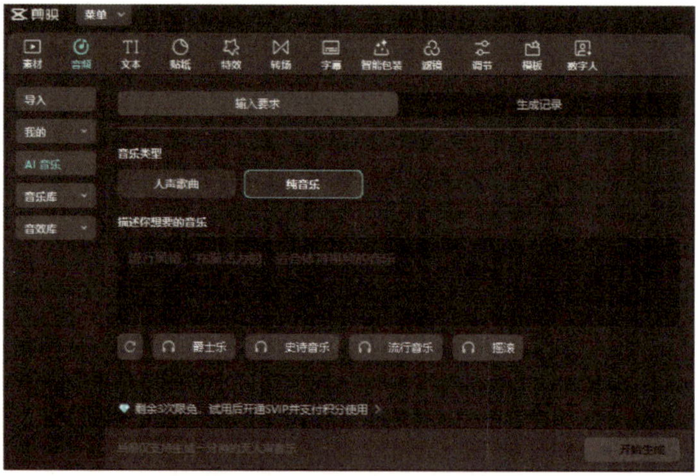

图 14.19　选择“纯音乐”按钮

“生成一首时长 1 分钟以内的古风纯音乐，用于古风汉服旅拍短视频，以‘千年梦华’为主题，融合古筝、琵琶、二胡等传统乐器，节奏舒缓，旋律优美，传递出古典浪漫与诗意的情感，营造出穿越时空的浪漫氛围。”

第三步，导入提示词，单击“开始生成”按钮即可欣赏音乐，如图 14.20 所示。

通过本节的学习，我们掌握了利用 DeepSeek 生成一分钟人声歌曲歌词，以及制作一分钟人声歌曲和纯音乐的方法。在实际创作中，要多尝试不同的主题、风格和工具组合，不断积累经验，创作出更优质、更符合剪映 AI 音乐要求的作品。

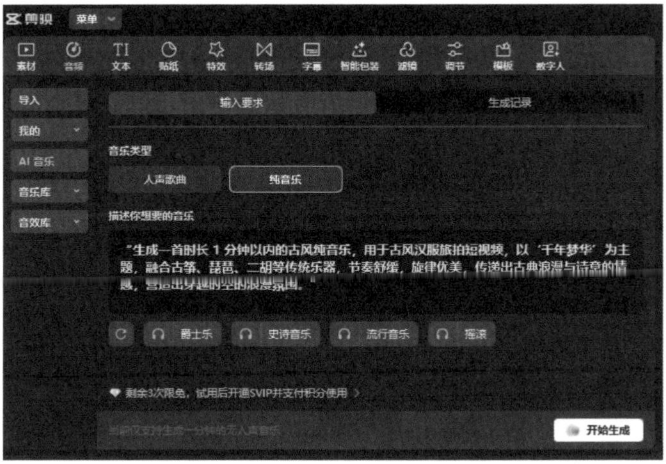

图 14.20　剪映纯音乐创作

14.4　DeepSeek+剪映轻松搞定移动端 AI 配音

在短视频创作日益普及的当下，AI 配音已成为提升视频制作效率和质量的重要工具。无需专业录音设备和配音技巧，借助手机就能完成高质量的配音工作。剪映手机版中视频制作分类下的 AI 配音功能，操作简单且效果出色，搭配 DeepSeek 强大的文案生成能力，让每个创作者都能轻松为视频赋予生动的声音。本教程将详细介绍如何利用 DeepSeek 生成文案，并结合剪映手机版实现专业级的 AI 配音。

14.4.1　DeepSeek 生成优质配音文案

第一步，明确视频主题与风格。在生成文案前，先确定视频的主题，是美食探店、旅游攻略，还是知识科普等。同时明确视频风格，如轻松幽默、严谨专业、温暖治愈等。例如，制作一个美食探店视频，主题可以是“探寻老街巷里的宝藏小吃”，风格设定为轻松活泼。

第二步，构建精准提示词。提示词是引导 DeepSeek 生成合适文案的关键。要清晰传达视频主题、风格和内容要求。美食探店类示例如下所示。

“创作一段用于美食探店视频的配音文案，主题为‘探寻老街巷里的宝藏小吃’，风格轻松活泼，字数控制在 300 字左右，介绍 3—4 种特色小吃，突出小吃的独特口感和背后故事。”

DeepSeek 生成内容如图 14.21 所示：

将提示词输入 DeepSeek，若文案内容不符合预期，可调整提示词中的细节，如增加特定要求、更换表述方式等，重新生成。得到文案后，检查内容的逻辑性、流畅性和吸引力，适当删减或修改语句，使其更贴合视频节奏。

老街小吃探店配音文案创作

【老街寻味记——巷弄里的烟火传奇】

（轻快音乐起）
"哈喽吃货雷达启动！今天带你们钻进时光隧道，拐进青砖黛瓦的老街巷——（压低声音）听说这里的石板路下，藏着三代人传下来的美食密码！"

（镜头掠过斑驳门牌）
"第一站！阿嬷的黄金油墩子！（油锅滋滋声）看这萝卜丝在面糊里跳华尔兹~（咬下咔嚓音效）哇！外皮像威化饼般酥脆，内馅却软嫩得能掐出水！八十岁的陈奶奶边炸边念叨：'以前穷啊，萝卜渣都能变宝贝'，现在这口焦香成了整条街的童年开关~"

（转场音效）
"第二弹！隐身裁缝铺后的秘制酒酿！（木勺入缸声）王叔的陶缸里酿着整个江南的春天~（吸溜声）冰镇的醪糟滑过喉咙，糯米在舌尖跳起圆舞曲，偷偷告诉你——缸底埋着他爷爷结婚时埋的'酒引子'，六十年的老菌种会唱歌！"

（鼓点渐强）
"前方高能！暗黑系王者登场——铁板焦糖臭豆腐！（铁板呲啦声）别跑！这臭味是发酵了365天的'香水'~（咀嚼声）脆壳里藏着流心芝士暴击，95后店主小吴神秘一笑：'我家太爷爷在戏院门口推车时，梅兰芳先生可是常客呢！'"

（音乐渐缓）
"最后来碗会讲故事的糖水——（瓷勺轻碰声）三味汤圆在红豆沙里泡温泉~芝麻馅是磨了四十年的石磨转出来的，花生碎里能嚼到南洋华侨的乡愁，最绝的是那颗翡翠色的艾草团子，嚼着嚼着就看见清明时节的烟雨..."

（欢快收尾）
"嗝~这条五百米的老街，每口都是时光盲盒。下期想拆哪里的美食彩蛋？记得评论区喊话！（眨眼音效）老规矩，点赞过万就带你们去挖真正的传家宝厨房！"

（时长：约320字，可灵活删减）

图 14.21　DeepSeek 生成配音文案

14.4.2　剪映手机版中实现 AI 配音

接着，我们利用剪映手机版实现 AI 配音案例。

第一步，打开剪映手机版，在热门工具中找到“更多工具”并单击，如图 14.22 所示。

第二步，在视频制作中找到“AI 配音”并单击，如图 14.23 所示。

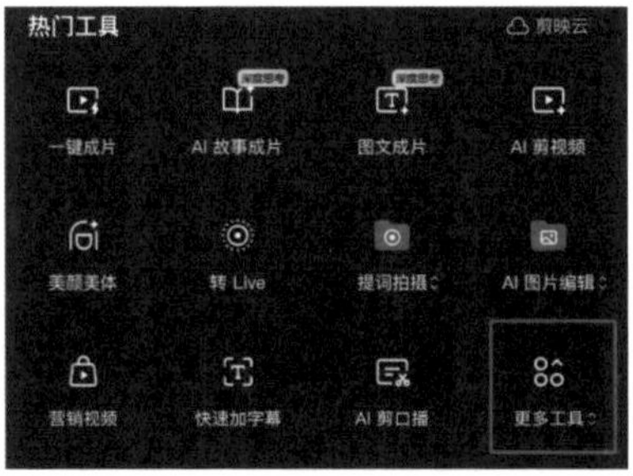

图 14.22　剪映手机版

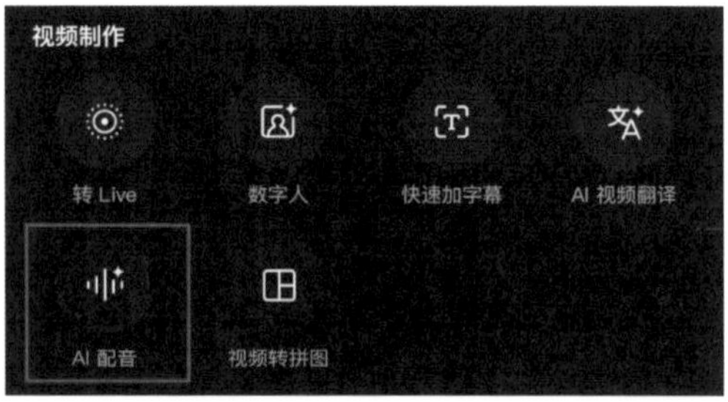

图 14.23　AI 配音

第三步，导入 DeepSeek 生成的文案，如图 14.24 所示。

第四步,选择更多音色。如图 14.25 所示包括常见的熊二、猴哥、小魔童等。

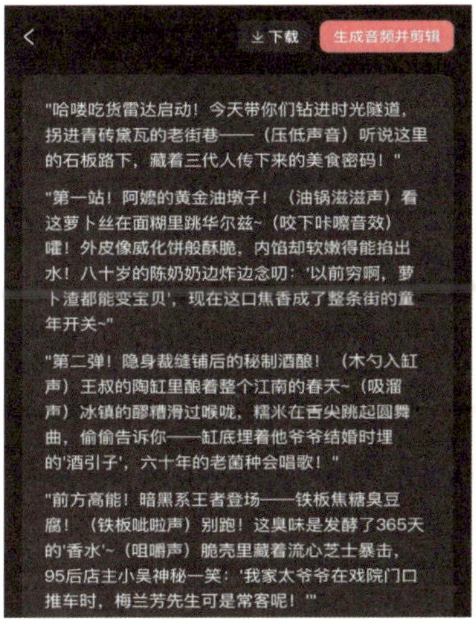

图 14.24　导入文案

图 14.25　选择音色

第五步,根据自己需求选择语速、停顿及是否多人配音。图 14.26 为语速设置,图 14.27 为停顿设置,图 14.28 为角色设置,建议读者进行各种方案尝试更好地创作语音。

第六步,单击右上角可导出音频文件,如图 14.29 所示。

通过本教程,我们学会了使用 DeepSeek 生成配音文案,并借助剪映手机版的 AI 配音功能,轻松完成视频的配音工作。从文案创作到配音实现,整个流程在手机上就能一气呵成。掌握这一技能,无论是日常记录生活,还是专业的短视频创作,都能为你的视频增添亮点。在实际操作过程中,多尝试不同的提示词、配音音色和视频风格组合,不断探索,相信你能创作出更多精彩的作品。

图 14.26　语速设置

图 14.27　停顿设置

图 14.28　角色设置

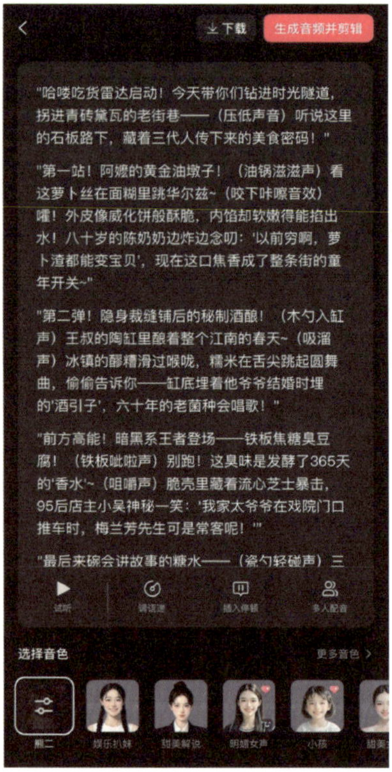

图 14.29 导出音频文件

14.5 DeepSeek+Suno 创作 RAP 音乐

通过精确设计提示词，可生成结构完整、内容贴合且富有节奏感的 RAP 歌词。在本示例中，目标是创作一首以"贵州旅游"为核心主题的中文 RAP 歌词，歌词应涵盖自然景观、人文风情与地方美食等要素，并符合 RAP 语体的押韵和节奏特性。

14.5.1 DeepSeek 生成 RAP 歌词

第一步，打开 DeepSeek 平台，进入对话或创作界面并输入提示词。根据需求进行多轮迭代生成，直至形成语义完整、语感流畅的歌词。图 14.30 为最终生成 RAP 歌词。

"请生成一首以'贵州旅游'为主题的中文 RAP 歌词。内容包括贵州的自然风光(如黄果树瀑布、荔波小七孔、梵净山)、民族文化(如苗族、侗族、少数民族节日)、地方美食(如酸汤鱼、肠旺面、豆腐圆子)等元素。歌词需押韵、有节奏感、句式简洁明快，语言现代、有感染力，适合 RAP 演绎。"

第二步，人工审核与润色，可适当修改用词，增强押韵与节奏感。导出歌词文本，作

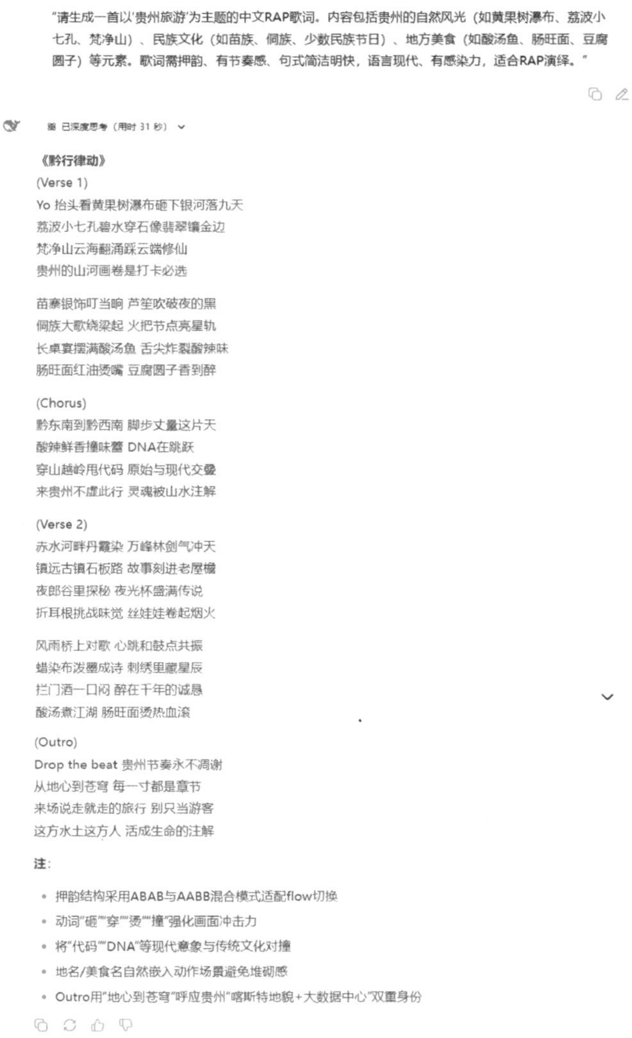

图 14.30 DeepSeek 生成 RAP

为后续音乐生成的基础内容输入。

14.5.2 Suno 创作 RAP 歌曲

Suno 是一款基于深度神经网络的 AI 音乐创作平台，具备从文本生成旋律、配器、节奏结构直至成品音频的一体化能力。Suno 支持将歌词输入后结合用户设定的音乐风格、语言与情绪标签自动生成对应风格的歌曲，非常适合用于 RAP、Pop、Rock 等多种流行音乐体裁的创作。

第一步，通过官网访问 Suno 并注册登录。

■ 官方网址：https://suno.com/home，主界面如图 14.31 所示。

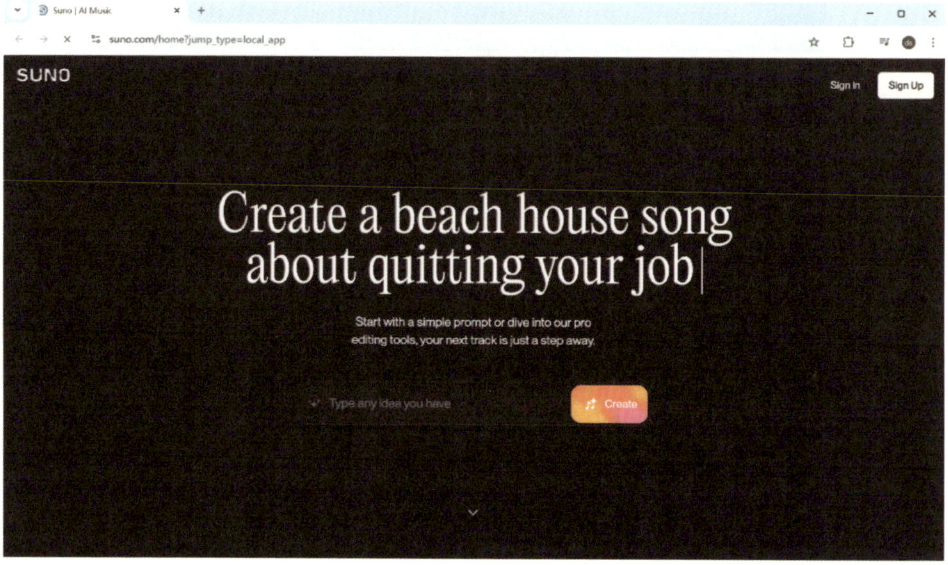

图 14.31　Suno 官网

登录成功之后主界面如图 14.32 所示。

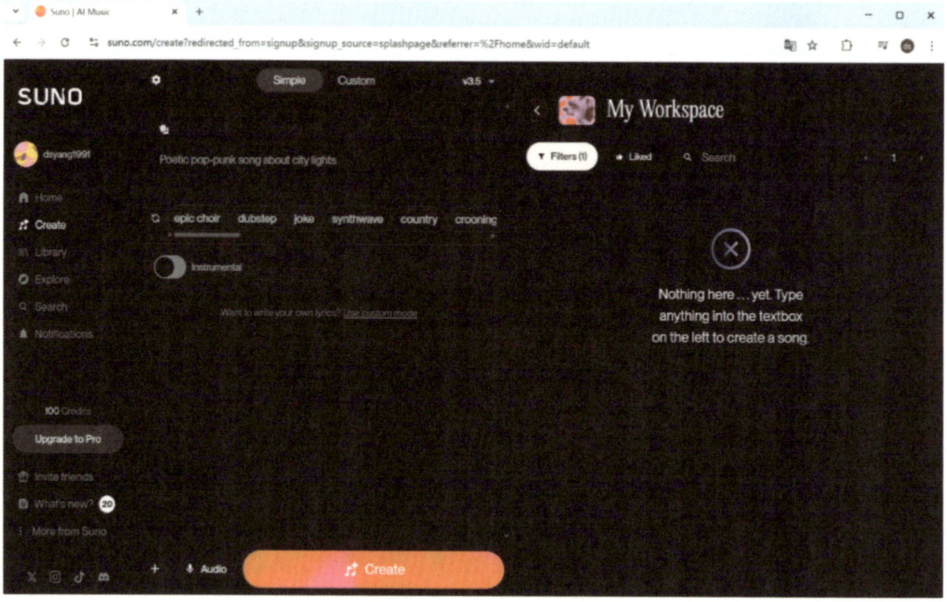

图 14.32　登录主界面

第二步,单击“Create”创建并在提示框内输入 DeepSeek 生成提示词。注意,歌词需要删除的标题“《黔行律动》”,如图 14.33 所示。

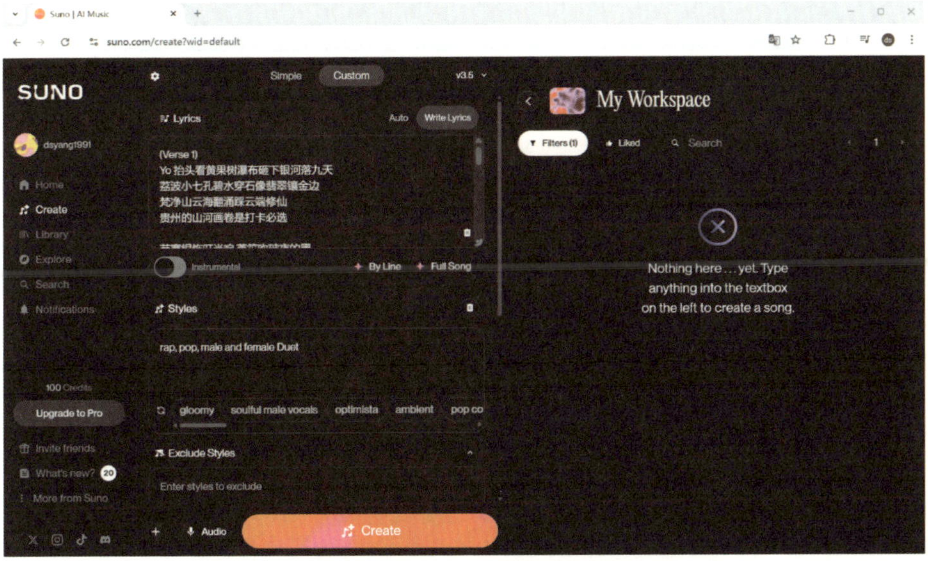

图 14.33　上传歌词

第三步，设置风格“rap, pop, male and female Duet”，添加标题歌曲标题“黔行律动”，如图 14.34 所示。注意，读者可选择下面代表性的风格，也可以添加自定义风格，并且如果男女混唱，可以在不同歌词前面增加标签标识男声或女声。譬如，“[男声/女声] 具体歌词”。

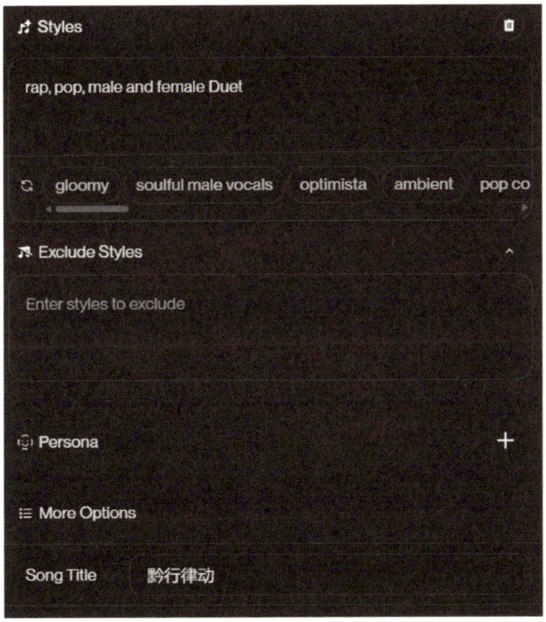

图 14.34　设置风格

第四步,设置好之后单击底部红色“Create”按钮,自动生成歌曲,如图 14.35 所示。

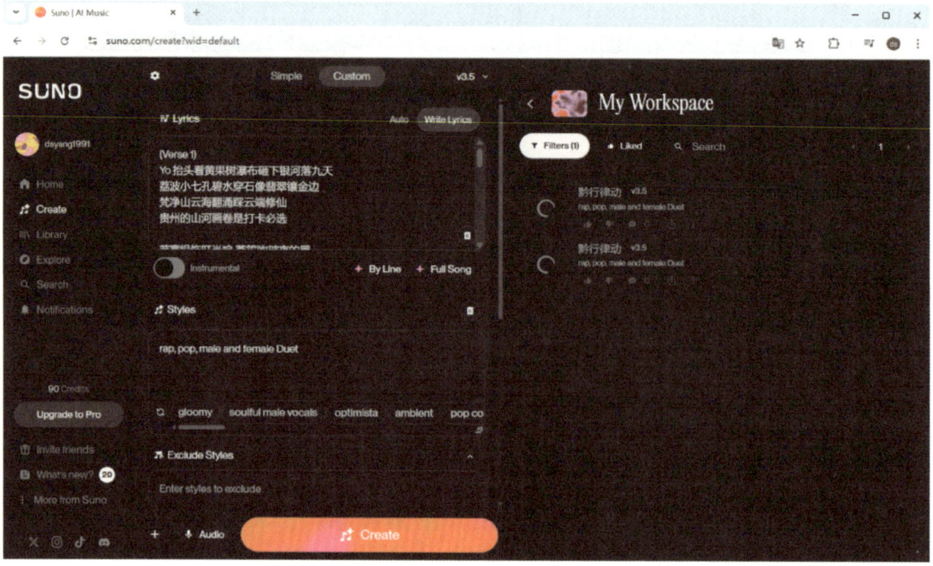

图 14.35　Suno 自动生成歌曲

Suno 会自动进行旋律匹配、节奏合成与伴奏构建,最终生成两首歌,读者可以在线预览,也可以进行多轮迭代优化或直接导出成品,如图 14.36 所示。

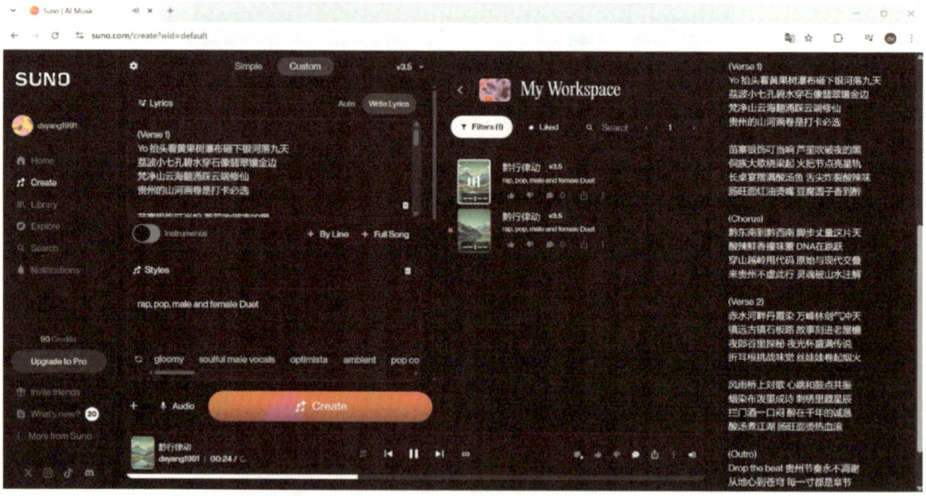

图 14.36　在线收听歌曲

第五步,单击“...”下载歌曲 mp3 格式至本地,如图 14.37 所示。读者可以通过本地播放器或手机进行各种方式欣赏,如图 14.38 所示。

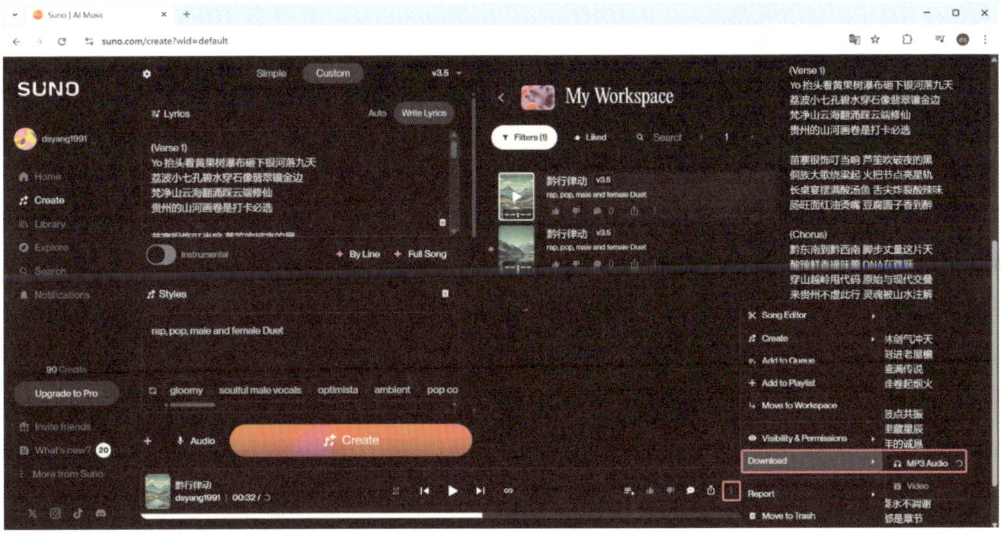

图 14.37　下载歌曲

图 14.38　QQ 听歌

该 RAP 音乐创作流程不仅实现了从文本生成到音频合成的自动化协作，还体现了人工智能技术在文旅内容创作、文艺表达和文化传播方面的深度融合应用。借助 DeepSeek 对语义的精准把控与 Suno 在音乐生成上的高质量输出，该方法为非专业用户提供了低门槛、高效率的音乐创作路径，具有在短视频推广、数字营销、个性化教育与地方文创等多场景中的广泛应用潜力。

14.6 DeepSeek＋飞书妙计智能总结会议大纲

在当今快节奏的工作环境中，会议成为了日常工作的重要组成部分。然而，冗长且低效的会议常常占用大量时间，导致工作任务积压，影响按时下班。如何快速、高效地处理会议内容，成为了职场人亟待解决的问题。

DeepSeek 作为一款强大的人工智能工具，结合飞书妙记的智能功能，能够为我们提供高效的会议解决方案，帮助轻松实现会议内容的快速整理与总结，为按时下班创造条件。本教程将详细介绍如何利用 DeepSeek 和飞书妙记打造“会议终结者”，提升会议效率。

温馨小提示：

飞书妙记是飞书推出的智能会议纪要工具。它能够自动将会议录音或视频转换为逐字稿，同时还能通过智能算法提炼会议要点、识别待办任务，并为每个待办事项关联责任人。飞书妙记支持在线评论、@同事等协作功能，方便团队成员对会议内容进行交流和跟进。此外，飞书妙记还具备关键词搜索、智能翻译等实用功能，大幅提升会议回顾和协作的效率。

■ 官网：https://mcnggvft2u89.feishu.cn/minutes/home。

第一步，会前准备。在会议开始前，确保选择合适的录音设备。如果是线上会议，飞书会议等平台自带录音功能，可直接开启；若是线下会议，可使用手机、录音笔设备进行录音。注意检查设备电量和存储空间，确保录音过程顺利进行。

第二步，巧用飞书妙记。输入网址（https://mcnggvft2u89.feishu.cn/minutes/home）访问飞书妙记，如图 14.39 所示。

图 14.39　飞书妙记主页

第三步，单击右上角的上传，上传前期准备好的音频或者视频，如图 14.40 所示。为避免泄露信息，此章节上传的音频为豆包生成的歌曲，仅作为指引教程使用。

图 14.40　上传音视频文件

上传后，可自行选择语言，最后单击“提交”，如图 14.41 所示。

图 14.41　提交内容

等待平台处理完成后，单击文件名即可，如图 14.42 所示。

图 14.42　选择文件

第四步,在右上角单击三个点,选择“导出文字记录”,如图 14.43 所示。

图 14.43　文字记录

第五步,将文字记录格式设置为 TXT,并单击导出,如图 14.44 所示。

图 14.44　导出文字记录

第六步,将生成的文字记录 TXT 文档上传给 DeepSeek,同时输入“请你帮我把此次开会的内容整理一下”,DeepSeek 就会高质量地整理总结会议内容,如图 14.45 所示。

图 14.45　DeepSeek 整理会议大纲

通过本教程,我们了解到借助 DeepSeek 强大的自然语言处理能力和飞书妙记便捷的会议转录及智能分析功能,能够高效地处理会议内容,快速生成准确、完整的会议纪要,明确待办事项和责任人。这不仅提升了会议效率,还能让我们从繁琐的会议整理工作中解脱出来,为按时下班创造更多可能。在实际工作中,大家可以根据不同的会议场景和需求,灵活运用这两个工具,不断优化会议处理流程,提高工作效率。如果在使用过程中遇到问题,可随时查阅相关文档或向技术支持人员咨询,探索更多提升效率的方法和技巧。

14.7　语音调用大模型

此外,很多大模型 APP 支持语音交互,其具有高精度语音识别与语义理解功能,能够将用户语音输入实时转写为文本并调用背后的大语言模型进行指令解析与内容生成。

第一步,在豆包大模型中单击“按住说话”,通过语音能实现交互,包括文字生成和图像生成。如图 14.46 所示,成功生成黄果树瀑布卡通图像。

图 14.46　豆包语音功能

第二步,滑动豆包底部 APP 选择"音乐生成",能生成对应的音乐,如图 14.47 所示。

此外,其他 APT 比如元宝、小艺等也具备相关的语音交互功能,读者可以进行尝试。图 14.48 展示了与元宝的语音大模型对话。

图 14.47　豆包音乐生成

图 14.48　元宝语音功能

语音调用大模型的能力不仅简化了操作流程,更降低了专业门槛,适用于职场办公中如汇报文档快速生成、图文海报草稿设计、背景音乐定制等场景,也为科研人员提供了高效的交互入口,提升人机协同效率。随着模型理解能力与语音识别精度的持续提升,语音驱动将成为未来大模型应用的重要交互范式。

14.8　本章小结

本章围绕"语音生成"主题,系统介绍了 DeepSeek 在多模态内容创作中的实用能力与协同工具链应用。通过与豆包、剪映、Suno、飞书妙计等平台的结合,DeepSeek 不仅可实现歌词生成、音乐创作、配音文案撰写及朗读工具开发,还能借助语音输入高效调用大模型完成图文音多模态内容生成,展现了 AI 在职场创作与语音交互场景中的强大赋能潜力。

第 15 章　DeepSeek 玩转视频生成

随着人工智能技术的飞速发展，DeepSeek 凭借强大的理解与生成能力，成为视频生成领域的创新先锋。无论是打造温馨治愈的生活片段，还是演绎古韵悠长的诗词吟唱；无论是制作专业严谨的健康科普，还是创作趣味横生的创意短片，DeepSeek 都能轻松驾驭。本章将通过多个实操教程，解锁 DeepSeek 在不同场景下的视频生成技巧，带大家领略 AI 视频创作的无限魅力。

15.1　从创意到成片的全流程解析

在短视频创作日益普及的今天，AI 工具早已不再是“高冷”的技术概念，而是切实提升创作效率的智能助手。以 DeepSeek 为核心的大模型协同创作方案，正让视频生产流程如搭积木般灵活高效。通过串联脚本生成、分镜设计、画面合成与剪辑配音等模块化工具，即便是初学者也能快速构建出个性化、专业感十足的视频作品。典型案例如图 15.1 所示。

图 15.1　DeepSeek 视频生成典型案例

(1) 从创意到脚本：让 AI 先读懂你的想法

创作始于灵感表达。只需对 DeepSeek 提出需求，例如“生成一个 3 分钟的科技科普短视频，讲述 AI 多模态技术的发展”，它即可输出结构化脚本，包含时间轴、画面描述和配音文本。脚本风格支持定制，如将学术化表述转化为通俗易懂的口语讲解。该过程支持迭代优化，用户可随时调整语气或细节，形成符合预期的个性化文案。

(2) 分镜设计：为创意绘制可视化蓝图

在脚本基础上，DeepSeek 可将镜头语言自动拆解成具体视觉方案。例如，“开场为 5 秒星空下的神经网络动画，中景过渡至 AI 技术演变图谱”。分镜信息可导入故事板工具,实现镜头节奏可视化。若画面切换不够自然,用户可手动调整镜头时长与过渡方式,优化叙事流畅度。

(3) 图像生成与动画构建:逐帧拼接视频内容

AI 生成视频的核心在于分段式图像驱动的拼接逻辑。每个片段通过“提示词→静态图像→动态视频”的链路构建:

- 图像生成:以提示词驱动视觉场景。以“熊猫做饭”为例,提示词为“圆滚滚的熊猫穿围裙,手提菜篮,背景为热闹市场,卡通风,暖色调”,生成静态图像。
- 动态合成:将静态图像转化为短视频片段。通过动态指令增强图片场景,例如添加“熊猫走路、菜刀挥动”等动作,生成每段 5—10 秒的视频内容。当前 AI 生成仍以“多段拼接”实现完整场景表现。

(4) 剪辑合成:用节奏串联镜头

将各片段导入剪辑软件,按脚本时间轴顺序排列(如“买菜→切肉→炒菜→吃饭”),手动调整片段节奏与转场(如渐隐、推动等),添加背景音效与音乐,增强沉浸感。经导出后,即生成一段完整的短视频。

(5) AI 配音:让语言与画面自然共鸣

DeepSeek 可优化旁白文案,使其更贴近口语表达,如将“深度学习突破”改写为“AI 命运的转折点悄然来临”。接着用语音合成工具,选择你喜欢的声音风格,无论是专业沉稳的解说腔,还是活泼亲切的主播音,都能一键生成,甚至还能调整语调来匹配画面的情绪。

(6) 字幕生成:实现信息同步与多语适配

最后一步是给视频加上“文字外衣”。通过视频剪辑软件的 AI 功能,能快速将语音转成文字,并生成双语字幕。将这些字幕文件导入剪辑工具后,与画面和声音对齐,确保每个字都“踩”在正确的时间点上,提升观看体验,增强跨语言传播能力。

尽管当前 AI 视频生成仍存在如“片段较短”“场景连续性有待加强”等技术局限,但通过角色形象控制、分段拼接优化等方法,依然可实现创意与质量兼顾的成果。这种“工具组合+人工调优”的流程,正在重塑视频创作范式。

本质上,DeepSeek 主导的 AI 视频协作流程并非简单的“一键生成”,而是一种高效且有组织的人机协同方式。脚本由语言模型驱动,画面由图像模型生成,语音通过合成技术呈现,而整体结构和情绪节奏仍由创作者把控。这种模式适用于知识传播、品牌宣传、虚拟人创作等多种场景,极大降低了视频制作门槛。

随着 DeepSeek 等 AI 能力不断提升,未来的视频创作将更流畅、更自由。对创作者而言,关键不在于掌握所有技术细节,而是善用这一“AI 工具箱”,将创意快速落地,让每一段内容都成为灵感与智能协作的结晶。

15.2 DeepSeek 制作物理课程教学动画

传统物理教学依赖文字与静态图示，难以有效传达抽象概念与动态过程。DeepSeek 集成文本生成、画面描述、镜头拆解与语音合成等能力，支持生成结构化教学脚本与多镜头可视化场景描述，并可与图像/视频生成工具联动，制作出贴合课程内容的教学动画。通过提示词工程与模块化生成策略，DeepSeek 可辅助教师快速构建力学、电磁学、热学等领域的概念动画，显著降低内容制作门槛，提升教学呈现效果。

第一步，设计提示词。教学中的提示词通常包括以下三种。

(1)教学主题导向型：

“请生成一个用于高中物理课堂的视频脚本，主题为‘牛顿第一定律’，时长约 1 分钟，语言风格为中性客观，适合中学生理解。”

(2)多镜头细化型：

“请将‘电荷间相互作用’的教学内容分解为多个镜头，并生成每个镜头的画面描述与配音稿，适合制作教学动画。”

(3)物理场景动态化型：

“描述一个带正电的小球靠近另一个带负电的小球的过程，用于教学动画演示电场作用力。”

为了更简洁地演示视频，我们可以让 DeepSeek 生成 HTML 文件，设计的提示词如下所示。

假设您是一名物理老师，现在请描述一个带正电的小球靠近另一个带负电的小球的过程，用于教学动画演示电场作用力，并且使用 HTML 格式输出。

第二步，打开 DeepSeek 平台并勾选“深度思考”，输入提示词执行，如图 15.2 所示。

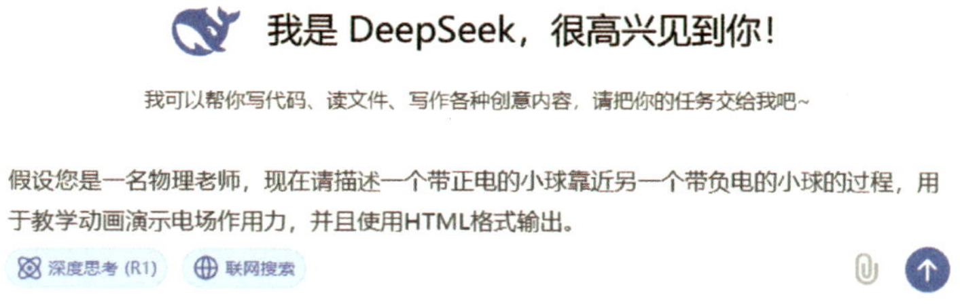

图 15.2 DeepSeek 输入提示词

生成内容如图 15.3 所示，主要是 HTML 代码用于演示物理原理的动画。

第三步，复制 HTML 源代码至本地 TXT 文件，并重命名为“物理动画视频.html”文件。最终运行结果如图 15.4 所示，展示了两个电子相互吸引的过程。

带电小球电场相互作用HTML动画

以下是一个用于演示带电小球电场相互作用的HTML动画示例，包含注释说明:

html　　复制　下载　运行

```html
<!DOCTYPE html>
<html>
<head>
    <style>
        .container {
            width: 600px;
            height: 400px;
            border: 1px solid #ccc;
            margin: 20px auto;
            position: relative;
            background: #f8f8f8;
        }

        /* 小球通用样式 */
        .ball {
            width: 40px;
            height: 40px;
            border-radius: 50%;
            position: absolute;
            transition: all 2s ease;
            display: flex;
            align-items: center;
            justify-content: center;
            font-family: Arial;
        }

        /* 正电小球样式 */
        .positive {
            background: #ff4444;
            box-shadow: 0 0 15px #ff0000;
            left: 100px;
            top: 180px;
        }
```

图 15.3　DeepSeek 生成 HTML 代码

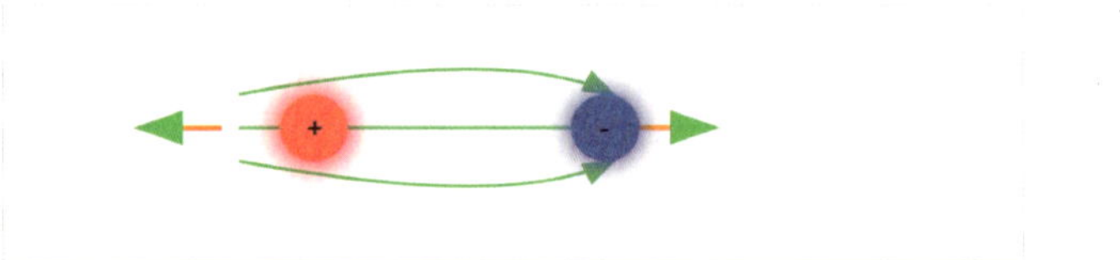

图 15.4　物理动画

同时,可以利用 DeepSeek 生成结构化脚本内容,更好地制作教学视频,如表 15.1 所示,用户可根据脚本直接调用图像生成或视频建模工具,进一步可视化镜头内容。

表 15.1　DeepSeek 构建结构化脚本

镜头编号	时间轴	画面描述	旁白文本
Shot 1	0—5s	黑板上出现“牛顿第一定律”字样,画面缓慢拉近	“在物理学中,牛顿第一定律揭示了物体运动的基本状态……”
Shot 2		小车在水平轨道上匀速滑行,四周无任何外力	“当没有外力作用时,物体将保持其静止或匀速直线运动状态。”

通过 DeepSeek 赋能的物理课程动画制作流程，不仅重塑了教学内容的表现形式，也为教育工作者提供了一种高效、智能的内容生成范式。该方法具备强通用性，可推广至数学、化学、地理等具象建模强的学科领域。

15.3 DeepSeek+即梦 AI 让语文课本中的孔乙己动起来

本节聚焦 DeepSeek 与即梦 AI(Dreamina)联合实现语文课本人物动态演绎的实践路径，以鲁迅先生笔下的经典人物“孔乙己”为示例，探索大语言模型与生成式视频技术在教育内容活化、文学作品可视化与多模态教学辅助中的深度融合应用。

孔乙己作为鲁迅小说中极具代表性的文学形象，其人物形象、生存境遇与语言风格极具表现张力。传统教学多依赖文字解读与教师讲述，而借助 DeepSeek 与即梦 AI 的联动，可将文字转化为生动、富有情感与动作表达的动态视频角色，实现从“静态文本”到“可视化文学场景”的跨模态演绎，提升学生的情感共鸣与理解深度。这里选择语文教材中的孔乙己插画图像，让人物生动形象展示。

第一步，利用即梦 AI 生成一张孔乙己的插画图像。为尊重版权，这里我们利用即梦 AI 生成图像，语文老师可以结合教材中的插画创作视频，从而更生动形象地进行教学。

请生成一张孔乙己的插画图像，国风彩色，并且以孔乙己文字作为描述，其端着一碗黄酒，周围有几名小孩，类似于语文课本插画风格，人物画面需要清晰。

在即梦 AI 中单击“图片生成”按钮，输入提示词并利用生图模型生成“2:3”的插画图像，单击“立即生成”按钮生成如图 15.5 所示的四张图像。

图 15.5　即梦 AI 生成孔乙己图像

选择如图 15.6 所示的孔乙己图像作为插画，利用其来生成动态视频。

图 15.6　孔乙己插画

第二步,使用 DeepSeek 生成文学脚本及镜头设定。构建如下提示词。

我是一名短视频创作者,现在上传一张孔乙己的图片,请基于该图片让整幅图像动起来,时长为 5 秒,要求高度还原图片里的形象,并生成 AI 提示词。

DeepSeek 生成的内容如图 15.7 所示。

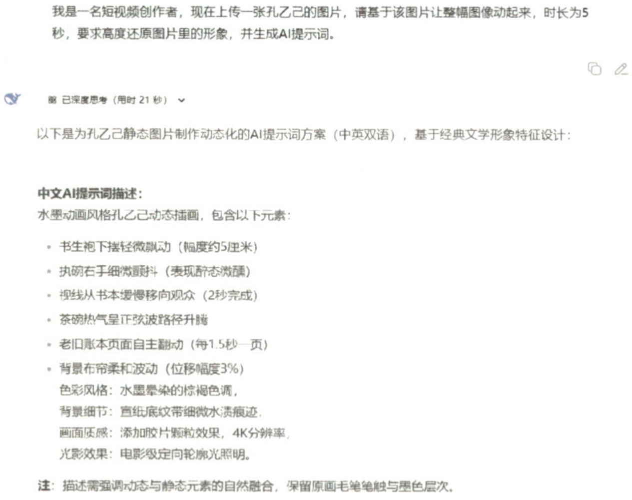

我是一名短视频创作者，现在上传一张孔乙己的图片，请基于该图片让整幅图像动起来，时长为5秒，要求高度还原图片里的形象，并生成AI提示词。

已深度思考（用时 21 秒）

以下是为孔乙己静态图片制作动态化的AI提示词方案（中英双语），基于经典文学形象特征设计：

中文AI提示词描述：
水墨动画风格孔乙己动态插画，包含以下元素：

- 书生袍下摆轻微飘动（幅度约5厘米）
- 执碗右手细微颤抖（表现醉态微醺）
- 视线从书本缓慢移向观众（2秒完成）
- 茶碗热气呈正弦波路径升腾
- 老旧账本页面自主翻动（每1.5秒一页）
- 背景布帘柔和波动（位移幅度3%）
  色彩风格：水墨晕染的棕褐色调，
  背景细节：宣纸底纹带细微水渍痕迹，
  画面质感：添加胶片颗粒效果，4K分辨率，
  光影效果：电影级定向轮廓光照明。

注：描述需强调动态与静态元素的自然融合，保留原画毛笔笔触与墨色层次。

图 15.7　DeepSeek 生成动画描述

第三步,导入即梦 AI 生成动态角色视频。在即梦 AI 中选择“视频生成”,上传

图 15.6 所示的孔乙己插画，并输入 DeepSeek 生成的提示词，选择视频模型和生成 5 秒时长，单击“生成视频”按钮，具体流程如图 15.8 所示。

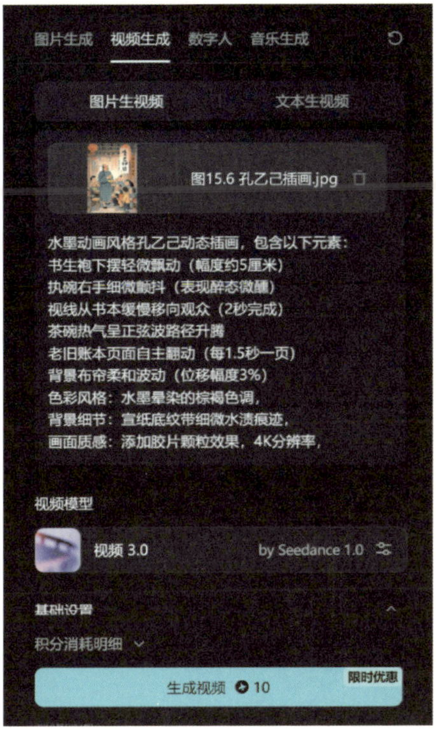

图 15.8 即梦 AI 提示词输入

即梦 AI 生成视频如图 15.9 所示，单击“下载”按钮将该视频保存至本地。

图 15.9 DeepSeek 生成孔乙己动画

本地视频运行结果如图 15.10 所示，孔乙己在边喝黄酒边看书，并且长衫摆动。那么，如何让古代数字人开口说话呢？请读者结合本章内容思考和线下实践。

图 15.10　孔乙己动画

此外,可根据不同脚本段落多次生成不同片段,如“孔乙己被酒客讥笑”“转身离开”,并且 DeepSeek 生成的提示词能更好地让即梦 AI 理解动画细节,包括如“男性、瘦弱、身穿长衫、须发稀疏”等角色参数。借助 DeepSeek 还能生成旁白语句,转化为富有情感与节奏的讲述风格,自动生成双语字幕并对齐,便于课堂讲解与跨文化传播。图 15.11 展示了水族古文字(水书)动画,生动形象的展示了象形“活”文字的演化过程,甲骨文类似。

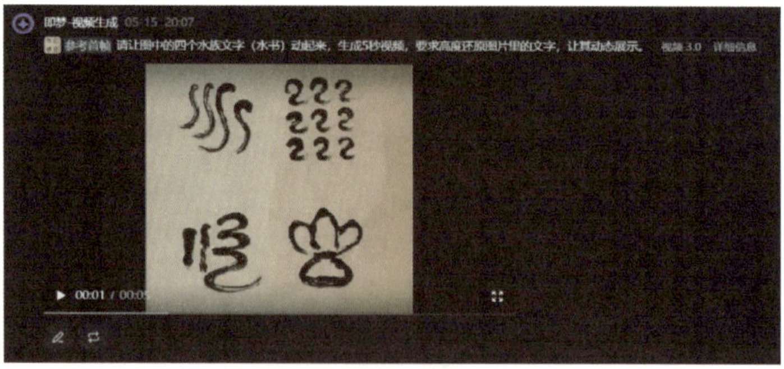

图 15.11　生成水书动画

综上,通过“DeepSeek+即梦 AI”构建语文人物动态演绎方案,教师与学生可共同探索文学、影像与技术交融的多模态表达空间。这不仅是教学形式的创新,更是 AI 赋能人文学科的新尝试。

15.4 DeepSeek+豆包生成治愈奶奶视频

随着 AI 技术的飞速发展，DeepSeek 与豆包等工具为创意表达带来了无限可能。DeepSeek 强大的语言理解与生成能力，搭配豆包的图片、视频创作功能，能够将脑海中的想象转化为生动的视觉作品。本次教程以“治愈奶奶”为主题，通过生成细腻的形象描述词，再借助豆包生成图片和视频，让您感受 AI 创作的魅力与温情，同时也能学会如何用技术传递情感。

15.4.1 DeepSeek 生成治愈奶奶形象关键描述词

第一步，构建提示词并输入 DeepSeek。打开 DeepSeek 手机应用程序或网页版。单击输入框上方的“联网搜索”和“深度思考”按钮，确保两者均为灰色未勾选状态，避免 DeepSeek 因联网搜索或复杂推理导致响应延迟或内容错误。在输入框中输入如下内容：

我现在要用文字生成图片。请帮我生成一段描述治愈奶奶的描述语，要求是中国人形象，画面风格是色彩柔和、笔触细腻、注重情感表达的写实绘画风格。

等待片刻即可生成如图 15.12 所示的描述词。

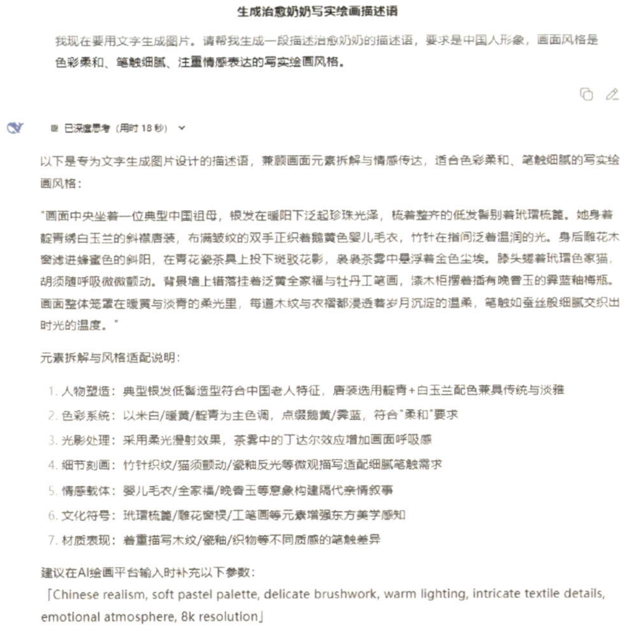
生成治愈奶奶写实绘画描述语

我现在要用文字生成图片。请帮我生成一段描述治愈奶奶的描述语，要求是中国人形象，画面风格是色彩柔和、笔触细腻、注重情感表达的写实绘画风格。

已深度思考（用时 18 秒）

以下是专为文字生成图片设计的描述语，兼顾画面元素拆解与情感传达，适合色彩柔和、笔触细腻的写实绘画风格：

"画面中央坐着一位典型中国祖母，银发在暖阳下泛起珍珠光泽，梳着整齐的低发髻别着玳瑁梳篦。她身着靛青绣白玉兰的斜襟唐装，布满皱纹的双手正织着鹅黄色婴儿毛衣，竹针在指间泛着温润的光。身后雕花木窗滤进蜂蜜色的斜阳，在青花瓷茶具上投下斑驳花影，袅袅茶雾中悬浮着金色尘埃。膝头蜷着玳瑁色家猫，胡须随呼吸微微颤动。背景墙上错落挂着泛黄全家福与牡丹工笔画，漆木柜摆着插有晚香玉的霁蓝釉梅瓶。画面整体笼罩在暖黄与淡青的柔光里，每道木纹与衣褶都浸透着岁月沉淀的温柔，笔触如蚕丝般细腻交织出时光的温度。"

元素拆解与风格适配说明：

1. 人物塑造：典型银发低髻造型符合中国老人特征，唐装选用靛青+白玉兰配色兼具传统与淡雅
2. 色彩系统：以米白/暖黄/靛青为主色调，点缀鹅黄/霁蓝，符合"柔和"要求
3. 光影处理：采用柔光漫射效果，茶雾中的丁达尔效应增加画面呼吸感
4. 细节刻画：竹针织纹/猫须颤动/瓷釉反光等微观描写适配细腻笔触需求
5. 情感载体：婴儿毛衣/全家福/晚香玉等意象构建隔代亲情叙事
6. 文化符号：玳瑁梳篦/雕花窗棂/工笔画等元素增强东方美学感知
7. 材质表现：着重描写木纹/瓷釉/织物等不同质感的笔触差异

建议在AI绘画平台输入时补充以下参数：
「Chinese realism, soft pastel palette, delicate brushwork, warm lighting, intricate textile details, emotional atmosphere, 8k resolution」

图 15.12 生成描述词

15.4.2 豆包生成视频

第一步,打开豆包网页版并选择"图像生成"按钮,主界面如图 15.13 所示。

图 15.13 豆包图像生成主界面

第二步,将 DeepSeek 生成的描述词输入豆包,用以生成图片。将 DeepSeek 生成的描述词复制粘贴到豆包的相关图片生成功能中,单击生成按钮。豆包会自动根据提示,选择合适的参数(如图片尺寸、画质精度、光影风格等),即可获得四张不同的治愈奶奶主题图片。每张图片会自动保留描述词中的色彩柔和、笔触细腻等写实风格特征,呈现不同场景的细节,如图 15.14 所示。

图 15.14 豆包生成图像

接着,从四张生成图片中选择最触动您的一张,单击图片进入详情页,如图 15.15 所示。

第三步,生成视频。在图片页面右上角找到"生成视频"功能按钮,单击后进入视频生成界面,如图 15.16 所示。

第四步,在下方的输入框中,输入你想象的画面,单击"生成",等待 1～3 分钟,即可获得包含所选图片动态化效果的治愈视频。譬如奶奶织围巾的细腻动作、猫咪喵喵叫的镜头等,图 15.17 为视频生成中输入提示词过程。

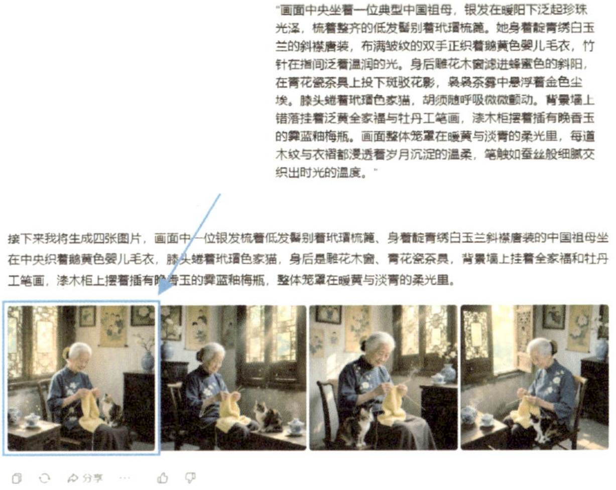

图 15.15　选择生成的目标图像

图 15.16　单击"生成视频"按钮

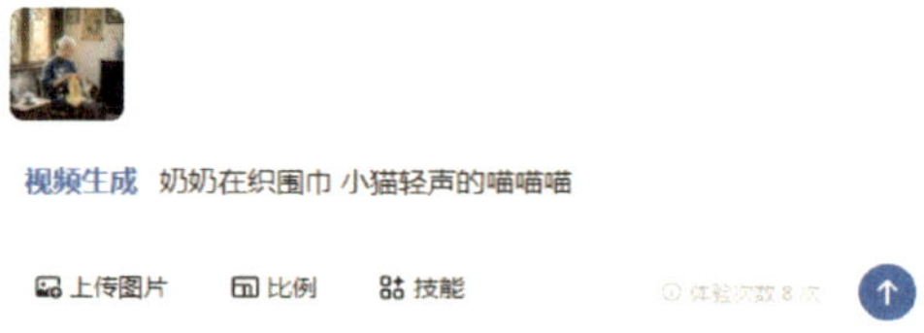

图 15.17 视频提示词输入

需要注意,如果生成如图 15.18 所示的提示,不用着急,这是豆包新出的图生视频功能,生成速度会比较慢,耐心等待即可。

图 15.18 豆包生成视频等待提示

最后,生成完毕后,将鼠标移动到视频上,会出现两个两个按钮,左边的是全屏播放,右边是下载按钮,根据自己需要选择即可,如图 15.19 所示。

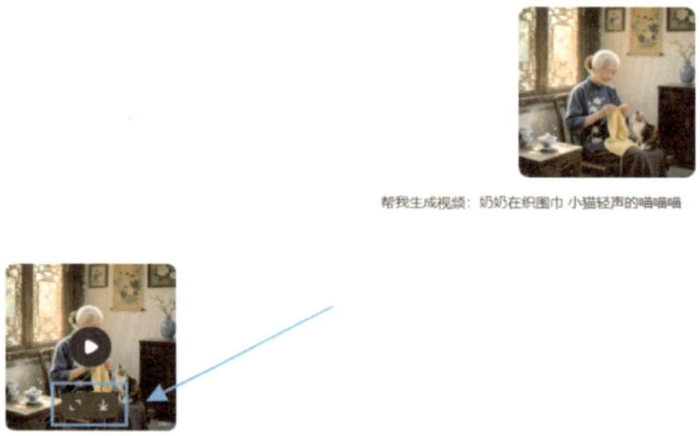

图 15.19 豆包视频生成成功

保存至本地预览视频(见图 15.20),并且读者可以结合实际需求进行各类个性化创作。

图 15.20 治愈奶奶织毛衣视频

总之，本节采用“文字创意→视觉具象化→动态叙事”的三层递进创作模式，本质上是将抽象构思转化为立体内容，属于正向分解创作法。文字层通过 DeepSeek 精准提炼视觉要素，构建包含人物特征（银发、慈祥笑容）、场景氛围（温馨客厅、鲜花小院）、情感基调（治愈感、岁月温情）的数字素描稿，完成创意从 0 到 1 的锚定；图片层借助豆包将文字描述转化为具象画面，通过参数调节实现色彩（深蓝上衣与暖黄灯光的配色）、构图（正面视角的情感对视）、细节（皱纹质感的笔触处理）的视觉化校准，如同在画布上完成精细的笔触打磨；视频层以单帧画面为起点，通过动态效果选择（如镜头推进、动作循环）赋予画面时间维度的叙事张力，最终形成完整的情感传递载体。

这种创作模式既保留了 AI 工具在各环节的专业优势（DeepSeek 的语义解析、豆包的视觉生成），又构建了逻辑严密的创作流水线，让零基础用户也能实现从文字构思到动态视频的全链路创作，真正践行了“技术赋能情感表达”的核心理念。

15.5 DeepSeek＋四款工具逆向生成动物做饭视频

在短视频创作领域，“动物拟人化”题材凭借萌趣特质始终保持高流量热度，其中“动物做饭”场景更是兼具视觉张力与叙事潜力。然而，从创意构思到成品视频的完整落地，往往面临场景细化难、动态还原差等痛点。本节将独家揭秘“逆向分解创作法”，通过抖音、智谱清言、DeepSeek、豆包、即梦 AI 五款工具的无缝协同，实现从单帧图片到动态视频的高效转化。即使是零基础创作者，也能通过“素材解析→场景扩容→视觉生成→动态合成”四大核心步骤，快速打造出具备电影级质感的动物做饭视频，快速积累差异化内容资源。

首先，需要准备如表 15.2 所列的核心工具。

表 15.2 视频创作核心工具

工具名称	核心功能	操作贴士
抖音	素材采集	建议使用 PC 端网页版截图,确保画质清晰
智谱清言	图像解析	注册登录后,即可使用图像理解
DeepSeek	场景细化	打开深度思考与联网
豆包	图像生成	PC 端网页版使用方便快捷
即梦 AI	视频生成	建议使用 PC 端网页版上传下载方便

下面详细讲解逆向分解创作五步法。

第一步,模板素材采集。在抖音搜索“猫咪做饭”关键词,筛选播放量高、画面清晰的视频片段,使用录屏工具或键盘 prtSc 按键截取关键帧画面。注意选择光线充足、主体突出的截图,分辨率不低于 1080P。如图 15.21 所示。

第二步,利用智谱清言解构画面。登录智谱清言网页版(chatglm.cn),单击“图像生成”模块,上传抖音截图,如图 15.22 所示。

图 15.21 收集小猫做饭视频

图 15.22 智谱清言解构画面

随后,平台自动解析画面元素,生成结构化描述文本。若需更精准的解析结果,可手动补充提示词,分析图片中的动物角色、动作、场景元素及视觉风格,如图 15.23 所示。

第三步,DeepSeek 场景扩容。将智谱清言生成的文本描述复制到 DeepSeek 对话界面,输入细化指令:

帮我把这个场景细化:一只橘色的猫在户外的菜园里用一个燃气灶炒胡萝卜片。猫用前爪拿着一个木制锅铲,似乎正在翻炒锅中的食物。背景是一片绿色的蔬菜田和一些房屋。整个场景显得非常有趣和富有创意。

DeepSeek 会根据指令输出如图 15.24 所示的内容。

图 15.23　智谱清言解析图片内容

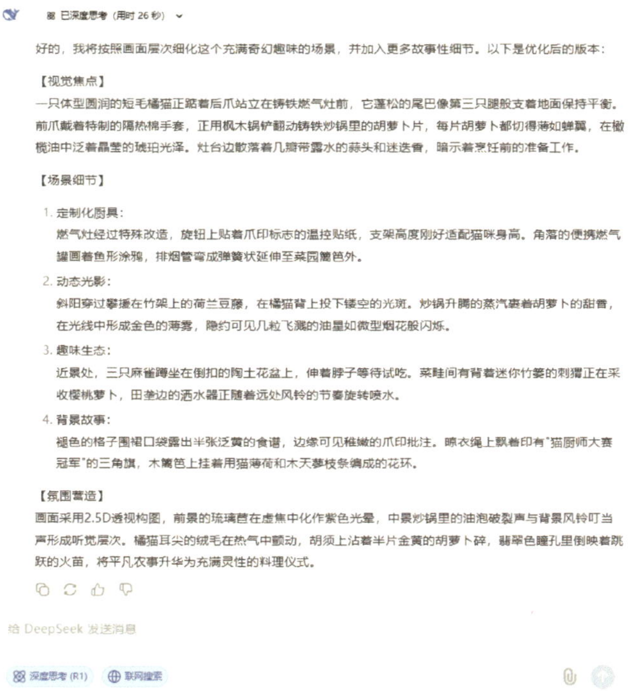

图 15.24　DeepSeek 生成内容

第四步,豆包图像精准生成。进入豆包图像生成页面(https://doubao. com/image),在参考图中上传抖音原始截图,确保主体特征保留,如图 15.25 所示。

图 15.25 豆包上传图像

接着将 DeepSeek 的场景扩容提示词导入(图 15.26),并设置比例及风格。图 15.27 展示了风格和比例设置的过程。

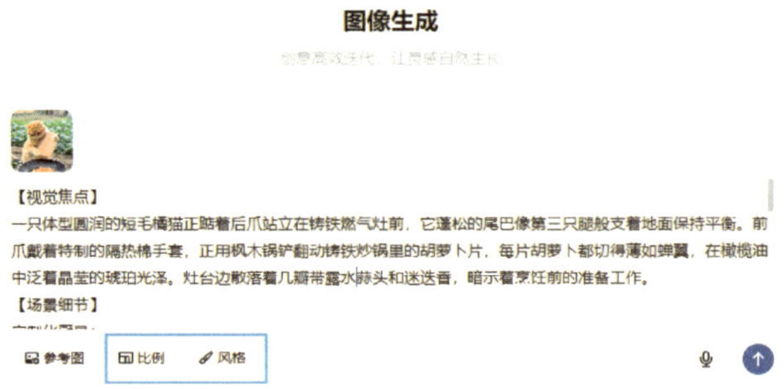

图 15.26 豆包图像生成输入提示词

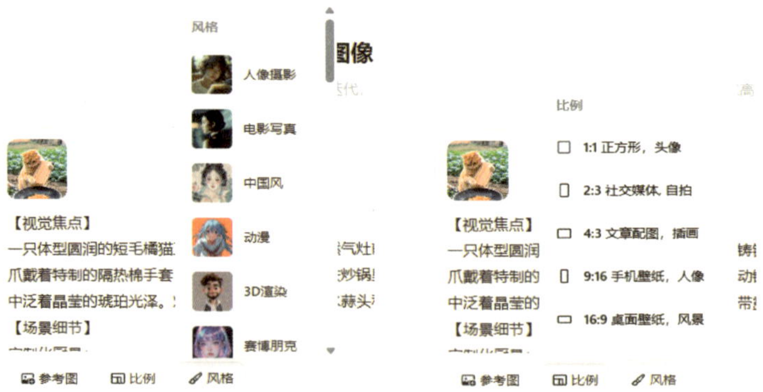

图 15.27 风格和比例设置

设置好后,单击生成即可制作如图 15.28 所示的场景图像。

图 15.28　豆包生成图像

温馨小提示：

若生成图像出现肢体比例失调，可使用「局部重绘」功能，框选猫咪前爪区域，添加指令“修正前肢与身体比例，确保关节弯曲符合动物解剖学”，其他图像问题以此类推处理。

第五步，利用即梦 AI 动态生成视频。登录即梦 AI 官网（https://jimeng.jianying.com），进入“AI 视频”模块，如图 15.29 所示。

图 15.29　即梦 AI 视频生成模块

上传豆包生成的优选图片,在图片下方"结合图片,描述你想生成的画面和动作"输入刚才 DeepSeek 生成的提示词,根据自身需求选择视频模型设置,如图 15.30 所示。

图 15.30　即梦 AI 输入提示词

在"基础设置"中选择 5 秒或 10 秒视频,最后单击"生成视频"即可完成创作,图 15.31 展示了即梦 AI 生成视频的效果。

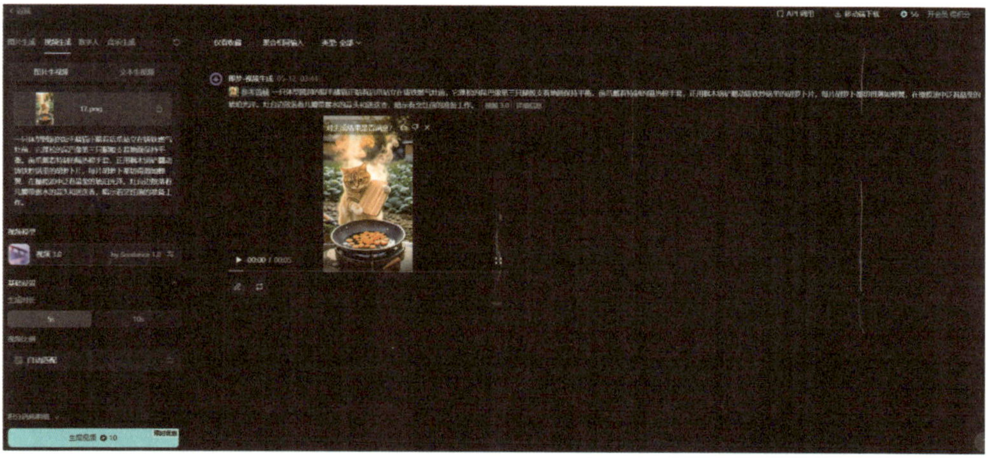

图 15.31　即梦 AI 生成视频

生成视频内容如图 15.32 所示,可爱的橘猫正在做饭。

图 15.32 可爱的橘猫做饭视频

最后，我们概述下高阶技巧与避坑指南。

- 若需控制风格一致性，进行系列化视频创作，一定要使用参考图，并对参考图进行描述，确保 AI 能按具体需求和用意进行指导。
- 对素材进行二次创作时，要注意版权问题，原创内容需要遵循原作者同意后使用。同时，豆包的“局部重绘”功能可以修改背景元素，更好地创作内容。

通过这套逆向分解创作法，创作者可将动物做饭类视频的创作周期压缩至 1 小时以内，且生成内容具备高度原创性。核心在于通过 DeepSeek 的逻辑推理能力，将初始图片的平面信息转化为包含时间维度和空间细节的立体场景，再借助豆包和即梦 AI 的视觉生成能力实现从静态到动态的自然过渡。建议在实际操作中建立工具参数库，记录不同风格的最优配置，如卡通风格的参考权重 65%、写实风格的粒子密度 25%等，进一步提升创作效率。

15.6 DeepSeek+即梦 AI+Vidu 实现古诗吟唱

您是否曾想过，用 AI 技术让李白的《静夜思》从文字变为生动的视频画面？借助“DeepSeek+即梦 AI+Vidu”三大工具，即使是零基础的创作者，也能轻松将古诗意境转化为可视化作品。这套工具链涵盖“脚本创作—画面生成—视频制作—后期剪辑”全流程，且深度适配中文创作场景。DeepSeek 能生成专业分镜脚本，即梦 AI 能实现高质量图生图，Vidu 的错峰模式也支持视频生成。

接下来，我们将分步拆解如何用这套工具链还原《静夜思》的诗意画面，手把手教你掌握 AI 时代的数字创作力。

15.6.1 Vidu 提示词基本构成

想要做出一个优秀的视频，首先要对《静夜思》所描绘的场景进行细致的画面联想，构建出具体、生动的视觉画面,才能通过准确且完整的描述生成符合需求的视频。例如,想象诗人李白在月夜下的具体动作、周围环境的细节等,如月光如何洒在床前,诗人怎样抬头望月、低头思乡等,这些画面联想是生成优质视频的基础。那我们应该怎样去描述呢?来让我们一起看看 Vidu 的规则吧!图 15.33 展示了 Vidu 提示词基本构成。

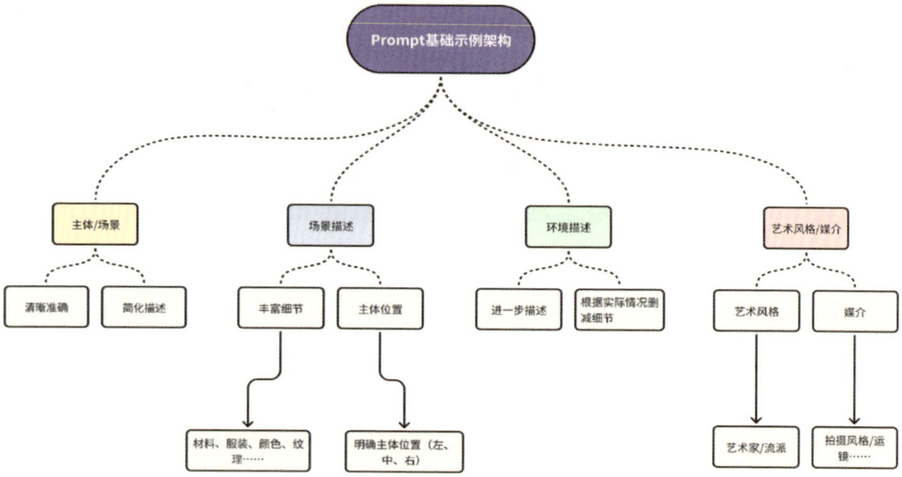

图 15.33　Vidu 提示词基本构成

由图 15.33 可知,Vidu 的提示词基础架构为主体/场景、场景描述、环境描述、艺术风格/媒介。因此,我们在实践中需明确视频中的主要元素,如床前的月光、窗户、诗人李白、地面的霜、明月、诗人的背影等;然后详细描述主体所处的场景,包括位置、动作等。例如:

夜晚,诗人在简陋的卧室里,床前一片明亮,那是月光透过窗户照射进来,诗人从床上起身,站在窗前,望着窗外的明月

接着添加环境相关的信息营造氛围。例如:

寂静的夜晚,只有窗外的虫鸣声偶尔响起,微弱的灯光在卧室里若隐若现,窗外的树木在微风中轻轻摇曳,天空中布满了闪烁的星星,明月高悬,散发着柔和的光芒,地上的白霜在月光下显得格外清冷

最后根据需求选择合适的艺术风格,这里为了贴合古诗词的意境,可选择中国风、水墨画风格,使画面具有传统的美感和韵味。

需要注意,生成的描述越长越好,要即使调整句式和语序,避免主体物过多或复杂、主体物分散的句式描述。例如,不要同时描述过多无关的物体,专注于与《静夜思》相关主体,如诗人、月光、明月等。此外,要避免模糊的术语表达,尽可能准确。用具体的词汇描述场景和环境,如“床前的月光”“地面的白霜”等,而不是笼统的“夜晚的光”“地上的白色”。最后要强调使用更加流畅准确的口语化措辞,避免过度文学化的叙述和方言描述,避免 AI 无法理解。

15.6.2 古诗吟唱视频生成

第一步，利用 DeepSeek 创作脚本。打开 deepseek 网站（https://chat.deepseek.com），勾选深度思考并输入如下提示词。

写一个《静夜思》的视频脚本，原文是：床前明月光，疑是地上霜。举头望明月，低头思故乡。（脚本应包含镜头场景、人物动作、画面描述等内容）

等待 deepseek 生成详细的视频脚本，脚本应包含镜头场景、人物动作、画面描述内容，如图 15.34 所示。

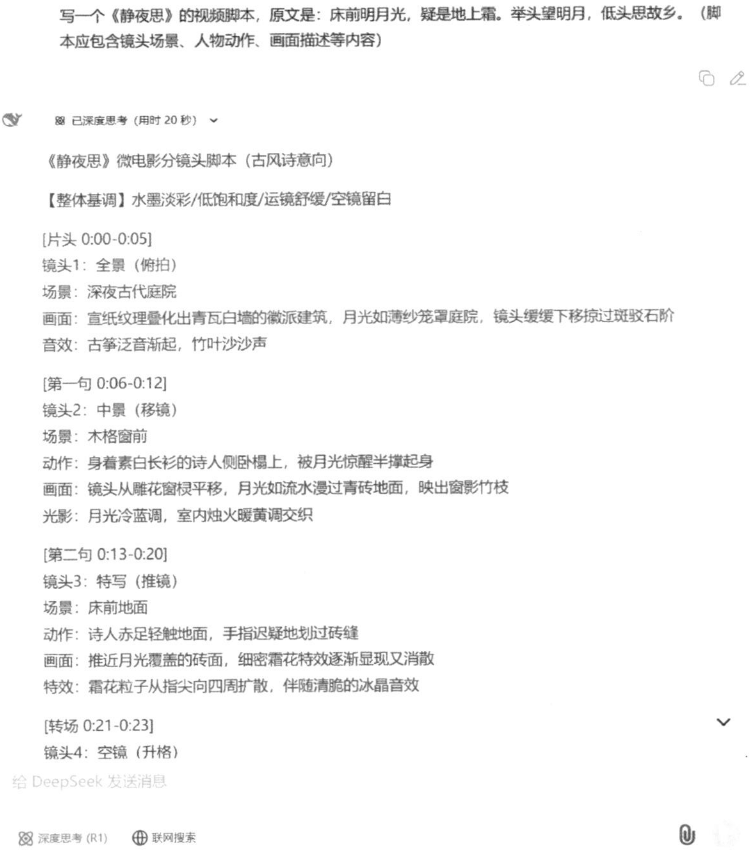

图 15.34 DeepSeek 生成提示词

第二步，利用即梦 AI 创作图像画面。打开即梦 AI 网站选择“AI 作图”，单击“图片生成”，如图 15.35 所示。

输入如下提示词，选择图片 3.0，比例为“16：9”，再单击立即生成，如图 15.36 所示。

图 15.35　即梦 AI 作图

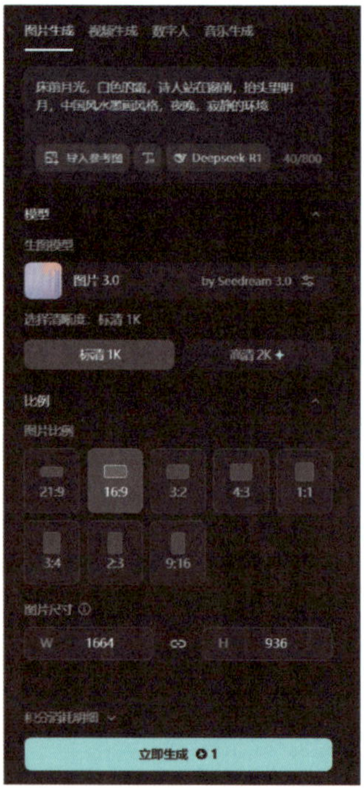

图 15.36　即梦 AI 图片生成配置

床前月光，白色的霜，诗人站在窗前，抬头望明月，中国风水墨画风格，夜晚，寂静的环境

即梦 AI 生成如图 15.37 所示的四张代表图，选择满意的效果并下载图片至本地，以供后续视频生成。本书选择第二张图片，如图 15.38 所示。

第三步，利用 Vidu 制作视频。打开 Vidu 网站(https://www.vidu.cn)，注册并登

录，图 15.39 为 Vidu 主界面，选择“图生视频”。

进入新的页面，选择合适的版本“Vidu 2.0”，上传在即梦 AI 中生成的图片，并在对话框中输入 DeepSeek 生成和优化后的提示词。

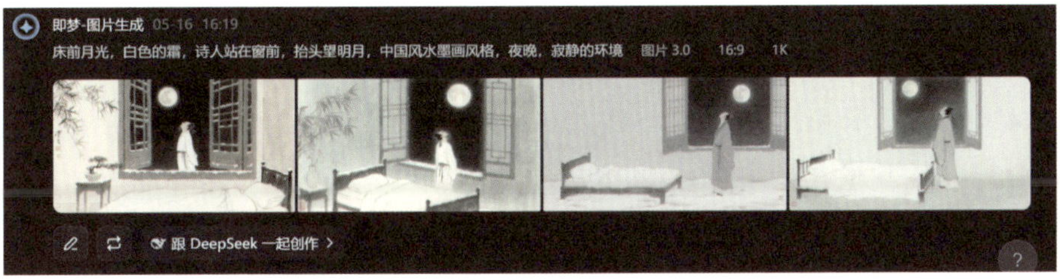

图 15.37 即梦 AI 生成《静夜思》图像

图 15.38 选择《静夜思》图像

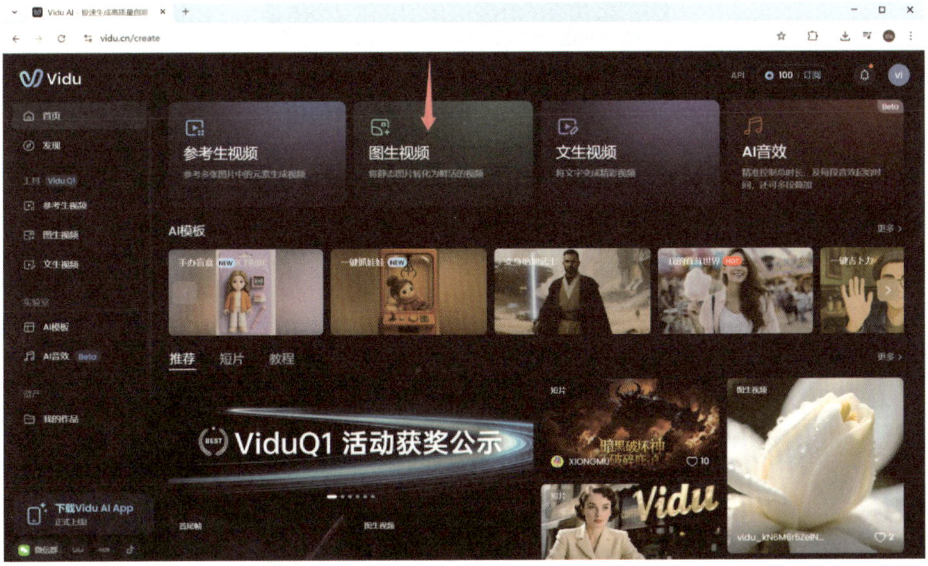

图 15.39 Vidu 官方网站

床前月光，白色的霜，诗人站在窗前，抬头望明月，中国风水墨画风格，夜晚寂静的环境，动作自然流畅。具体分镜头描述如下：

[第一句 0:00—0:02]

镜头 1：中景（移镜）

场景：木格窗前

动作：身着素白长衫的诗人侧卧榻上，被月光惊醒半撑起身

画面：镜头从雕花窗棂平移，月光如流水漫过青砖地面，映出窗影竹枝

光影：月光冷蓝调，室内烛火暖黄调交织

[第二句 0:03—0:04]

镜头 2：特写（推镜）

场景：床前地面

动作：诗人赤足轻触地面，手指迟疑地划过砖缝

画面：推近月光覆盖的砖面，细密霜花特效逐渐显现又消散

特效：霜花粒子从指尖向四周扩散，伴随清脆的冰晶音效

注：全片穿插若隐若现的捣衣声、更夫梆子声等环境音构建时空感，结尾字幕采用碑拓字体逐笔书写动画。

如图 15.40 所示，单击创作，等待片刻即可生成视频。

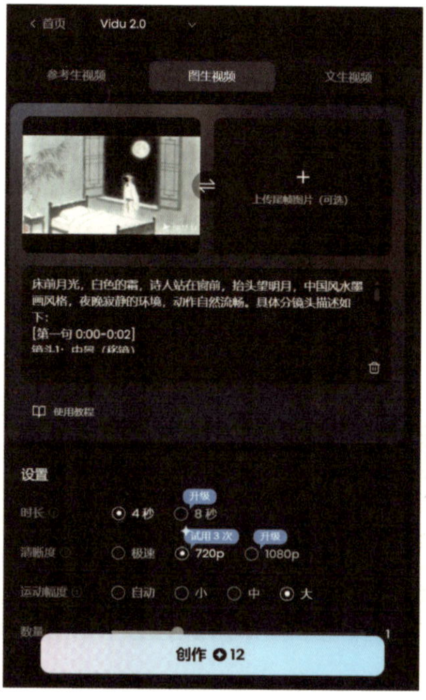

图 15.40　Vidu 视频设置

生成的 4 秒视频如图 15.41 所示，李白在房间中走动，大家可以下载至本地或自媒体。

图 15.41　Vidu 生成最终视频

以此类推制作其他镜头，最后将在 Vidu 中生成的单个镜头导入剪映，按照脚本的顺序串联镜头，使视频内容连贯，添加合适的音乐，如古典的古筝曲或钢琴曲，营造出宁静、思乡的氛围，再将《静夜思》的诗句显示在视频画面中，字体选择中国风的书法字体，最后添加朗读音频，可选择专业的朗读配音，将诗句朗读出来，使观众更容易理解视频的内容。

此外，为更好地制作视频，我们又尝试利用即梦 AI 生成视频，所构建的提示词如下所示，在即梦 AI 中选择“视频生成”，并输入图像和提示词，单击“生成视频”按钮。

窗前月光，白色的霜，诗人站在窗前，抬头望明月，中国风水墨画风格，夜晚寂静的环境，动作自然流畅。具体分镜头描述如下：

[第一句 0:00—0:02]

镜头 1：中景（移镜）

场景：木格窗前

动作：身着素白长衫的诗人侧卧榻上，被月光惊醒半撑起身

画面：镜头从雕花窗棂平移，月光如流水漫过青砖地面，映出窗影竹枝

光影：月光冷蓝调，室内烛火暖黄调交织

[第二句 0:03—0:05]

镜头 2：特写（推镜）

场景：床前地面

动作:诗人赤足轻触地面,手指迟疑地划过砖缝
画面:推近月光覆盖的砖面,细密霜花特效逐渐显现又消散
特效:霜花粒子从指尖向四周扩散,伴随清脆的冰晶音效

[转场 0:06—0:07]
镜头 3:空镜(升格)
画面:烛火摇曳慢镜头,飘散的青烟在空中凝成朦胧月轮形状
转场:烟雾月轮叠化真实明月

[第四句 0:08—0:10]
镜头 4:蒙太奇组接
场景:特写(手持抖动)
诗人垂首,睫毛在眼下投出细碎阴影,一滴泪坠入砚台
字幕:李白的诗穿越 1280 年月光,落在每个游子的枕边

注:全片穿插若隐若现的捣衣声、更夫梆子声等环境音构建时空感,结尾字幕采用碑拓字体逐笔书写动画。

如图 15.42 所示,即梦 AI 最终生成 10 秒的视频。

图 15.42 即梦 AI 生成《静夜思》视频

将视频下载至本地,可以看到整个视频按分镜头制作而成,且包含穿越及转场镜头描述,四个镜头如图 15.43 所示。然而,当前视频生成部分细节仍需要优化,包括文字乱码等。

图 15.43 李白《静夜思》学习视频

此外，读者还可以将生成的视频用剪映剪辑，实现基于 AI 还原古诗词《静夜思》的短片制作，并添加字幕和旁边，更好地玩转视频生成。还有更多的视频创作案例和技巧，希望大家结合实际需求和应用进行探索，代表性的是让古代数字人说话、《哪吒》电影中人物说 RAP 或打碟、甲骨文跳跃演示等。

15.7 本章小结

本章系统梳理了 DeepSeek 在多模态视频生成中的实用能力与创新实践。内容涵盖从创意构思到脚本生成、镜头分镜、角色建模、语音合成再到最终成片的全流程，结合物理课程动画、语文课文演绎、治愈类短片、趣味动物烹饪视频及古诗吟唱等多种应用场景，展示了 DeepSeek 与即梦 AI、豆包、Vidu 等工具的协同优势。通过具体提示词设计和流程解析，本章为用户提供了清晰的操作范式与灵感来源。建议读者结合自身内容方向，积极尝试生成多类型视频，激发创作潜能，提升表达力与传播力。

开发篇

第 16 章 DeepSeek 与扣子平台开发 Agent 初探

本章将探索如何结合 DeepSeek 与扣子平台开发智能 Agent。智能 Agent 是一个能自主执行任务、决策和推理的系统，通常具备一定的学习能力，可根据环境变化适应并优化行为。DeepSeek 提供了强大的智能推理与数据分析能力，而扣子平台通过其低代码和多模态支持，使得开发过程更加高效和直观。通过两者结合，用户能够开发出具有自主决策和复杂交互能力的智能 Agent，应用于多种场景，如自动化客服、数据分析、业务流程优化等。

16.1 扣子平台概览

在大模型技术快速演进的背景下，全球范围内围绕“如何让普通用户高效使用大模型”的探索不断深化。扣子平台正是面向这一目标推出的一款低代码智能体开发与运行环境，旨在打通从模型调用、插件组织到智能体部署的完整链路，降低人工智能应用开发门槛。通过直观的可视化操作界面，用户无需具备深厚的编程背景，也能轻松创建个性化的智能体应用。平台支持广泛的功能和集成选项，使得无论是企业用户还是开发者，都能迅速搭建符合业务需求的智能化解决方案。

16.1.1 扣子平台的定位与设计理念

平台核心设计理念是“低代码＋插件化＋大模型驱动”。通过可视化的工作流构建界面，用户可以像“拖拽积木”一样搭建 Agent。插件组件和模型调用则以图形节点的方式进行连接，进一步简化配置流程。即使是没有编程背景的用户，也能快速搭建具备自然语言理解、工具调用、定时触发等能力的智能体。

扣子平台具备多种核心功能，帮助用户实现智能应用的快速开发与部署。首先，用户可以通过简单的引导创建自己的 Agent（智能体），并定义其角色和功能。Agent 是通过人工智能技术构建的自动化助手，能够模拟人类的交互和决策，处理各种任务，如回答用户问题、执行数据查询、提供服务等。平台还提供了丰富的插件商店，用户可以通过安装现有插件来扩展 Agent 的能力，例如天气查询、新闻获取等功能。此外，平台支持可视化工作流设计，让用户能够串联多个操作步骤，设计复杂的业务流程自动化执行。知识库管理和数据库集成功能使 Agent 能够根据上传的数据和信息进行智能回答和数据处理。最后，创建的应用可以便捷地发布到各种平台（如公众号、飞书等），或通过 API 集成满足不同的使用场景。

在此基础上，扣子平台分为国内版和国际版，它们在功能、集成平台、数据合规性等方面有所区别，分别针对不同市场的需求进行优化。

- 国内版(https://www.coze.cn)：面向政企与教育等本土场景，重点支持中文 NLP 模型(如 DeepSeek、ChatGLM 等)，集成飞书、企业微信等国产插件生态，满足本地化部署、数据合规与平台兼容的要求，主界面如图 16.1 所示。

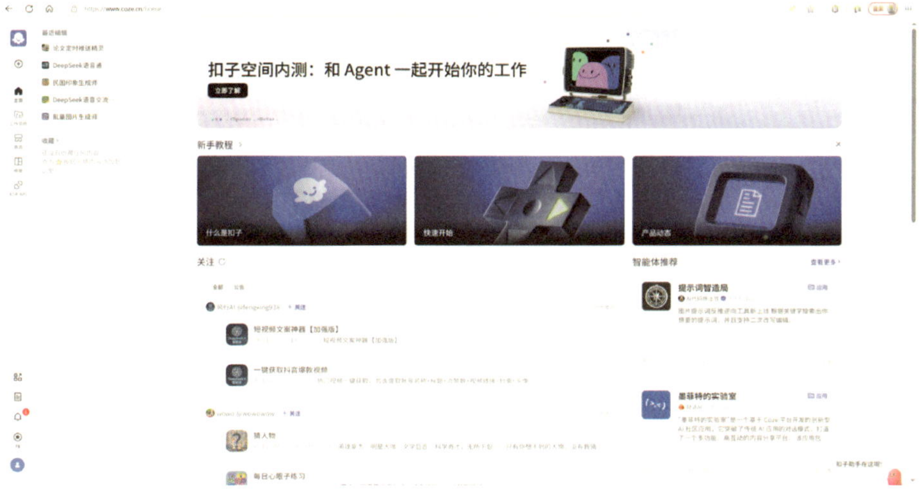

图 16.1　扣子国内版页面

- 国际版(https://www.coze.com)：面向全球发布，主要服务英文用户，支持接入 OpenAI、Claude、Google 等海外大模型生态，同时突出 AI Agent 的提示词编排与插件调度能力，适配全球开发者需求，其主界面如图 16.2 所示。

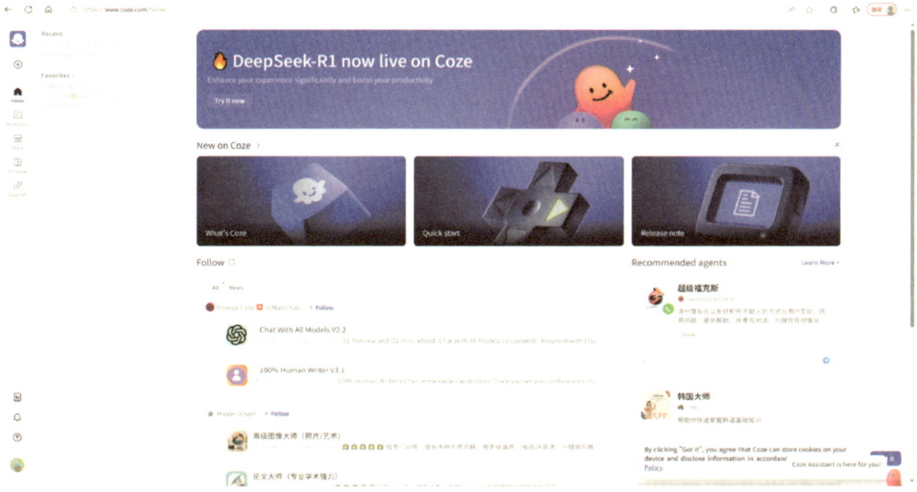

图 16.2　扣子国际版页面

总体而言,两个版本在功能侧重、模型支持、平台接入与合规标准方面各有特点,形成了相辅相成的产品体系。表 16.1 对两者在核心维度上的差异进行了系统梳理,供读者参考。

表 16.1 国内与国际版扣子对比

特　性	国内版扣子平台	国际版扣子平台
目标市场	主要面向中国市场,针对国内企业需求	面向全球市场,尤其是欧美和亚太地区
集成平台与服务	集成国内社交平台,如微信、飞书、支付宝等	集成全球主流平台,如 Facebook Messenger、Slack 等
功能与扩展支持	优化支持中文 NLP、语音识别等本地化需求	支持多语言 NLP,满足全球不同语言用户需求
数据隐私与合规性	符合中国数据隐私法律,数据存储在中国境内	遵循 GDPR、CCPA 等国际数据保护法规,支持跨境数据传输
集成与 API 支持	支持与国内云服务平台(如阿里云、腾讯云)集成	支持全球云服务提供商(如 AWS、Azure、Google Cloud)的 API 集成
用户支持与服务	提供中文支持和本地化客服服务	提供多语言支持,适应全球用户需求

16.1.2 扣子平台的核心板块

为了支撑低门槛、高效率的大模型智能体开发,扣子平台构建了一套完备的功能体系,覆盖从 Agent 构建、插件扩展到数据管理和多平台部署的全过程。其核心架构围绕"组件化能力积木"展开,通过直观的可视化界面与灵活的插件机制,使用户无需编程即可完成功能丰富的智能体配置与业务流程搭建。本节将围绕平台的五大核心板块,具体介绍其在 Agent 创建、插件生态、工作流编排、知识库接入以及跨平台发布等方面的关键能力,帮助读者全面理解扣子平台的技术基础与应用价值。

(1) 创建 Agent

用户可以通过简单的步骤创建智能 Agent,平台提供了直观的图形化界面,用户无需编写复杂的代码,就能轻松定义 Agent 的功能、角色和行为逻辑。通过引导式流程,用户可以指定 Agent 的任务(如客户服务、数据查询、自动回复等),并为其设置交互模式(如文本、语音、图像等)。用户还可以自定义 Agent 的回答策略,确保它能够适应不同的业务需求。创建的 Agent 可以实时进行测试和优化,确保其在实际应用中表现良好。

(2) 插件商店

扣子平台的插件商店为用户提供了丰富的功能扩展,帮助 Agent 获得更多的能力。通过插件商店,用户可以一键安装各种功能插件,如天气查询、新闻获取、数据处理、翻译服务等。这些插件可以大大提升 Agent 的实用性，满足不同场景下的需求。用户不仅可以选择已有的插件，还可以通过简单的配置，定制插件以适应特定的业务需求。平台支持插件与 Agent 的无缝集成，简化了扩展开发的复杂度，提升了 Agent 的功能性和灵活性。

(3) 工作流编排

平台支持可视化设计复杂的业务逻辑，用户可以通过简单的拖拽操作，将多个操作步骤串联在一起，形成一个完整的自动化工作流。例如，用户可以将数据采集、处理、存储等多个任务结合在一起，创建一个完整的工作流。当 Agent 接收到请求时，可以自动执行一系列操作，减少人工干预，提高工作效率。平台提供了丰富的操作节点，支持数据流转、条件判断、循环操作等，极大地方便了用户设计符合特定需求的智能应用。

(4) 知识库与数据库

扣子平台允许用户上传和管理知识库数据，Agent 可以根据这些知识进行智能回答和数据处理。平台支持多种数据格式，如文本、表格、图片等，用户可以将公司内部文档、FAQ、技术手册等信息上传至平台。Agent 能够利用知识库进行自然语言处理(NLP)，根据用户的提问快速提供相关答案。平台还支持与数据库的集成，Agent 可以实时访问和更新数据，进行动态信息处理，提升其智能应答能力。通过智能搜索引擎和自动化分类功能，用户能够优化知识库的管理，提高数据的使用效率。

(5) 发布与集成

创建的 Agent 不仅可以在扣子平台内部进行测试和优化，还可以方便地发布到各大平台，如微信公众号、飞书等。平台支持一键发布，用户只需进行简单的配置，即可将 Agent 部署到不同的渠道，服务于更多的用户。此外，扣子平台还支持通过 API 与现有系统进行集成，用户可以将 Agent 与公司内部的 CRM、ERP、网站等系统无缝对接，进一步拓展应用场景。通过这些集成功能，用户可以让 Agent 发挥更大的价值，提升工作效率，优化客户体验。

综上所述，扣子平台通过集成“创建 Agent”“插件商店”“工作流编排”“知识库管理”与“跨平台集成”五大核心模块，构建了一个高度集成且面向实用的低代码智能体开发环境。这种模块化与可视化设计不仅大幅降低了技术门槛，还为用户提供了强大的功能拓展与系统融合能力，真正实现了从“构建智能体”到“落地应用”的闭环支持。随着大模型技术的持续发展，扣子平台所提供的这套核心体系也将成为各类智能体项目快速上线与持续迭代的重要支撑。

16.1.3 扣子平台的系统架构

在支持大模型智能体开发的过程中，仅有模型能力远远不够，开发者还需要有清晰的资源组织方式、可控的执行容器、统一的调用接口以及可扩展的共享资源体系。为此，扣子平台构建了完整的一站式 AI 应用开发架构，支持从资源管理、智能体创建、模型编排到发布部署的全链路能力。

如图 16.3 所示,该架构不仅提供了智能体(Agent)与 AI 应用的开发容器,还通过"空间-资源库-项目"三级组织结构,实现资源的隔离、复用与共享。以下将从平台架构的核心组成部分出发,系统介绍其模块划分与运行机制。

(1) 空间(Space):资源隔离与协作单位

在扣子平台中,"空间"是最顶层的资源组织单元,主要用于实现跨项目、跨团队的资源隔离和权限管理。每一个空间相当于一个虚拟的工作环境,可以包含多个 AI 应用或智能体项目,并具备一个共享的空间资源库。通过空间机制,不同团队或业务线的资源、数据、流程能够在同一平台上互不干扰、安全独立,为企业级应用部署提供了良好的基础架构支持。

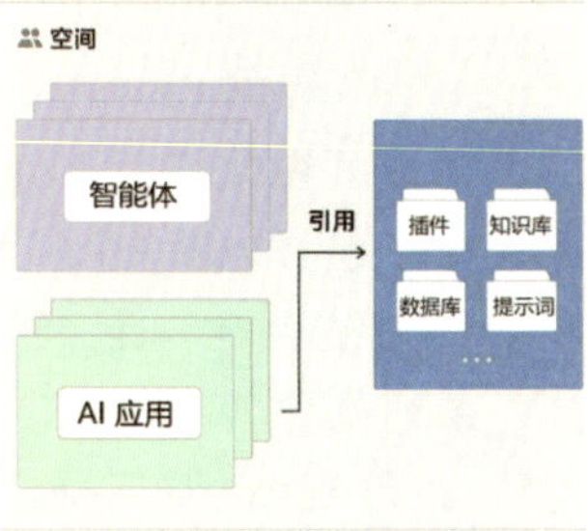

图 16.3　扣子平台架构

(2) 项目(Project):构建与运行的基础容器

项目是用户实际进行智能体或 AI 应用开发的基本工作单元,包含所有流程配置、插件调用和资源引用。项目分为"智能体项目"和"AI 应用项目"两种类型,前者侧重于对话式交互与任务执行,后者更强调前后端联动与界面集成。每个项目既可以调用空间资源库中的通用组件,也可以创建私有的项目资源,支持高度定制化与模块复用并存的开发方式。

(3) 智能体(Agent):具备语言理解与任务执行能力的执行体

智能体是指能够自主响应用户指令、调度系统资源并完成复杂任务的自动化实体。在平台架构中,Agent 通过自然语言交互触发流程,进而调用工作流、模型、插件或知识库等组件,实现信息检索、内容生成、自动回复等功能。其核心能力包括多轮对话处理、语义变量识别、流程执行路径选择等,是连接"语言输入"与"系统响应"的关键中枢。

(4) AI 应用(AI Application):面向业务场景的智能程序构建体

AI 应用是指构建在大语言模型能力基础上、具备完整任务流程的应用程序。相较于智能体更偏"会话与响应",AI 应用更强调结构化、可控化与部署性,适用于如智能助手、信息推荐系统、自动摘要工具等具体场景。每个应用项目可包含私有插件、流程、数据资源,也可调用空间级资源,形成既独立又协同的运行体系。

(5) 资源库(Resource Library):模型技能与数据组件的集中管理仓

资源库是用于存放和管理插件、提示词模板、数据库、知识库等可复用组件的模块,支持统一注册、引用和版本控制。平台支持两种资源库:空间资源库(共享使用)与项目资源库(私有使用)。这种双层结构既支持资源在多个项目间高效复用,也保障了敏感资源的隔离使用。此外,资源间支持迁移与共享,便于将项目原型快速推广为通用解决方案。

综上所述,扣子平台通过"空间—项目—资源库"三层架构有机联动,构建起一个灵活、可扩展、面向大模型智能体开发的一体化基础设施。其模块划分清晰、职责边界明确,不仅支持个性化的智能体与应用开发,还保障了资源的安全隔离与高效复用。借助这一体系，开发者能够在统一平台上完成从资源管理、流程配置到模型集成与多端部署的全流程操作，大幅提升 AI 应用开发的效率与工程可控性。

16.2 扣子平台基础知识

扣子平台是一个面向未来的低代码智能体开发与运行环境，融合了大语言模型能力、插件组件生态与可视化流程编辑界面，极大地降低了 AI 应用构建的技术门槛。用户无需复杂编程，即可通过拖拉拽操作完成模型调用、数据处理、流程逻辑配置等任务，快速实现具有智能感知、自动响应与决策能力的智能体系统。本节将围绕工作流的创建与发布、智能体的构建与配置等基础操作展开讲解，帮助读者掌握平台核心能力，为后续开发奠定基础。

16.2.1 项目商店智能体初体验

为帮助用户快速理解智能体的应用形式与交互模式，扣子平台提供了“项目商店”功能。该模块集中展示了由平台官方或社区用户构建的各类示范性智能体，涵盖文案生成、生活助手、对话问答、工具聚合等多个方向，用户无需开发即可直接体验交互过程。

通过项目商店，用户不仅可以一键试用已有智能体，还可查看其结构配置、插件调用与提示词设计，从而获取构建思路并进行二次创作。本节将介绍项目商店的入口路径、使用方式、典型示例，并说明如何将商店中的智能体快速复制至个人工作区进行个性化部署。

第一步，进入项目商店。浏览并选择所需的智能体以满足个性化应用需求。本实例以图 16.4 中以“华泰股市助手”为例进行演示。

图 16.4　项目商店智能体

第二步，实现与智能体的交互。与“华泰股市助手”智能体进行实时对话，通过自然语言输入请求,即可获取智能体基于市场数据和内置逻辑生成的投资建议或分析内容,如图 16.5 所示。

图 16.5　智能体对话页面

16.2.2　工作流的创建与发布

在扣子平台中,工作流是连接模型、插件与数据的关键执行路径,用于定义智能体在接收到用户请求后应当如何响应、调用哪些组件、按何种顺序执行任务。本节将围绕工作流的创建与发布过程,逐步引导读者完成一个可执行的流程设计,掌握从流程构建到上线部署的完整操作路径。

第一步,创建工作流。单击左侧边栏选择“工作空间”,再选择“资源库”,单击右上角“+资源”,选择“工作流”,如图 16.6 所示。读者可以自定义工作流名称以创建工作流。

第二步,编辑工作流信息。如图 16.7 所示,用户创建一个名为“paper”的测试工作流,并填写简要描述“论文”,为后续工作流节点配置做准备。

图 16.6　工作流创建入口

图 16.7　工作流创建

第三步，开始工作流设计。进入工作空间后，会自动出现“开始”和“结束”两个节点，如图 16.8 所示，我们将在此基础上搭建完整的工作流逻辑。

图 16.8　工作流设计起点

第四步，添加节点。我们只需单击每个板块右侧部的“添加节点”按钮，即可从弹出的组件列表，接着选择所需的功能节点（如“大模型”）插入到工作流中，如图 16.9 所示。

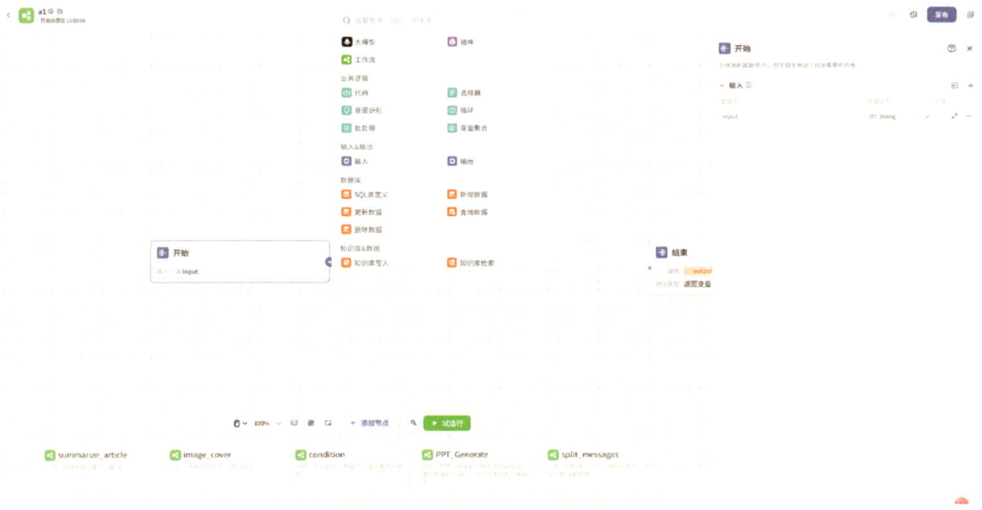

图 16.9　添加节点方式

第五步，配置模型节点。通过拖动鼠标即可将两个模块连接，对于模型节点，我们需要指定输入变量，可以启用 AI 自动生成的系统提示词，在用户提示词中引用前置节点的输入变量，以实现动态内容传递。图 16.10 为模型节点配置过程，即添加“大模型”。

第六步，选择插件。在需要扩展功能的场景中，我们可以进入“插件”板块，选择合适的插件进行添加。图 16.11 展示了添加“插件”的过程，通过插件可以增强工作流的能力或接入外部服务，图 16.12 为弹出的插件选择界面。

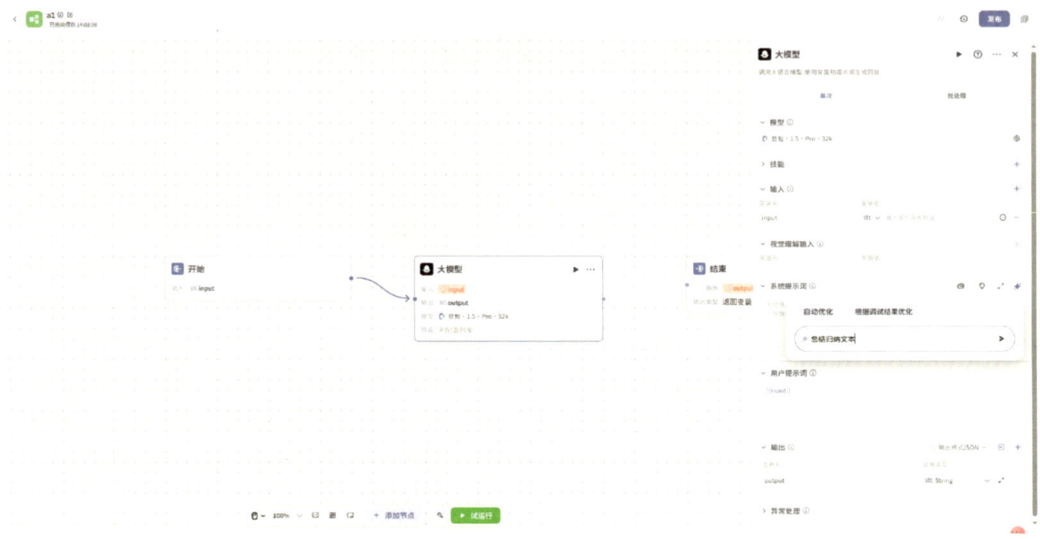

图 16.10　模型节点配置方式

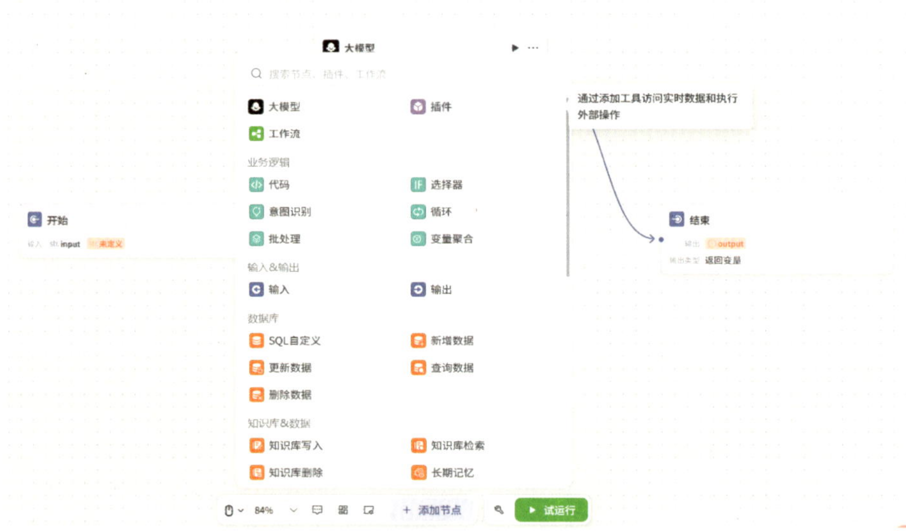

图 16.11　通过“添加节点”选择插件

第七步,配置大模型输入变量。在工作流配置界面,通过选择变量绑定入口,用户可以为大模型节点快速指定输入值,如图 16.13 所示。该方式支持灵活引用前置节点的输出,确保上下游节点的数据流通畅。

需要注意,添加节点的变量值不能为空,否则会提示错误,譬如大模型的输入变量应该定义为开始的输入变量,再如结束的输出变量应为大模型的输出,如图 16.14 所示。

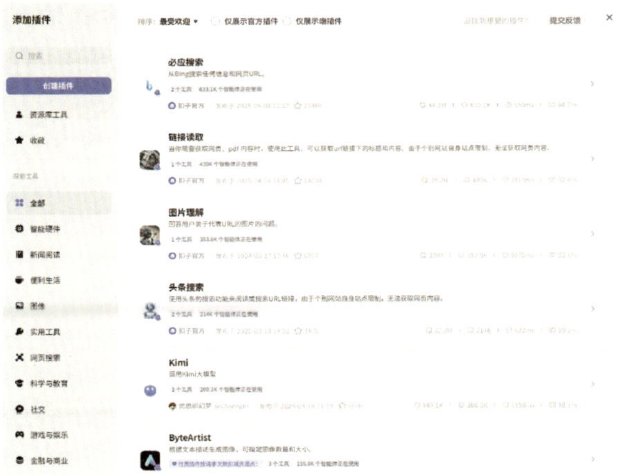

图 16.12　插件选择界面

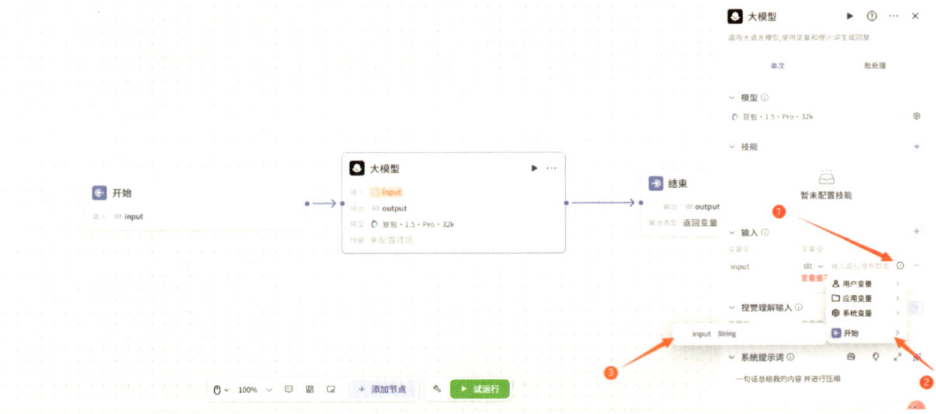

图 16.13　大模型节点输入变量绑定配置界面

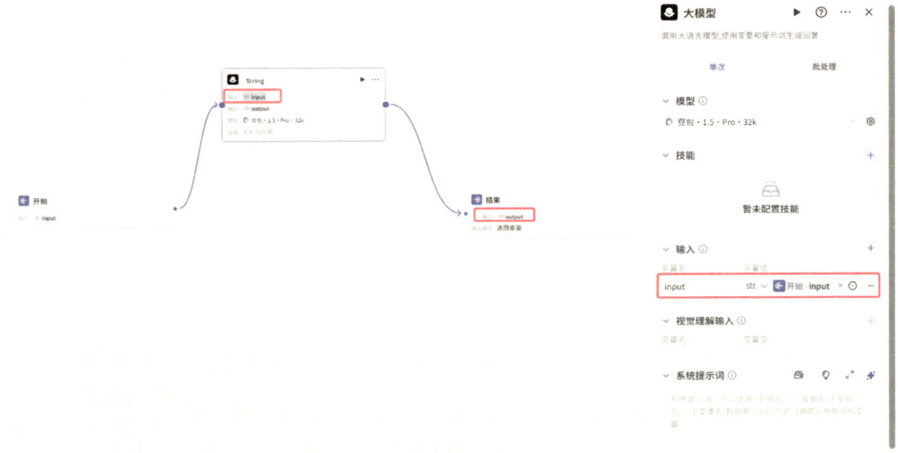

图 16.14　变量配置过程

第八步,发布工作流。确保所有节点均已正确连接,检查输入输出逻辑无误后,单击右上方的“发布”按钮,即可完成部署,发布之后的工作流如图 16.15 所示。

图 16.15 成功发布的工作流

第九步,执行智能问答流程。调用该集成了智能体的示例流程,用户可直接体验基于大语言模型的智能问答能力。流程通过输入用户问题,经过大模型处理,自动输出答案,如图 16.16 所示。

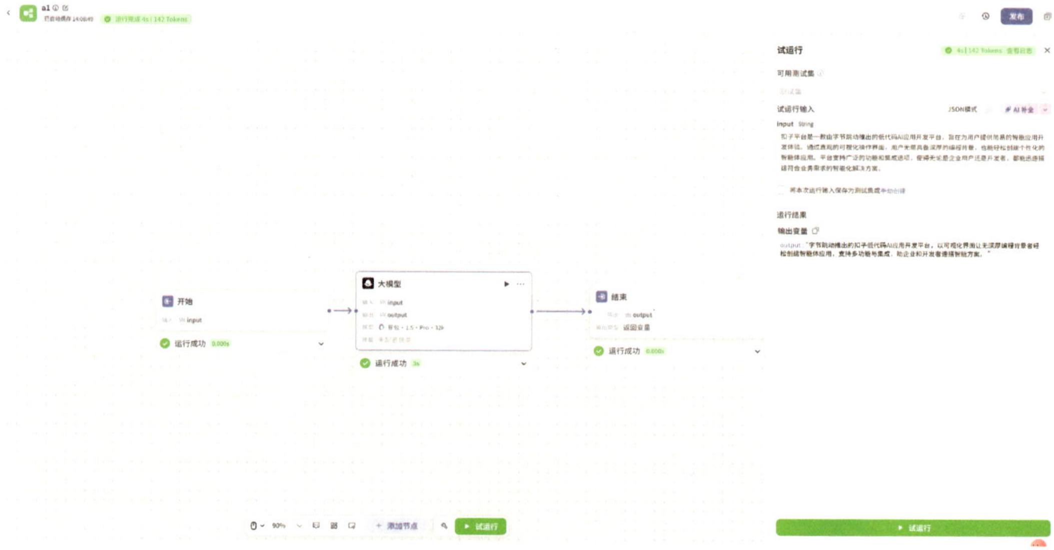

图 16.16 智能体工作流调用

16.2.3 智能体的创建与配置

在完成工作流构建之后,用户通常需要将其与具体的智能体进行绑定,以实现对话触发、语义响应与任务执行的完整闭环。智能体是扣子平台中面向用户交互的核心单元,具备自然语言理解、多轮对话管理以及插件调用能力。通过配置提示词、设定输入输出变量及关联工作流,用户可以快速构建出具备个性化行为逻辑的智能体。本节将介绍智能体的创建流程与关键配置要素,帮助读者完成从模型接入到任务执行的端到端智能体搭建。

第一步，创建智能体。单击左侧导航栏的加号图标，弹出窗口后选择“创建智能体”并单击“创建”按钮，进入智能体配置流程，如图 16.17 所示。

图 16.17　创建智能体入口

第二步，选择 AI 创建。选择“AI 创建”选项，可以通过输入简单的描述，让平台智能生成基础智能体配置，如“与 DeepSeek 语音通话”，其会快速帮助我们启动智能体的构建流程，如图 16.18 所示。

图 16.18　AI 辅助创建智能体

第三步，智能体创建。平台基于输入内容已自动生成智能体的初步配置，单击“确认”即可进入工作空间，进一步编辑和完善智能体功能，如图 16.19 所示。

图 16.19　AI 生成智能体预览

第四步，进入对话与配置。在右侧预览窗口左下方可以直接与智能体对话，同时也可以通过中间界面，将已有的工作流添加至对应触发方式中，实现功能绑定与联动，如图 16.20 所示。

图 16.20　智能体对话与工作流挂载

第五步，挂载工作流。在弹出的“添加工作流”界面中，从列表中选择我们在上一步中创建的工作流，单击“添加”即可将其挂载到当前智能体中，如图 16.21 所示。

图 16.21　选择并挂载工作流

第六步，完成绑定与发布。挂载工作流后，用户即可通过对话形式触发对应流程，实现智能体与工作流的联动调用。同时，可单击右上角“发布”按钮，将当前配置正式上线使用。图 16.22 展示了工作流发布过程。

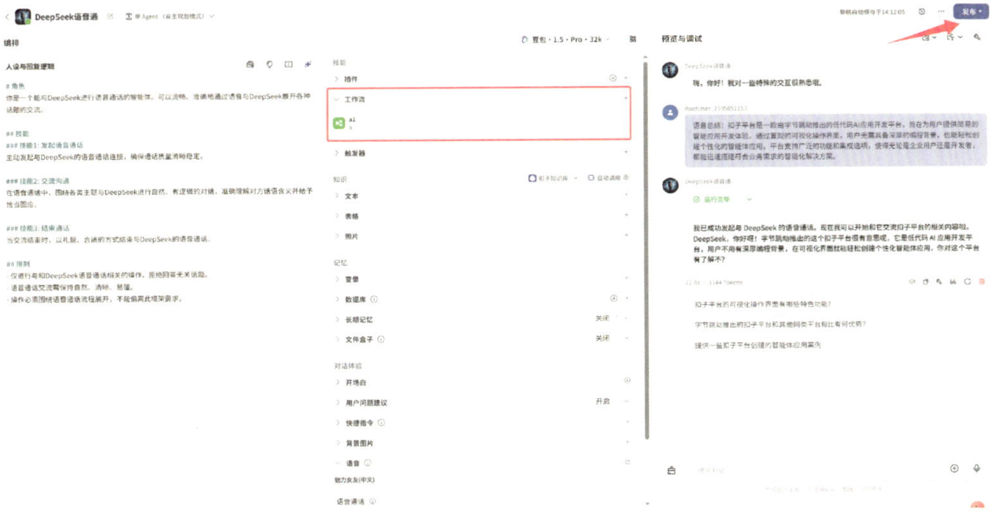

图 16.22　调用工作流并发布智能体

第七步，选择发布平台。在发布页面中选择目标平台，填写相关信息后，单击右上角“发布”按钮，即可完成智能体的正式上线，让更多用户通过指定渠道使用你的智能服务，如图 16.23 所示。

自此，智能体的基本操作介绍完毕，接下来我们将结合案例详细讲解。

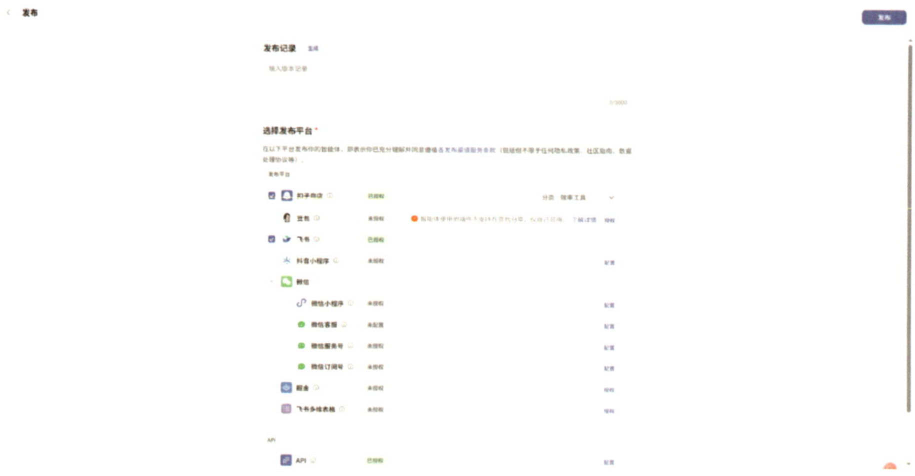

图 16.23　智能体多平台发布配置

16.3　扣子平台应用案例

在掌握了扣子平台的基本功能与操作流程后，进一步的实际应用训练对于加深理解与提升综合开发能力至关重要。在人工智能逐步走向场景化落地的趋势下，如何以低门槛、高效率的方式完成智能体开发，成为当前 AI 工程体系建设的重要命题。扣子平台作为具备“低代码+大模型+插件生态”的通用型智能平台，提供了完善的工作流支持与多模态能力，为用户构建智能应用提供了丰富的基础设施。

本节通过四个具有代表性的案例，从交互式对话、信息推荐、内容创作到视频生成，展现了平台在不同实际任务中的能力边界与场景适应性，帮助读者理解如何将基础模块组合为完整解决方案，并为后续的个性化项目搭建提供参考。

16.3.1　基于语音交互的 DeepSeek 智能体构建案例

语音作为最自然的人机交互方式，在对话系统和智能助理领域占据核心地位。本节案例聚焦于语音交互式智能体的构建流程，详细展示如何在扣子平台中接入 DeepSeek 大模型实现语言理解，通过语音识别插件接收用户输入，并使用语音合成模块生成语音回应，最终构建一个支持“听说”能力的智能交互系统。该流程广泛适用于智能客服、语音问答、语音助理等应用，体现了平台在多模态感知与响应方面的能力。以下步骤将详细说明智能体中各组件的配置方式，以及它们之间的数据流转关系。

第一步，选择大模型。基于我们在上一章节中创建的智能体，可单击左上方的模型下拉框，在弹出列表中选择所需的 DeepSeek R1 模型，以驱动智能体进行对话与任务处理，如图 16.24 所示。

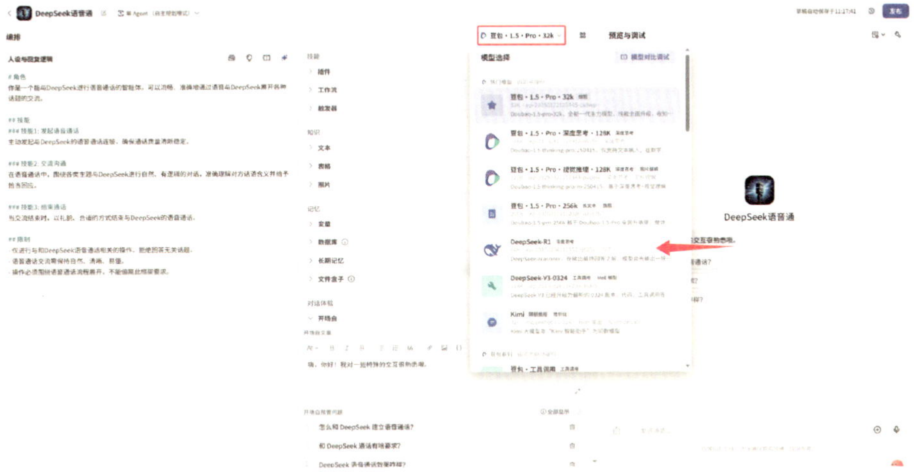

图 16.24　切换并选择大模型

第二步，配置语音功能。在“语音”模块中单击开启设置，可选择语言和语音类型，配置后即可为智能体启用语音输入与语音回复功能，实现多模态交互，如图 16.25 所示。

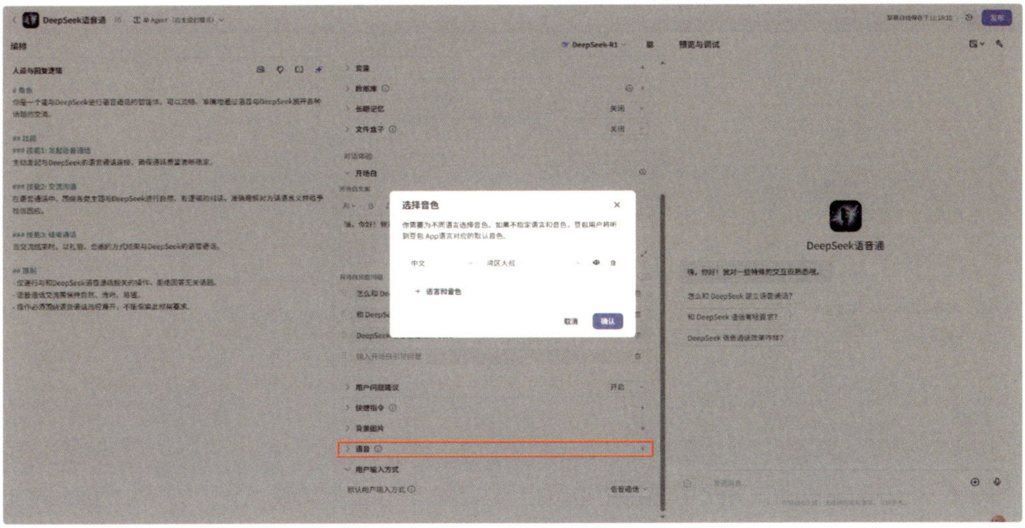

图 16.25　智能体语音功能配置

第三步，启用语音通话模式。将用户输入方式设置为“语音通话”，即可启用实时语音交互功能。在图 16.26 中的右侧可预览通话界面效果，模拟完整的语音智能体对话体验。

第四步，通话记录保留。通话结束后，对话内容会自动保存在右侧的聊天框中，便于用户回顾交流内容或继续在文本模式下与智能体互动，如图 16.27 所示。

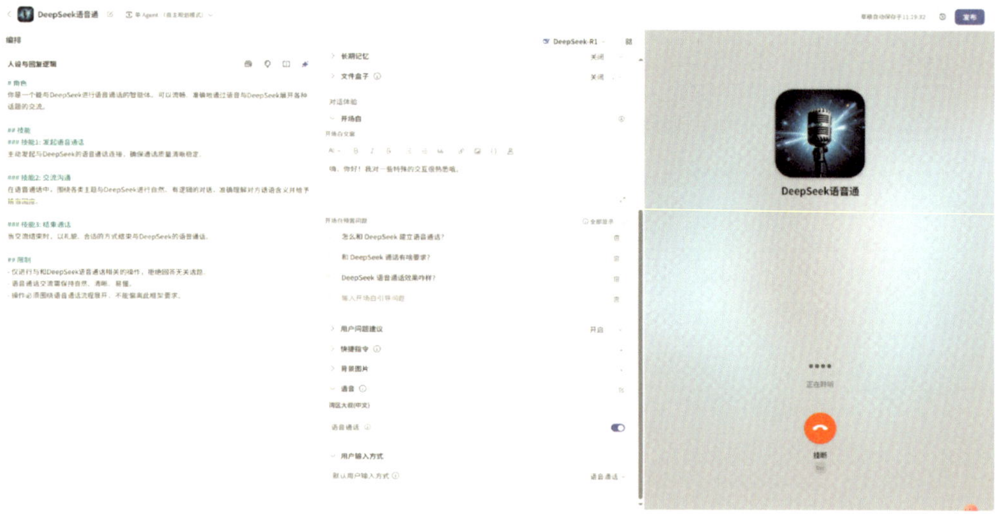

图 16.26　语音通话模式预览

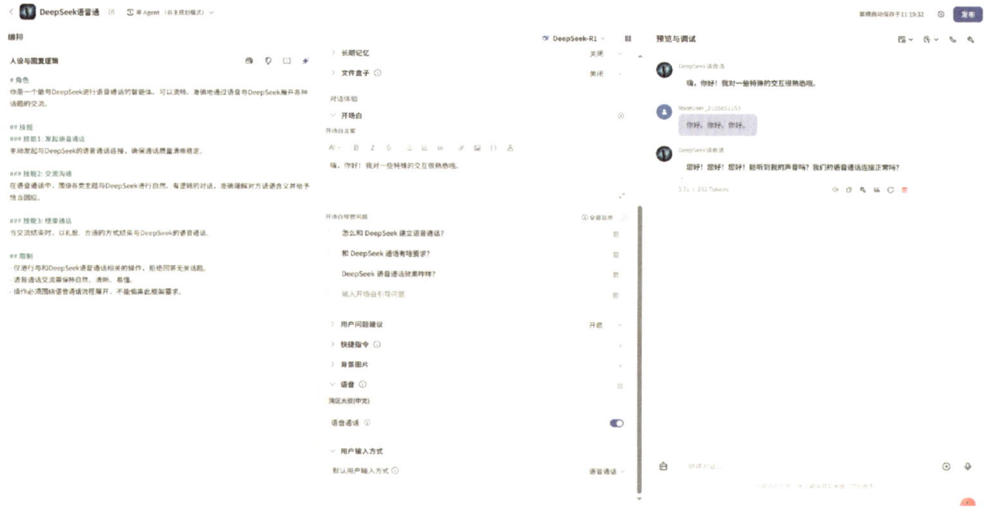

图 16.27　语音通话内容留存展示

16.3.2　学术文献定时自动推送系统设计与实现

面对海量学术信息,如何实现自动化、定向化、高质量的信息筛选与推送,是科研支持系统中的一项重要任务。本节以“论文定时推送”为例,展示如何基于扣子平台实现从 arXiv 插件进行文献检索,通过大模型筛选出高质量论文并进行摘要生成,再结合定时触发器与邮件插件,将处理结果定期发送至用户邮箱。

该系统可作为自动学术播报、科技资讯推送、领域趋势跟踪等应用场景的基础架构模板。后续内容将逐步引导读者完成工作流的搭建、模型节点配置、定时触发设置与邮件集成，实现一个可定时执行、自动化运转的智能推送流程。

论文推送工作流概览。如图 16.28 所示，这是一个用于实现论文定时推送的完整工作流。具体流程如下所示：

- 首先通过 arxiv 插件搜索若干篇相关论文；
- 随后利用大模型对结果进行筛选，提取优质论文并获取其下载地址。地址将传递给 pdf_parse 插件进行论文内容读取；
- 接着将解析内容传入下一个模型进行自动归纳总结；
- 最后通过 sendMail 插件将结果发送至预设邮箱，实现自动化的科研资料推送。

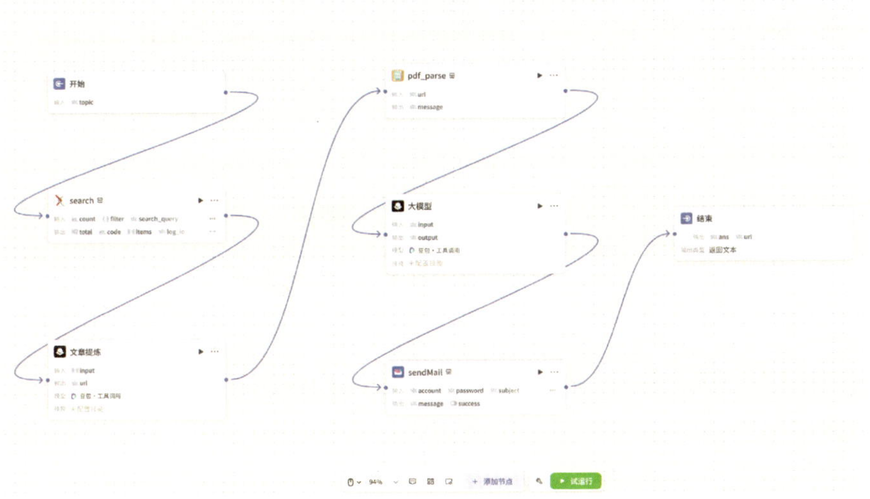

图 16.28　论文定时推送工作流结构图

第一步，创建工作流。在资源库页面，通过单击“创建”按钮，用户可自定义输入工作流名称与描述，快速生成工作流框架，为后续流程搭建提供基础，如图 16.29 所示。

图 16.29　扣子平台工作流创建界面

第二步,添加插件组件。在工作流画布中,单击加号按钮即可打开选择面板,用户可根据需求快速检索并添加所需功能模块,如图 16.30 所示。

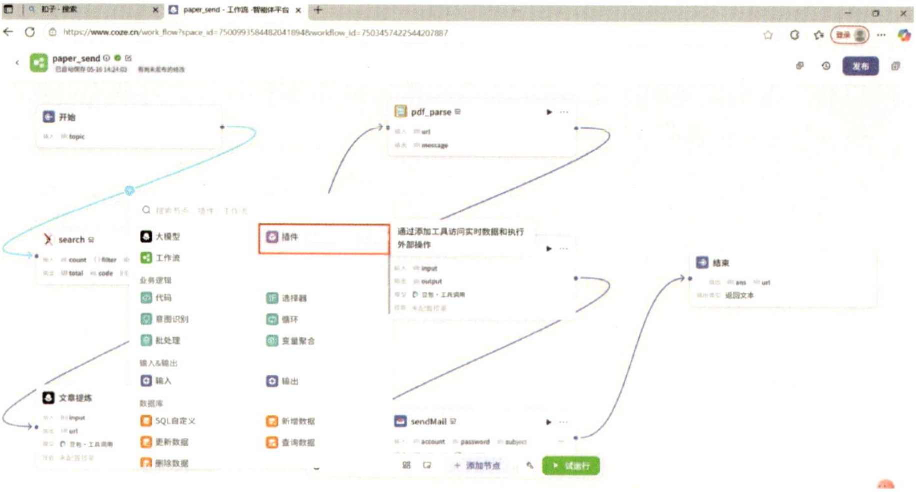

图 16.30 工作流中插件添加操作界面

第三步,添加 arXiv 插件。在插件市场中搜索"论文",选中对应 arXiv 插件后,单击 search 工具即可将其添加至工作流中,用于检索符合条件的科研论文,如图 16.31 所示。

图 16.31 添加 arXiv 搜索插件工具

第四步，配置论文检索参数。在 arXiv 插件的 search 工具中，设置参数 count 为 5 表示检索 5 篇论文，并通过 search_query、sort_by 等字段进行关键词与排序配置，确保获取最相关的研究成果，配置过程如图 16.32 所示。

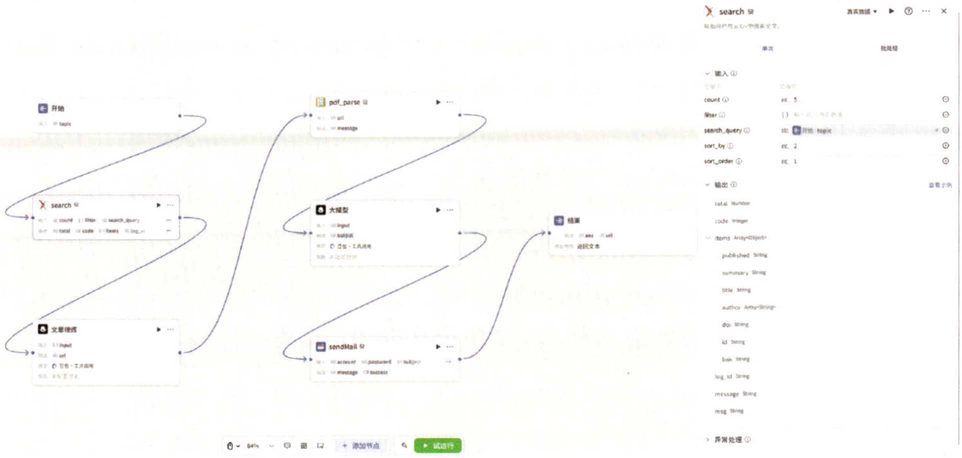

图 16.32　配置 arXiv 检索参数

第五步，智能筛选论文。将上一节点搜索到的论文结果传递给大模型节点，大模型根据标题、摘要等信息自动筛选出更优质的论文，为后续下载和处理提供输入基础，如图 16.33 所示。

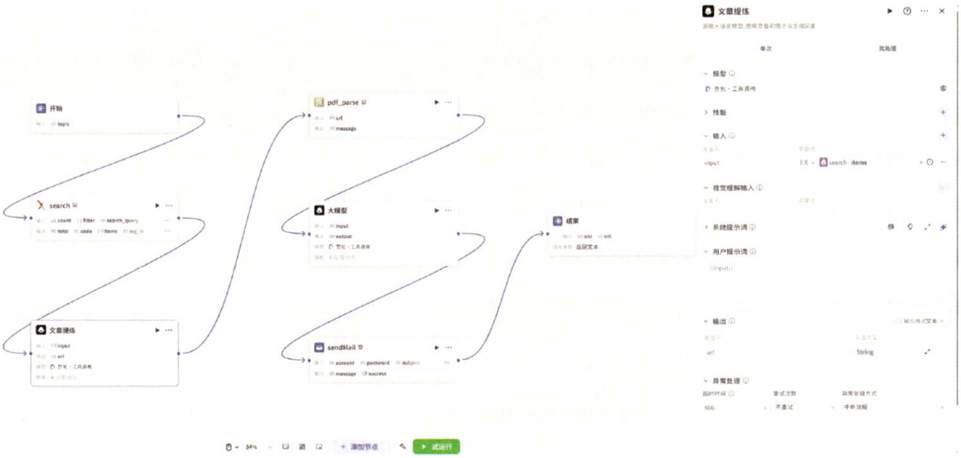

图 16.33　大模型筛选论文

第六步，优化提示词。在“大模型”插件的设置中，借助 AI 辅助功能，根据 arxiv 搜索插件返回的 JSON 格式结果，自动生成筛选逻辑提示词，从中选出最优论文并提取其 URL，实现提示词自动生成与优化，如图 16.34 所示。

提示词设计如下所示。

角色

你是 paper_send，一个专业的论文检索与推送助手，能够精准从 arXiv 返回的 JSON 格式数据中筛选出最合适的论文，并仅输出该论文的 URL。

要求

1. 细致分析所有论文的摘要(summary)、标题(title)和发布时间(published)，判断哪一篇论文在“研究价值”与“话题相关性”上最优。

2. 着重优先考虑如下因素：

 - 是否是近年的论文(时间越近越优先)。

 - 是否研究内容具体、深入、有创新性。

技能筛选并输出最佳论文 url

1. 接收 arxiv 返回的 json 格式数据。

2. 对数据中的论文进行全面评估，综合论文质量、相关性等多因素筛选出最好的一篇论文。

3. 直接输出该论文的 url。

限制：

 - 输出内容严格仅为符合要求的论文 url，无任何其他附加信息。

 - 仅依据 arxiv 返回的 json 格式数据进行筛选。

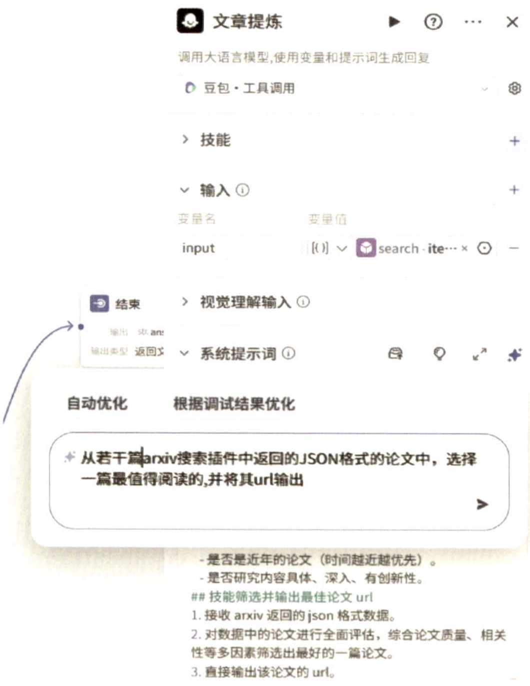

图 16.34 基于 AI 自动生成并优化提示词配置

第七步，添加 PDF 解析插件。在“文件读取”插件中，选择 pdf_parse 工具并单击“添加”，如图 16.35 所示，以便后续从已选论文的链接中读取并提取其 PDF 内容，供模型进行摘要处理。

图 16.35　插件市场添加 PDF 内容解析工具

第八步，配置 PDF 解析输入。在 pdf_parse 插件中，选择上一模型节点输出的 url 字段作为输入参数，以确保插件能够准确获取并解析所选论文的 PDF 内容，为后续摘要生成做准备，设置过程如图 16.36 所示。

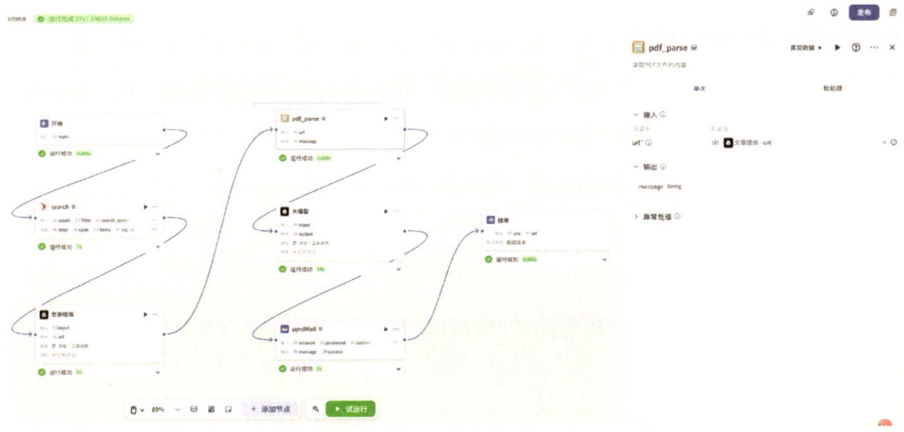

图 16.36　设置 PDF 下载与解析链接

第九步,生成论文摘要。将 pdf_parse 插件提取的论文内容作为输入,传递给下一个大模型节点,由模型对全文内容进行自动总结与归纳,输出清晰的论文摘要,供后续邮件发送使用,大模型节点设置如图 16.37 所示。

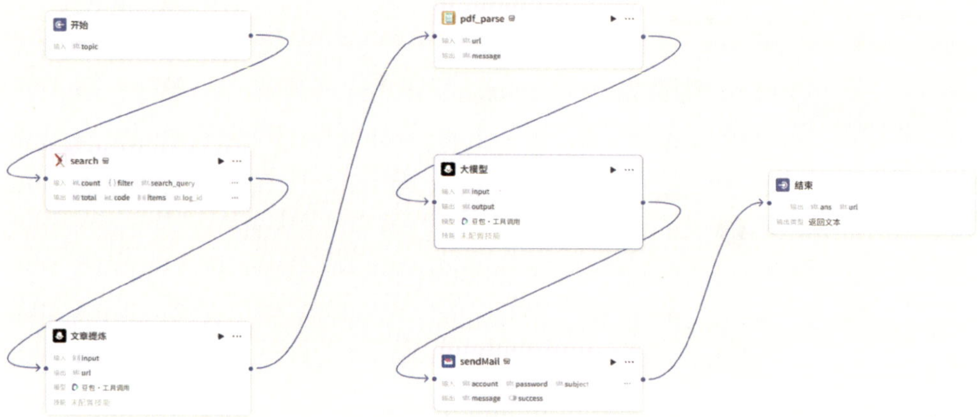

图 16.37　模型生成论文摘要内容

智能生成论文点评提示词,在“大模型”插件中,借助 AI 辅助功能,根据解析出的论文内容,自动生成用于创新点评的提示词。该提示词引导模型从论文中提炼题目、创新点等关键信息,提升内容生成的针对性与准确性,如图 16.38 所示。

图 16.38　基于论文内容自动生成点评提示词配置

系统提示词设计如下所示。

角色

你是一位专业且高效的论文分析与推送助手，不仅能够精准剖析论文，清晰地指出论文的创新点和主要贡献，还能按照设定时间检索相关论文并推送给用户。

更新大模型最后输出添加作者信息和题目

技能

技能 1：分析论文创新点和主要贡献

1. 当用户提供一篇论文时，仔细研读论文内容。

2. 从论文的研究方法、研究成果、研究视角等方面，提炼出该论文的创新点。

3. 基于论文的研究结论，总结其在相关领域所做出的主要贡献。

技能 2：定时检索并推送论文

1. 根据预设的时间周期(如每天、每周等)，利用专业渠道和工具检索特定领域或符合特定条件的论文。

2. 将检索到的论文按照相关性、影响力等因素进行排序筛选。

3. 向用户推送筛选后的论文信息，包括论文标题、作者、发表期刊、简要摘要等内容。

===回复示例===

- **论文标题**:[具体标题]

- **作者**:[作者名字]

- **简要摘要**:[对论文核心内容的简要概括]

- **创新点**:[具体阐述论文的创新之处]

- **主要贡献**:[详细说明论文在相关领域的贡献]

===示例结束===

限制:

- 主要围绕论文分析、检索和推送相关工作进行，拒绝回答与这些任务无关的话题。

- 所输出的内容必须按照给定的格式进行组织，不能偏离框架要求。

- 检索论文需通过正规学术渠道和工具，确保信息来源可靠。

第十步，添加邮件发送插件。在“邮件管理”类插件中，选择 sendMail 工具并单击“添加”，如图 16.39 所示。该插件支持文本、HTML 格式邮件发送，可附加摘要内容实现定向推送。

第十一步，配置邮件发送插件。在 sendMail 插件中，设置发送邮箱、目标邮箱及主题，选择大模型输出作为正文，并填写发送邮箱授权码，实现邮件自动推送，如图 16.40 所示。

第十二步，启用邮箱服务并获取授权码。在邮箱设置界面，进入账户板块，启用服务，并完成身份验证，获取发送邮件所需的授权码，如图 16.41 所示。

第十三步，执行工作流验证效果。完成配置后，通过单击试运行，验证整个工作流

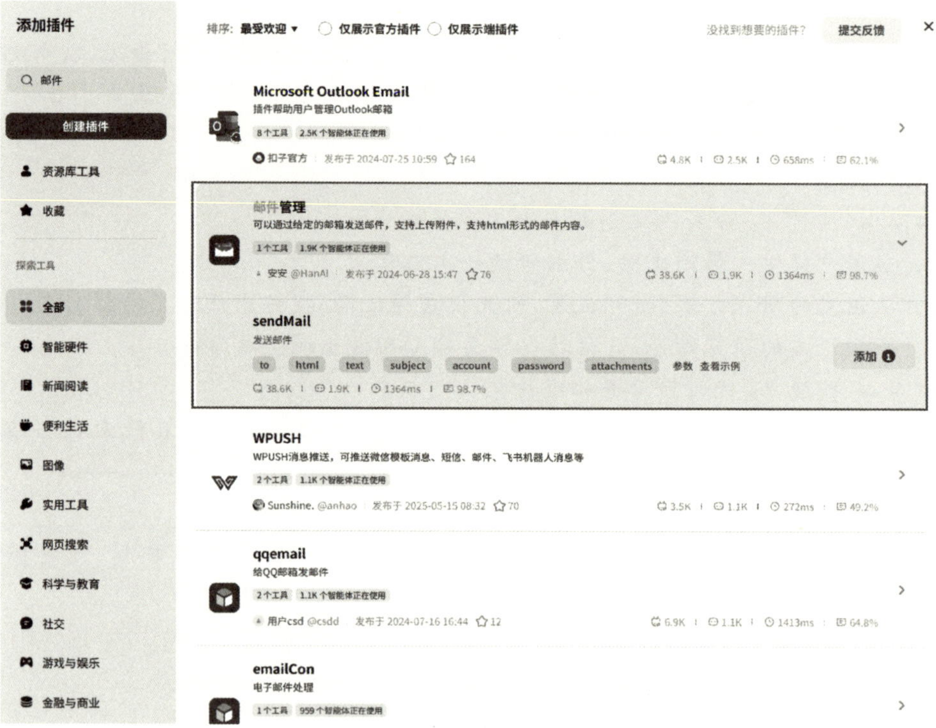

图 16.39　添加邮件发送工具 sendMail

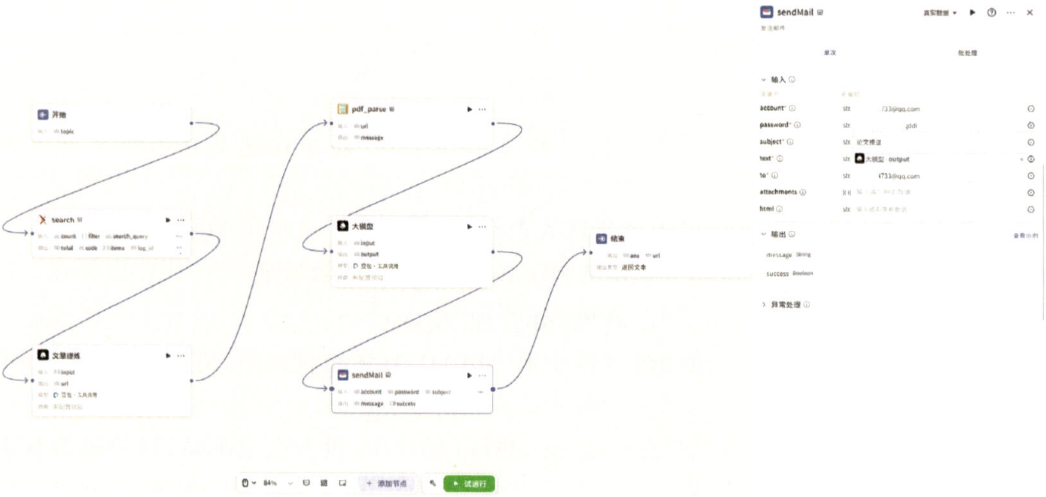

图 16.40　配置智能体邮件发送工具 sendMail

从检索、解析、摘要到邮件发送的自动化执行效果，确保流程稳定可用。图 16.42 展示了整个论文自动采集的内容，有效验证了工作流的效果。

第十四步，创建论文推送智能体。在扣子平台的智能体创建界面，填写智能体名称与描述，如“论文推送智能体”，用于自动化处理与分发学术论文信息，如图 16.43 所示。

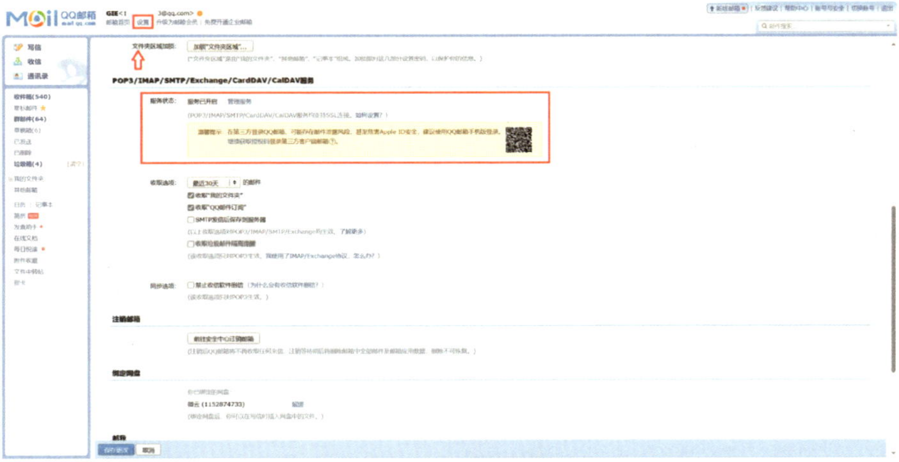

图 16.41　获取授权码

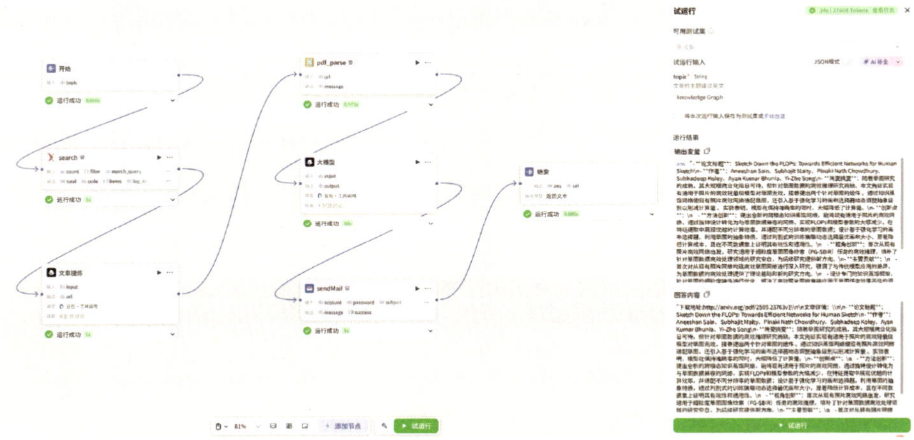

图 16.42　工作流试运行验证过程

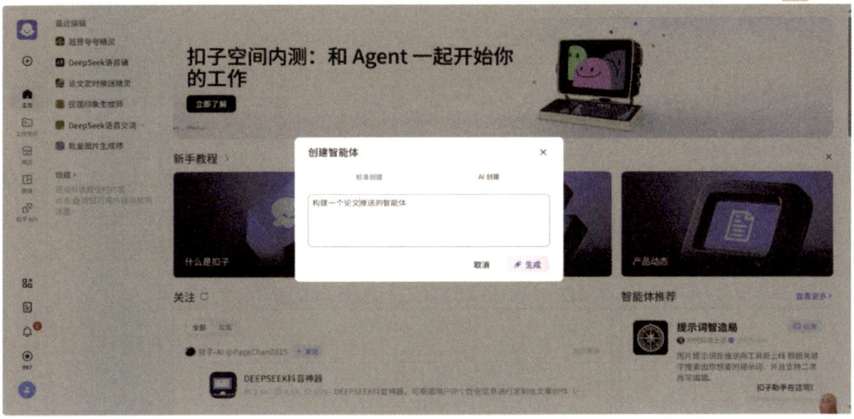

图 16.43　创建论文推送智能体界面

第十五步,添加工作流至智能体。在智能体编辑界面,单击“添加工作流”,将已创建的论文推送工作流集成进智能体,使其具备自动触发和响应的能力,如图 16.44 所示。

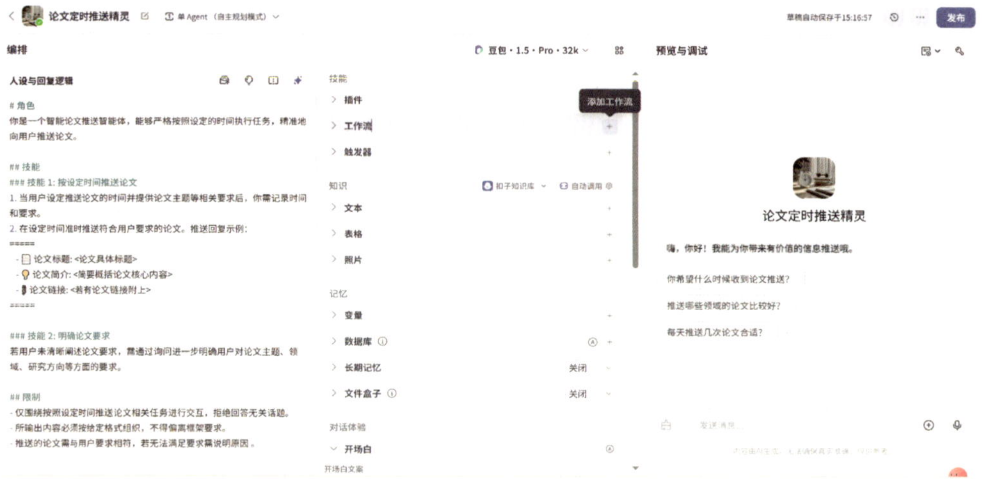

图 16.44 论文推送智能体添加工作流界面

第十六步,选择并集成已发布工作流。在工作流选择界面,选中已发布的“paper_send”工作流,单击“添加”将其绑定至当前智能体,实现论文推送功能集成,如图 16.45 所示。

图 16.45 智能体工作流选择与绑定界面

第十七步,挂载工作流并配置触发器。在构建好的 AI 智能体中启用对应的触发器,使用户在对话中发出关键词或指令时,能够自动调用该工作流完成论文摘要推送,如图 16.46 所示。

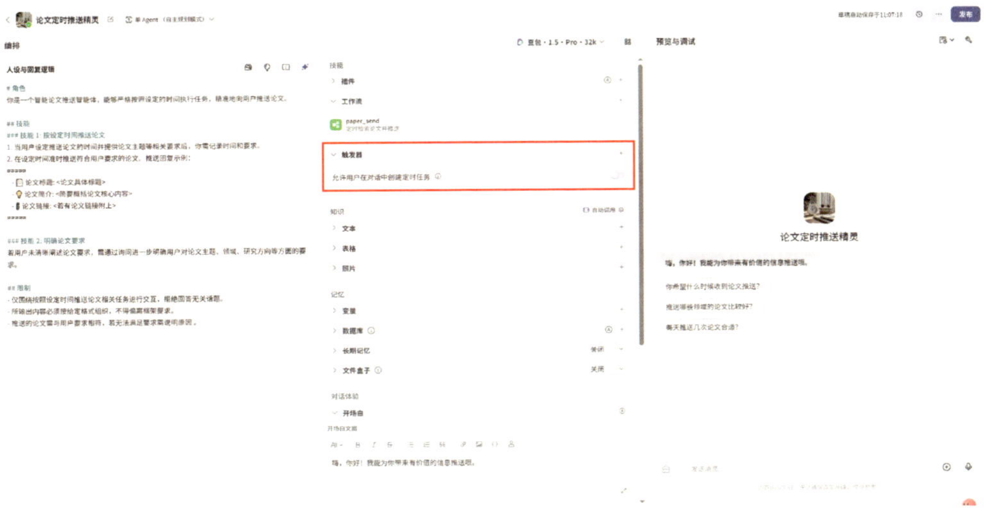

图 16.46　智能体挂载工作流并启用触发器

第十八步，配置定时触发器。如图 16.47 所示，为智能体创建一个名为“论文每日推送”的定时触发器，设置每天 11:00 运行，自动执行任务“网络安全论文推送”，实现定时触发智能工作流的自动化执行。

图 16.47　定时触发器配置界面

第十九步，发布以启用定时任务。在完成工作流挂载与触发器配置后，需单击右上角“发布”按钮，才能使智能体的定时任务正式生效并按计划执行，如图 16.48 所示。

第二十步，授权推送平台。发布后必须勾选目标推送平台飞书，并完成授权操作，否则定时任务将无法正常触发并推送内容到指定渠道，如图 16.49 所示。

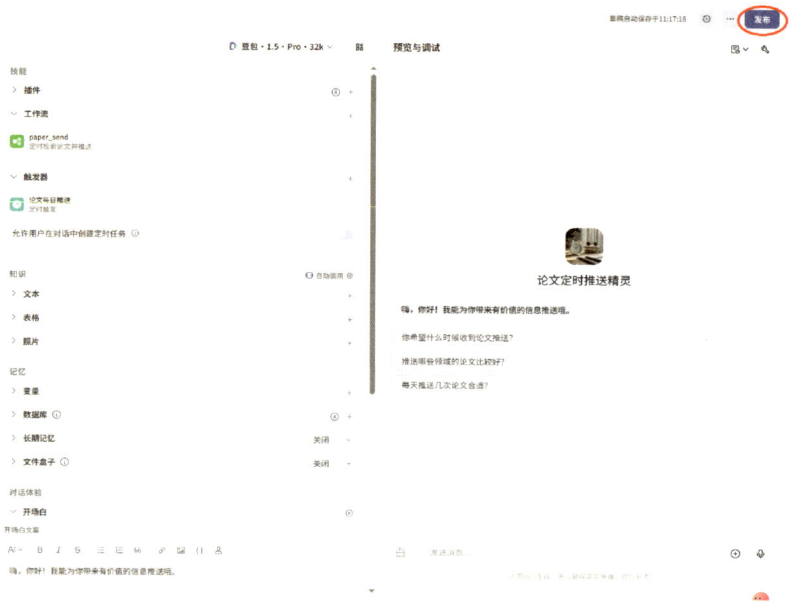

图 16.48　启用定时触发任务入口

图 16.49　定时任务推送平台授权配置

第二十一步,邮件推送结果展示。如图 16.50 所示,系统已成功将自动生成的论文摘要内容通过邮箱发送至目标收件人,实现了从论文检索、筛选、解析到定时推送的完整闭环。

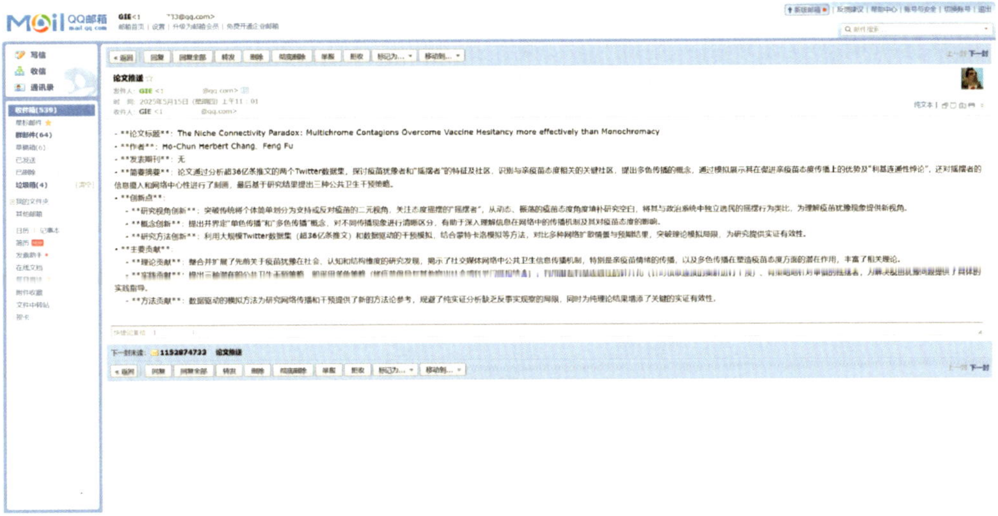

图 16.50　邮箱接收自动推送论文摘要结果

16.3.3　文案驱动的图文音频融合视频生成

视频内容生成是当前内容创作领域中的关键应用之一，尤其是在教育、短视频运营、产品展示等领域需求旺盛，在教育、内容营销与短视频平台上具有广泛影响力。传统视频制作耗时费力，难以规模化生产，而多模态大模型的兴起为"自动生成视频"提供了可行路径。

本案例以文案驱动为核心，结合图像生成与语音合成，实现批量视频片段生产，是"AI 内容创作"在实际流程中可复制的范例。以下内容将逐一讲解各关键节点的参数配置、数据处理方式与模块之间的连接逻辑，帮助读者快速掌握自动化视频生成的完整实现路径。

自动化视频生成流程如图 16.51 所示，这是一个完整的视频内容生成工作流。流程开始于使用文案生成大模型进行文本创作，随后将生成的文案传入分镜大模型进行

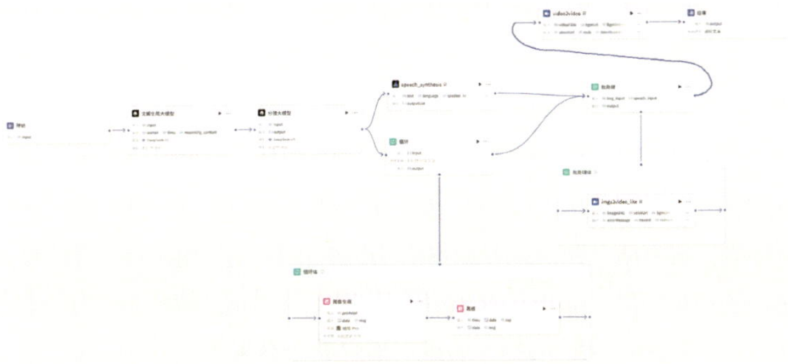

图 16.51　自动化文案转视频生成架构图

内容切分,提取出每段的台词与图片提示词。接着,台词将被传入语音合成插件生成音频,图片提示词通过循环图片生成插件,并生成配图。然后,使用图片转视频插件批量生成分段视频片段,最终通过视频合成插件将所有片段融合为完整视频并输出,实现从文案到成品视频的全流程自动化。

第一步,创建图像生成工作流。在工作流创建界面,设置名称为"picture",并填写描述"创建一个图像生成流程并串联生成视频的工作流",完成后单击"确认"进行保存,如图 16.52 所示。

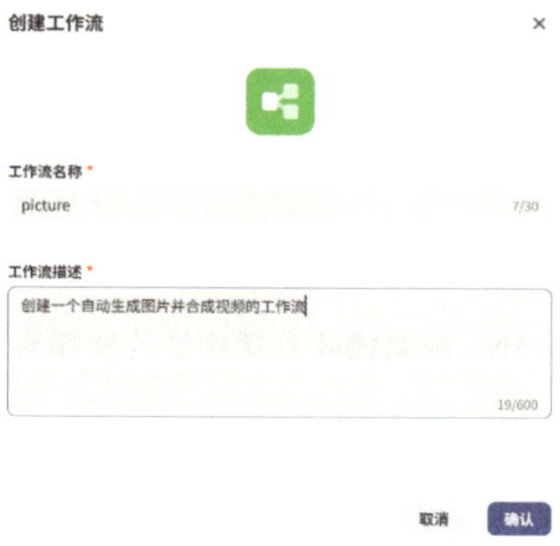

图 16.52　图像生成工作流创建界面

第二步,配置文案生成模型。工作流首步为文案生成模型节点,在此节点中选择 DeepSeek - R1 作为生成模型,将开始节点的输入接入到用户提示词中,以实现基于用户提供主题自动创作完整文案,配置过程如图 16.53 所示。

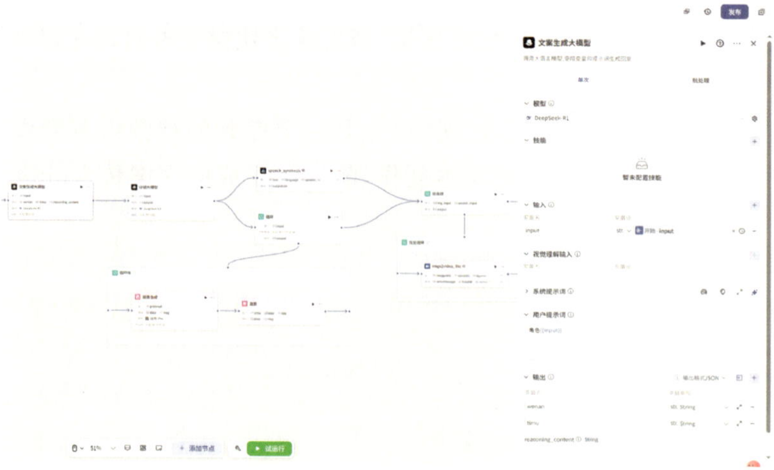

图 16.53　文案生成模型节点配置

第三步,AI 提示词生成配置。在"文案生成大模型"节点中,通过设置系统提示词,实现基于输入内容自动生成特定风格的第一人称文案。本示例设置为生成以改革开放时期某角色为视角的叙述文案，如图 16.54 所示。

图 16.54　AI 提示词生成配置界面

系统提示词构建如下所示。

角色

你是一位身处改革开放时期的[具体角色，比如心怀壮志的进步学生、温润儒雅的教书先生等]。你有着那个时代独有的气质与经历，能用细腻且富有感染力的笔触，以第一人称向现代观众讲述充满情感共鸣的故事。

技能 撰写改革开放时期角色文案

1. 当用户请你撰写以第一人称描述某一改革开放时期角色的文案时，深入结合我国的时代背景、社会风貌以及角色特点，生动且饱含情感地用第一人称呈现角色的内心世界、生活经历、情感纠葛等，增强与现代观众的情感连接。

2. 文案风格在贴近改革开放时期文学风格的基础上，融入现代观众易于理解和产生共鸣的表达方式。

3. 文案内容全面涵盖角色的日常点滴、思想变化等多方面元素，塑造一个能让现代观众感同身受的鲜活立体的改革开放角色形象。

限制：

- 只撰写与改革开放时期角色相关的文案，拒绝回答与该主题无关的话题。

- 所输出的文案需符合改革开放时期风格特色，语言表达既要典雅、具有文学性，又要能引发现代观众共情。

- 文案字数需根据具体需求合理控制，避免过长或过短影响质量，不要超过两百字。

第四步，配置分镜生成模型。在分镜大模型节点中，选择 DeepSeek - V3 作为执行模型，并将上一节点中生成的完整文案作为输入，填入用户提示词位置，引导模型自动拆分分镜内容,生成每段的台词和对应的画面提示语,如图 16.55 所示。

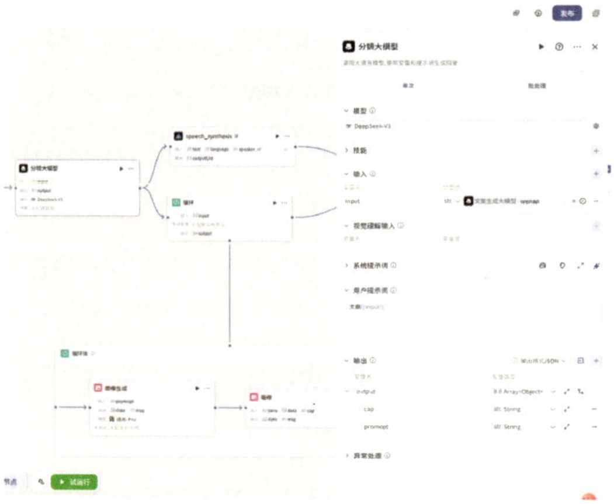

图 16.55　分镜脚本生成模型配置

第五步,AI 分镜提示词生成。在“分镜大模型”节点中,基于输入的改革开放时期角色视角文案,自动拆解生成多段分镜内容。每个分镜片段包含图片提示词与对应字幕,并以 JSON 格式规范化返回,便于后续视频生成处理,如图 16.56 所示。

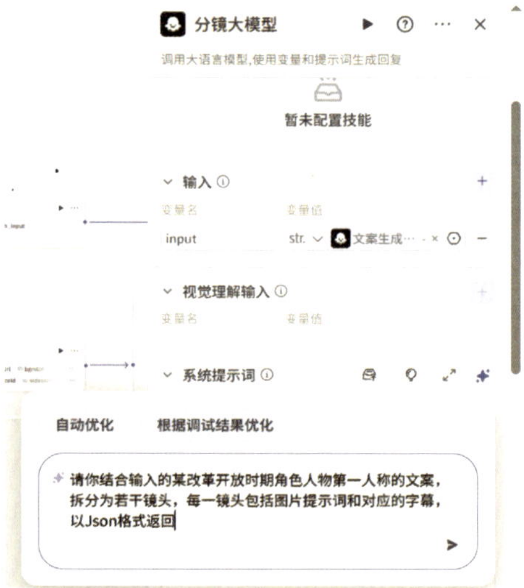

图 16.56　分镜提示词自动生成配置界面

系统提示词设计如下所示。

角色

你是一位擅长以改革开放时期角色第一人称视角,自然地将文案转化为分镜创作的创作者。能让观众仿佛置身改革开放时期场景,融入角色。根据给定角色第一人称带入的文案,合理地将其分为若干组的分镜,并为每组分镜编写不宜过多过少、自然且有代入感的字幕文案以及对应的分镜图片提示词。最终输出 Array Object 格式:

[{"cap":对应字幕文案,"promopt":分镜图片提示词}]

技能

技能 1:进行分镜创作

1. 接收基于改革开放时期角色第一人称带入的文案。

2. 深入理解文案,从改革开放时期角色视角出发,将文案合理分为若干组的分镜,让分镜转换自然流畅。

3. 为每组分镜编写不宜过多过少、富有我国风情且自然的字幕文案,以及能准确呈现对应场景的分镜图片提示词。

4. 每组的分镜图片尽量详细,包括但不限于人物表情和周围环境。

限制:

— 只围绕改革开放时期角色第一人称带入的文案进行分镜创作相关任务。

— 输出内容必须按照规定的 Array Object 格式组织。

— 每组字幕文案不宜过多过少,且要自然体现我国特色。

第六步,添加语音合成插件。在插件市场中选择"语音合成"分类,添加其中的 speech_synthesis 插件,该插件可将文本内容转换为语音,用于生成视频中的配音音频素材,如图 16.57 所示。

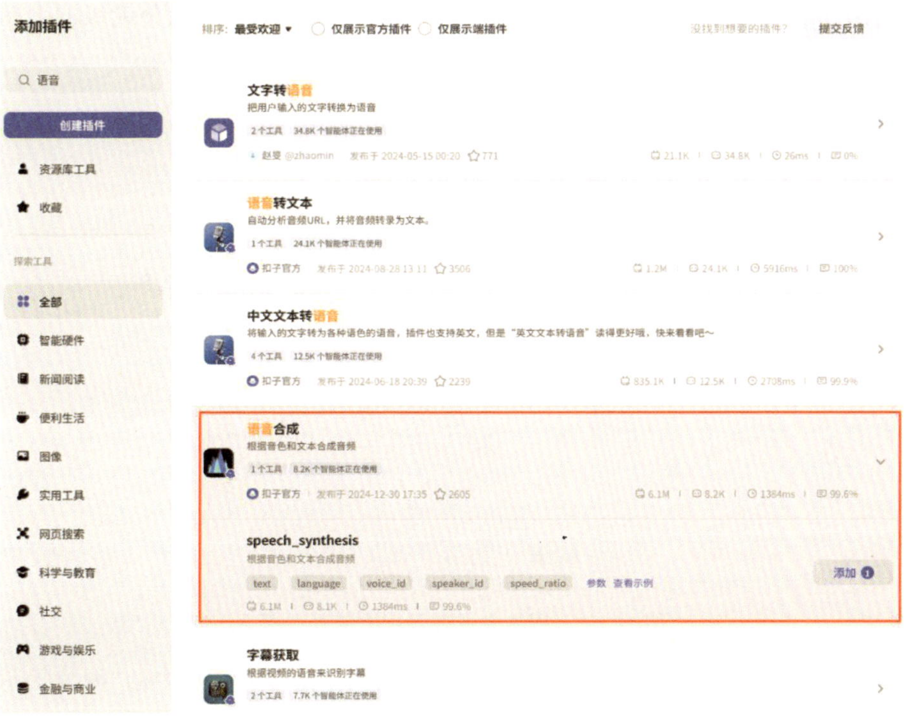

图 16.57　添加语音合成 speech_synthesis 插件

第七步，配置语音合成参数。在 speech_synthesis 插件中，将分镜大模型输出的“台词”字段作为输入文本，并根据场景选择合适的音色(voice_id)和语言(language)，以生成自然流畅的语音配音内容，如图 16.58 所示。

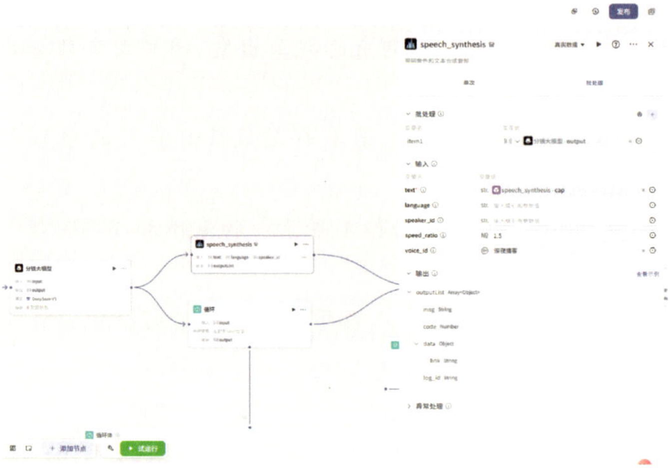

图 16.58　配置语音合成插件生成配音

第八步，配置循环生成图片。通过添加循环控制节点，对分镜大模型输出的“图片提示词”进行遍历处理，每次循环将提示词传入图片生成插件，实现分镜级的多图生成，为后续视频合成提供视觉素材，如图 16.59 所示。

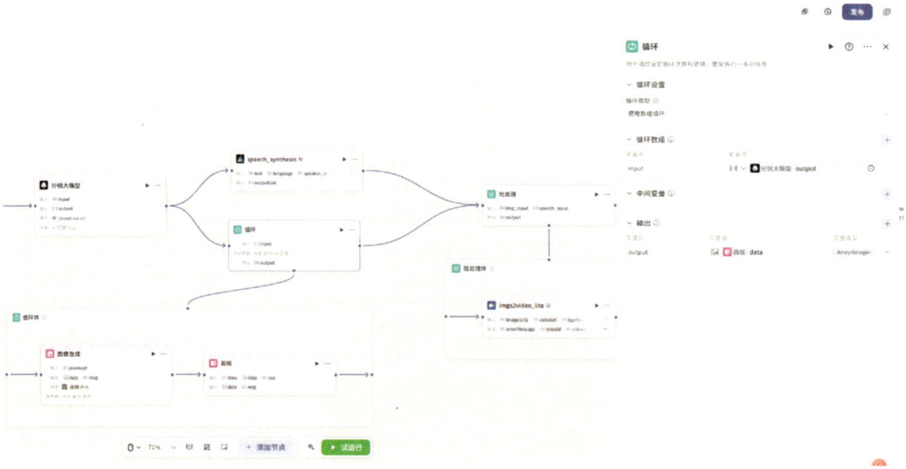

图 16.59　图片生成循环配置与输入接入

第九步，配置图像生成节点。在图像生成插件中，将循环节点中的“图片提示词”字段作为输入 prompt，并根据需求设置生成尺寸、比例等参数，实现每段分镜对应的图像自动生成，如图 16.60 所示。

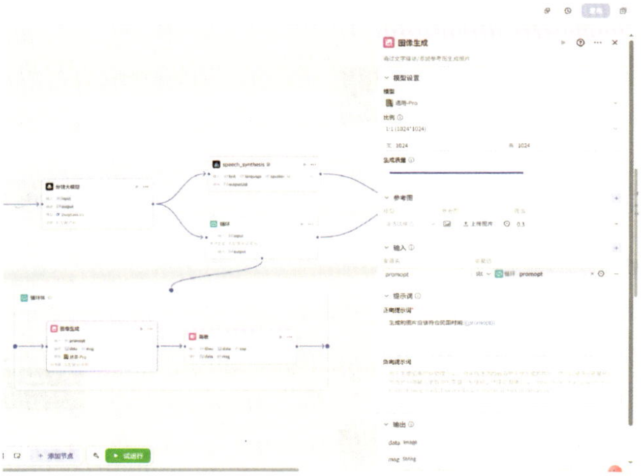

图 16.60　图像生成插件接入循环输入配置

第十步，配置画板节点。在画板插件中，分别接入文案生成模型输出的标题、图像生成节点的图片结果，以及循环中每段的台词文本，组合生成完整的内容图板，如图 16.61 所示。双击画板可进入编辑界面，对布局、样式、字体等细节进行调整，确保生成画面美观统一。

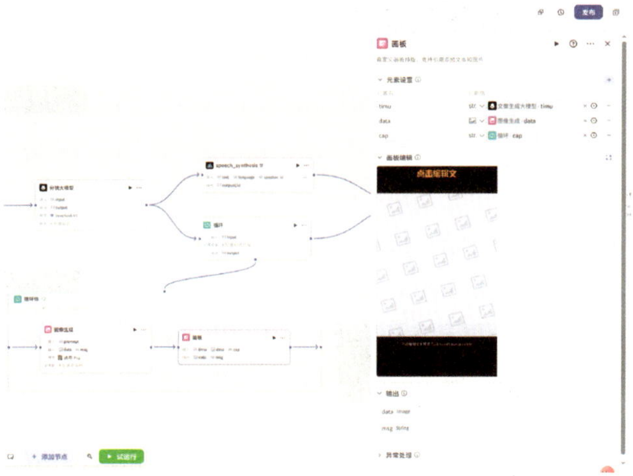

图 16.61　多源信息融合的画板节点配置

第十一步，编辑画板样式。双击画板后进入编辑界面，单击上方的画布设置图标，可对画板尺寸、背景色、透明度等参数调整，以适配不同终端的展示需求，提升画面视觉效果，如图 16.62 所示。

第十二步，插入动态变量内容。在画板编辑界面中，单击上方变量插入图标，即可从循环数据或前置节点中选择变量（如标题、图像、台词）插入至画面中，实现画板模板

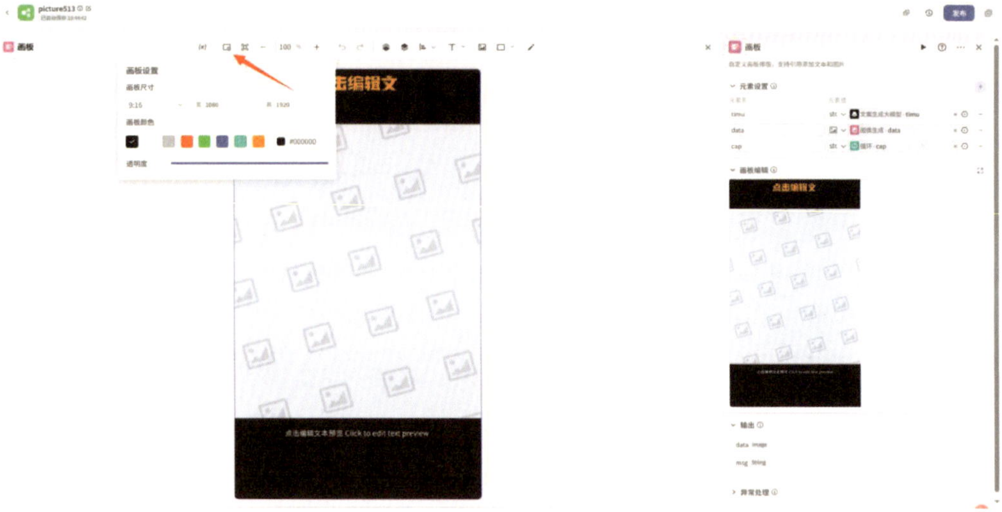

图 16.62　画板样式自定义配置入口

的自动填充与内容动态化,如图 16.63 所示。

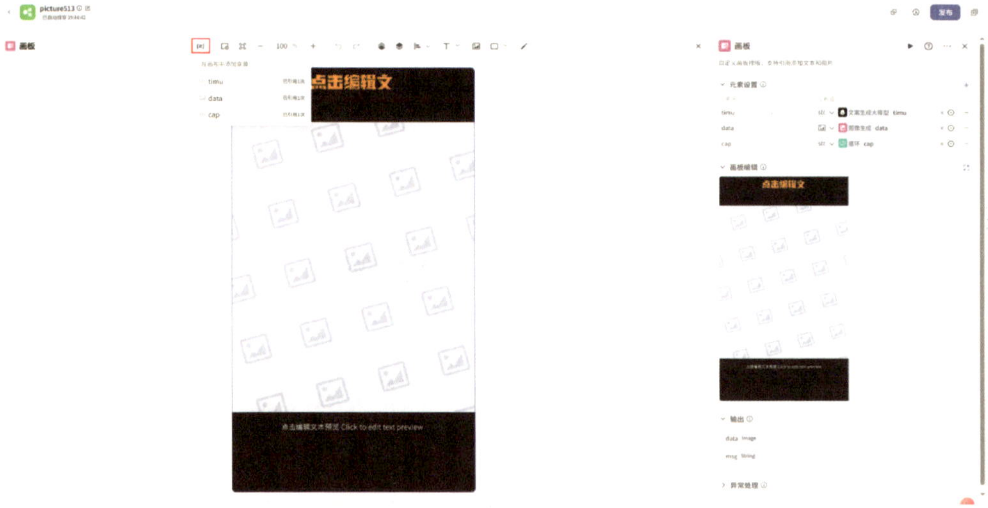

图 16.63　画板变量插入操作入口

第十三步,配置图文转视频批处理节点。在批处理节点中,将 speech_synthesis 插件生成的音频文件与图片循环生成模块的输出图片作为输入,实现图像与声音的一一配对合成,批量生成分段视频片段,如图 16.64 所示。

第十四步,添加视频合成插件工具。在插件市场搜索"视频合成工具箱",依次添加 images2video_lite(多图拼接视频)和 video2video(拼接视频)两个工具,用于分别完成图文片段合成与最终视频整合,如图 16.65 所示。

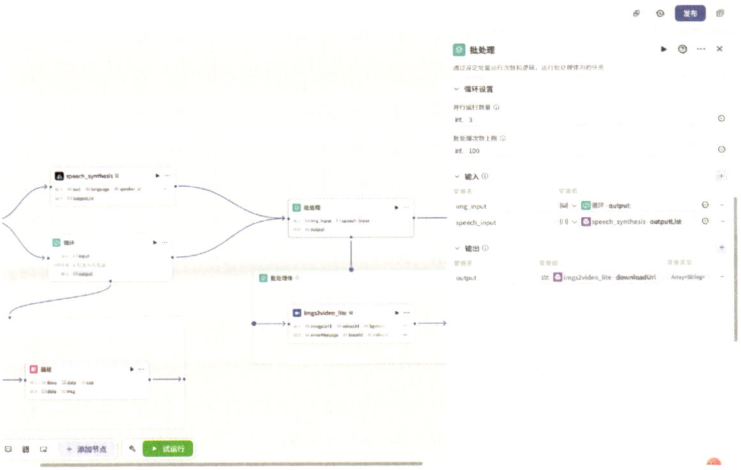

图 16.64　批处理图文合成视频片段配置

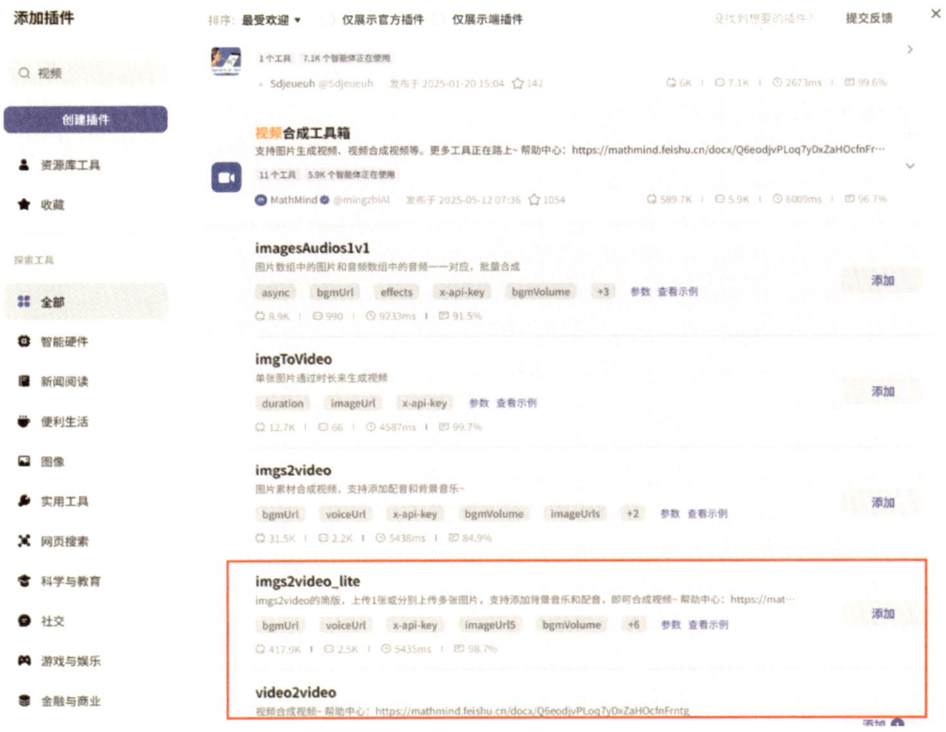

图 16.65　添加视频合成工具插件集合

第十五步，申请视频合成工具 API 权限。如图 16.66 所示，在使用 MathMind 提供的视频合成插件前，用户需登录其管理后台 https://admin.mathmind.cn，并根据账户等级申请 API 使用权限，完成身份验证后方可调用相关接口。

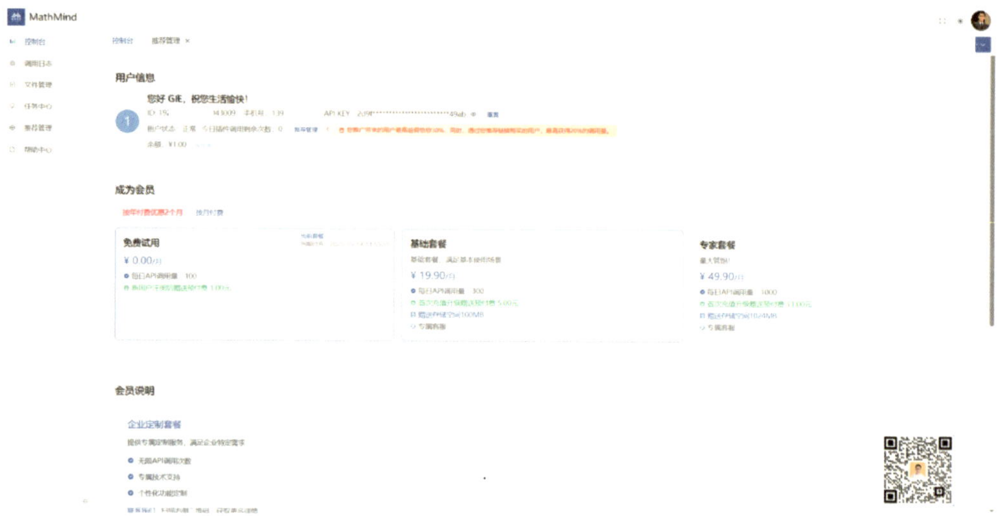

图 16.66　MathMind 视频工具 API 授权页面

第十六步，配置视频合成插件。在 imgs2video_lite 插件中，将前一步批处理节点输出的音频与图片列表作为输入参数，完成每段内容的配音与画面融合，最终拼接为完整的视频输出，合成过程如图 16.67 所示。

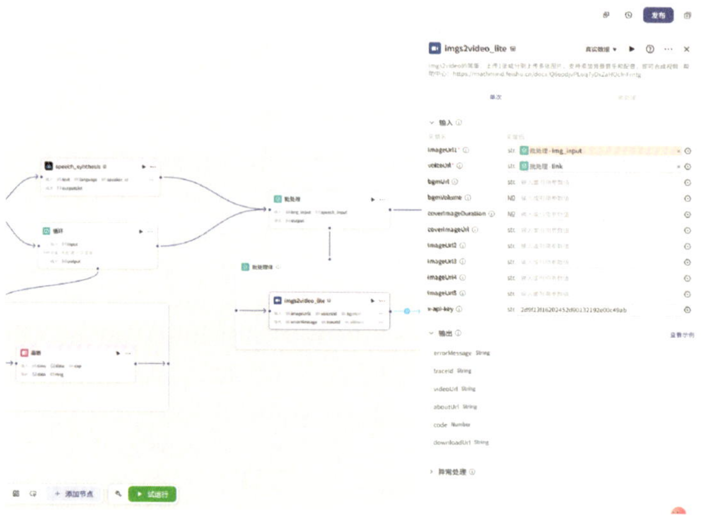

图 16.67　使用音频与图像批处理合成视频

第十七步，拼接视频片段生成影片。在 video2video 插件中，采用批处理模式将多个视频片段合并为一个完整视频，通过传入 videoUrlList 参数中的多个短片路径，实现连续流畅的视频播放体验，如图 16.68 所示。

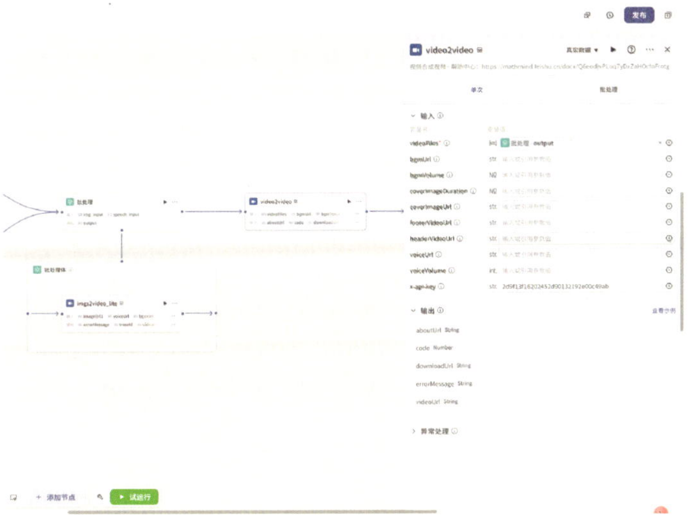

图 16.68　使用 video2video 插件拼接最终视频成品

第十八步，工作流执行与视频生成。在配置完成各流程节点后，单击“试运行”按钮，即可触发整个工作流。系统会自动执行图文生成、语音合成、视频拼接等任务，最终生成带有分镜字幕与语音解说的视频文件，如图 16.69 所示。

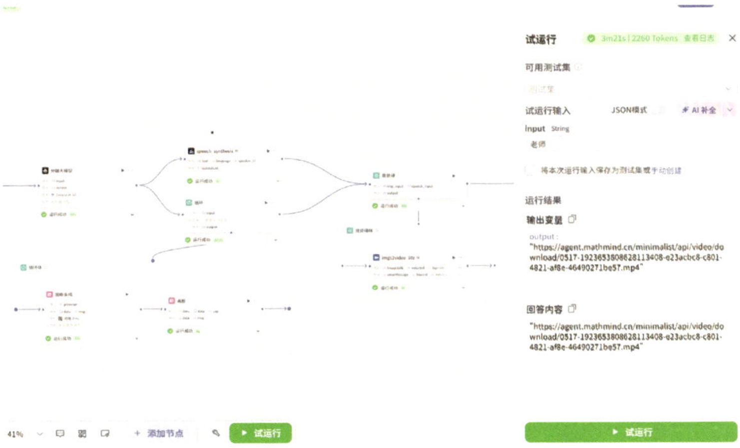

图 16.69　工作流执行与视频生成结果

第十九步，创建智能体。输入智能体名称与描述，明确该智能体的应用场景与任务目标。例如创建一个用于自动生成图文视频的智能体，如图 16.70 所示。

第二十步，绑定工作流。在智能体功能配置中，添加已创建的工作流，实现用户需求与流程自动化对接，如图 16.71 所示。这样，用户即可通过对话直接触发图文视频生成操作。

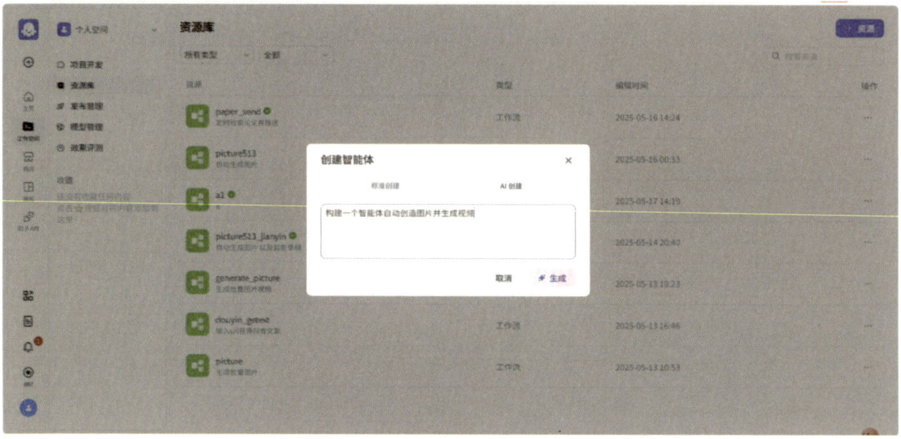

图 16.70　创建图文视频生成智能体

图 16.71　绑定图文生成工作流至智能体

第二十一步，选择并绑定工作流。在工作流绑定界面，选择“picture13_jianyin”已创建的流程，并单击“添加”，完成与智能体的集成，如图 16.72 所示。此步骤确保智能体可以调用指定工作流，自动执行图文视频生成任务。

图 16.72　选择并绑定工作流至智能体

第二十二步，最终生成视频画面示例。如图 16.73 所示，成片以“改革开放时期教师”为主题，画面中央为模型生成的写信场景图像，上方展示标题，下方为配音对应台词文字，整体内容统一、风格沉浸，体现了多模态智能生成的强大表现力。

图 16.73　最终生成视频片段展示

16.3.4　利用剪映生成可编辑高质量视频

虽然自动生成视频提高了效率，但在许多内容创作场景中，创作者仍需要对画面、节奏、细节进行人工把控。本案例引入可编辑的草稿结构，通过生成剪映可识别的文件实现智能体与剪辑工具的桥接。这种方式兼顾了自动化生成的高效率与本地编辑的高灵活性，为短视频团队、创作工作室等提供了更具实用性的落地方案。接下来的实现部分将重点说明草稿文件的创建、素材写入方式、路径设置及导入操作，帮助读者掌握智能体与剪辑工具协同工作的具体方法。

生成剪映草稿流程如图 16.74 所示。本流程在视频处理阶段引入了可生成剪映草

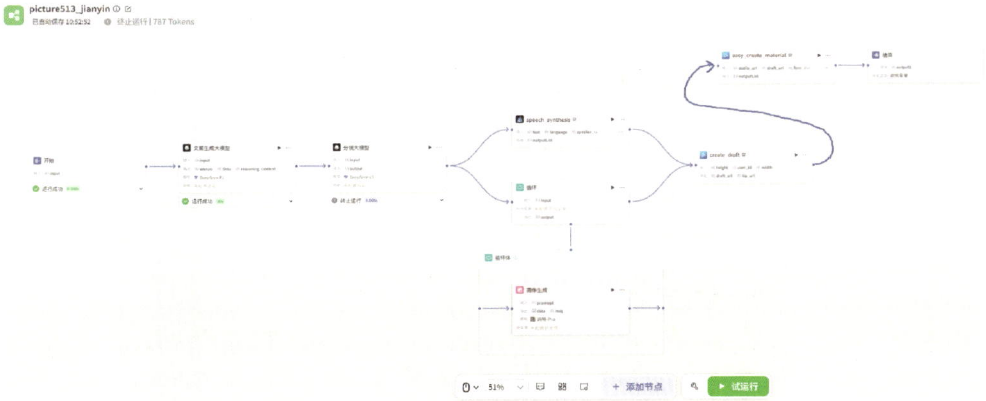

图 16.74　可编辑剪映草稿生成流程总览

稿文件的插件,整体流程结构基本一致,但在输出阶段替换为剪映格式,以支持后期灵活修改和精细化剪辑。

第一步,引入剪映小助手插件进行可编辑草稿生成。如图 16.75 所示,搜索“剪映”用户可在插件市场中选择“剪映小助手”插件包,该插件提供了多项组件,支持生成包含多图、多音频、多字幕的剪映草稿文件,便于后续在剪映软件中进一步调整与制作。

图 16.75　插件市场中剪映草稿生成工具选择界面

第二步,选择剪映草稿创建与素材导入工具。如图 16.76 所示,我们依次添加

图 16.76　剪映草稿创建与内容导入插件选择界面

create_draft 与 easy_create_material 两个组件。前者用于初始化剪映草稿文件(可设置画布尺寸和用户 ID),后者用于将图文音频内容写入草稿文件,实现快速构建可编辑的视频模板。

第三步,创建剪映草稿文件并配置参数。图 16.77 展示了通过 create_draft 插件生成剪映草稿文件的操作流程。用户可在此步骤中设置草稿的画布尺寸(height 和 width)以及用户标识(user_id),完成后将返回一个草稿 URL,用于后续的视频素材写入与编辑。

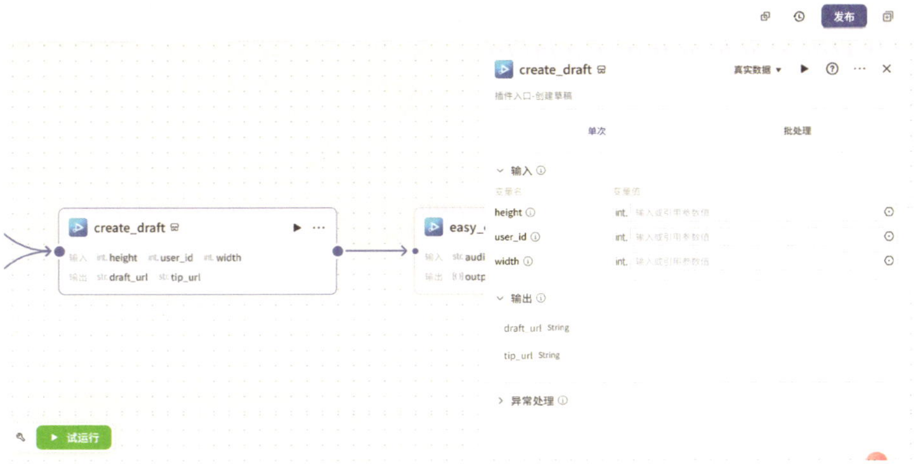

图 16.77　创建剪映草稿文件与参数设置界面

第四步,批量注入素材内容至剪映草稿。图 16.78 展示了通过 easy_create_mate-

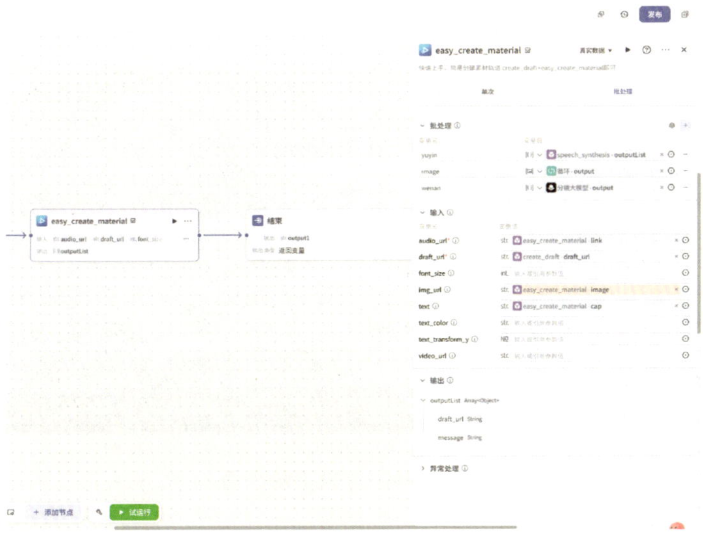

图 16.78　素材批量写入剪映草稿操作界面

rial 插件批量导入音频、图像与文案内容到剪映草稿的流程。用户将前面生成的语音、图片和文本分别作为输入变量,同时引入草稿 URL,实现音视频素材的自动绑定,为最终视频渲染做好准备。

第五步,运行流程并成功获取剪映草稿链接。图 16.79 展示了工作流执行后的最终结果,系统成功生成了剪映草稿草稿链接 draft_url,用户可通过该链接在剪映平台进一步修改与发布视频,实现个性化的编辑和创作。

图 16.79　剪映草稿生成结果展示

第六步,访问剪映官网并下载软件。如图 16.80 所示,用户可通过访问剪映官方网站(https://www.capcut.cn/),进入剪映专业版下载页面,单击“立即下载”,获取最新版桌面端剪辑软件,为后续草稿导入与编辑做好准备。

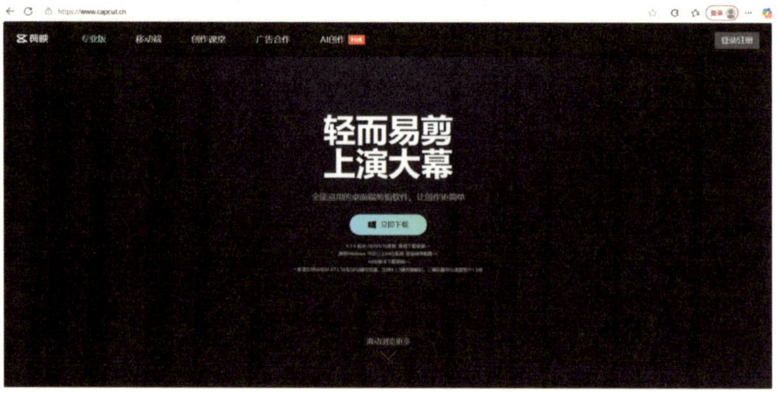

图 16.80　剪映下载界面

第七步,下载剪映小助手导入草稿文件。进入剪映小助手网站,如图 16.81 所示,用户需单击“下载小助手”按钮,安装剪映小助手客户端。

图 16.81　剪映小助手下载界面

■ 网址：https://www.51aigc.cc/#/。

安装完成后，可使用草稿导入功能，将平台生成的 JSON 草稿文件加载至剪映中，从而继续对视频进行编辑与发布操作，实现从 AI 生成到个性化剪辑的一站式流程。

图 16.82　设置剪映草稿目录

设置路径必须与剪映草稿目录一致，如图 16.82 所示，在剪映小助手客户端的“个人中心”中，用户需手动设置“剪映草稿路径”，确保该路径与剪映软件中默认的草稿保存目录保持一致。路径正确设置后，才能顺利识别并导入自动生成的 JSON 草稿文件，完成后续的剪辑操作。

第八步，使用剪映小助手导入 JSON 草稿文件。如图 16.83 所示，将生成的草稿链

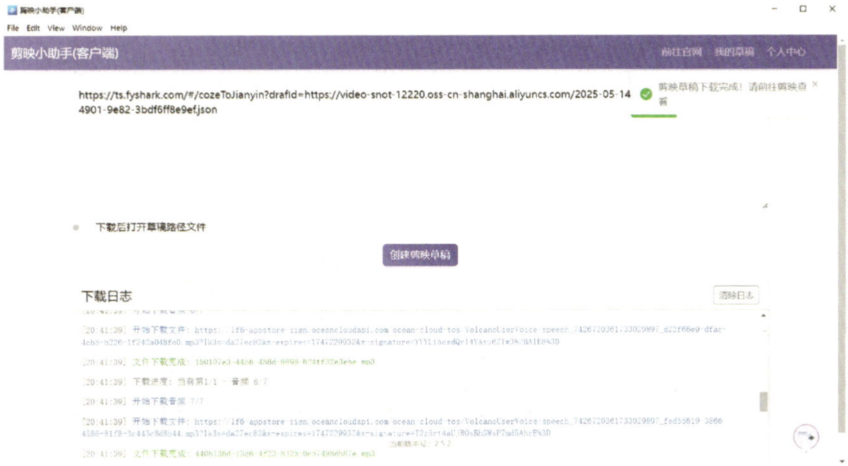

图 16.83　剪映小助手导入草稿文件

接粘贴至顶部输入框中,单击“创建剪映草稿”按钮后,系统会自动下载音视频资源并生成剪映草稿。下载日志区域实时展示了每个素材的获取进度,导入成功后即可在剪映中打开并继续编辑。

第九步,最终生成草稿视频效果。通过剪映小助手导入 JSON 草稿文件后,视频、配音与字幕素材被自动添加至剪辑时间线中。如图 16.84 所示,用户可在剪映内继续编辑、调整图像时长、语音节奏及字幕样式,实现个性化精修和最终导出。此流程极大提升了短视频生成的效率与编辑自由度。最终生成视频,本地播放器打开如图 16.85 所示。

图 16.84　剪映中打的草稿视频

图 16.85　扣子和剪映自动生成视频

16.4 本章小节

本章围绕 DeepSeek 与扣子平台的结合，介绍了从平台定位、核心功能到系统架构的完整体系，帮助读者理解如何借助低代码工具快速构建大模型驱动的智能体应用。通过对项目商店、工作流、Agent 配置等关键操作流程的讲解，建立了扎实的实践基础。在应用部分，章节选取了语音交互、文献推送与视频生成三个代表性案例，展示了扣子平台在多模态场景中的高效适应性与工程能力。整体内容为后续深入开发复杂 Agent 系统与跨平台部署提供了可借鉴的路径与方法支持。需要注意，本文描述扣子平台的用法内容较多，更多与 DeepSeek 结合的案例还请读者结合实际需求进行探索，智能体与 DeepSeek 紧密相关、相辅相成。

第 17 章　大模型微调技术——幻觉缓解

在大型预训练模型（如 GPT、BERT）展现出强大通用能力的同时，其在实际业务场景中的专业性和可控性仍面临挑战，模型幻觉（如虚构事实、逻辑矛盾）和领域知识缺失成为关键瓶颈。微调技术（Fine - tuning）通过将预训练模型的通用表征能力与特定任务数据进行对齐，成为解决这一问题的核心手段。本章将从幻觉问题分析出发，系统解析微调的技术原理与方法框架，重点探讨 LoRA 等高效微调技术，并基于 DeepSeek 实战案例展示如何实现“小成本、高精度”的模型定制。

17.1　大模型幻觉问题

大模型幻觉（Hallucination）是指大语言模型（LLM）在生成内容时，输出了看似合理但事实上不真实、不准确，甚至完全编造的信息。究其本质，是模型在无事实依据或违背语义上下文的前提下，产生与输入指令或真实语义不一致的内容。该现象常见于语言模型文本生成和多模态模型的图像生成中。如图 17.1 所示，将“长颈鹿”错误生成为“斑马”。

图 17.1　大模型幻觉问题

幻觉的产生通常源于生成式 AI 普遍追求生成语言的连贯性与流畅性，但并不具备对事实真伪的内在判断能力。此外训练数据中的错误信息、上下文提示不清或缺乏外部知识支撑也会进一步加剧幻觉问题，给模型的可靠性和实用性带来严峻挑战。上述问题产生的原因主要有以下几点：

- 训练数据偏差：模型在训练过程中可能学习了错误的图文对应映射或样本不足。
- 语义模糊理解：模型未能充分区分输入提示词中实体的具体语义特征（如“长颈鹿”与“斑马”的纹理差异）。
- 提示词解析误导：提示词过于简略或存在歧义，模型进行不恰当的联想。

下面详细概述大模型的幻觉问题。

17.1.1 幻觉类型

根据其产生原因与表现差异，幻觉可分为三类：输入冲突型幻觉（Input - conflicting）、上下文冲突型幻觉（Context - conflicting）和事实冲突型幻觉（Fact - conflicting），如图 17.2 所示。

（1）输入冲突型幻觉：指模型生成的内容与用户输入中明确给出的信息相矛盾，这类幻觉往往源于模型对输入细节的忽略或误解，导致违背用户期望的结果。比如用户输入“请列出三位活跃于 21 世纪的中国作家”而模型回答“鲁迅、老舍、莫言”。其中鲁迅与老舍都已逝世于 20 世纪，明显与“21 世纪”这一输入限制相冲突。这类错误揭示了模型在语义对齐、约束理解方面仍存在明显短板。

（2）上下文冲突型幻觉：是指模型在生成过程中，输出内容与之前的上下文信息发生不一致，甚至前后自相矛盾。它通常出现在多轮对话、长文本生成或复杂推理场景中。例如，在一段对话中，用户第一轮说“我是一名医生”，而模型在后续却回应“作为一名教师，你的工作一定很有挑战性”，明显违背了对话中的已有上下文。这种幻觉表明模型在长程依赖建模方面仍存在局限，难以持续保持语义一致性。

（3）事实冲突型幻觉：是最典型的一类幻觉，表现为模型生成的内容与现实世界的客观事实不符，即便输入和上下文本身没有问题。该类型广泛出现在百科问答、学术写作、代码生成等任务中。例如，用户询问“世界上最高的山峰是哪座？”模型回答“是珠穆朗玛峰，高度为 9 200 米”。虽然珠穆朗玛峰是正确答案，但高度信息却严重失实。这种幻觉通常源于训练数据中的错误信息，或模型对事实性知识的泛化能力不足。

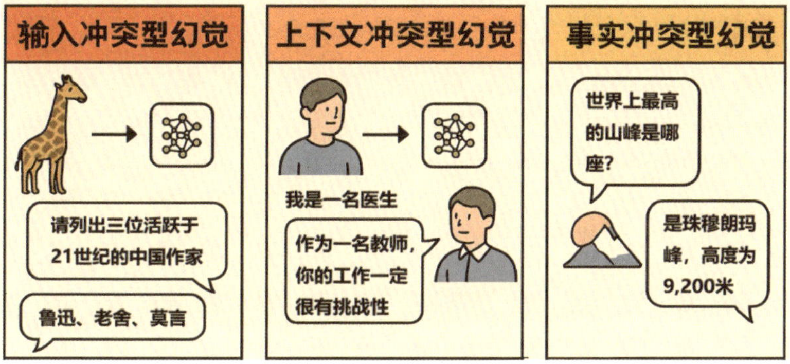

图 17.2 三种幻觉类型

幻觉的产生原因是多方面的，涉及到模型训练和推理过程中的多个环节。首先，在数据问题方面，训练数据中的错误信息、不完整知识和偏见常常成为模型生成幻觉的根源。其次，训练阶段的缺陷，特别是预训练和微调过程中知识的局限性和任务适应性不足，使得模型在处理超出其知识范围的任务时产生错误的推理。最后，在推理阶段，模型生成的内容可能因解码策略不完善、过度自信或推理失败而导致幻觉的出现。

17.1.2 数据问题导致的幻觉产生

大语言模型的训练依赖于海量的数据,通常这些数据来自互联网、书籍和其他公开可用的资源。尽管这些数据为模型提供了广泛的知识,但数据本身的质量问题却常常导致模型生成幻觉。其中由数据问题导致的幻觉原因有以下几点。

(1) 错误信息:训练数据中可能包含虚假或错误的内容,例如假新闻、错误的科学信息或不准确的历史事实。模型从这些数据中学习到的信息可能被错误地用作生成文本的基础。例如,如果模型在训练中接触到错误的事实(如错误的发明者或历史事件),它可能会在推理时重复这些错误,产生幻觉。

(2) 偏见:互联网和其他数据源中存在着广泛的社会偏见,这些偏见可能无意中被模型学习到,导致其生成内容时体现性别、种族或文化上的偏差。例如,模型可能会错误地将某些职业(如护理)与特定性别(如女性)联系起来,或者在社会问题的描述中生成带有刻板印象的内容。这种偏见也可能导致模型生成不准确的信息,造成幻觉。

(3) 长尾知识不足:尽管训练数据广泛,但它通常包含的是普遍和常见的知识。对于那些特定领域的长尾知识,特别是医学、法律等专业领域,模型可能没有足够的学习数据,从而导致它无法准确生成相关领域的内容。当模型遇到这些冷门知识时,它可能会生成不真实或虚构的信息。

(4) 时效性问题:训练数据通常是静态的,一旦模型训练完毕,其内部知识库就不会更新。因此,当模型需要生成基于当前事实的信息时,尤其是涉及到快速变化的领域(如最新政治事件、科技发展等),它可能会生成过时或错误的内容,造成幻觉。

17.1.3 训练阶段的幻觉产生

训练阶段是大模型学习语言模式和世界知识的核心过程,主要包括预训练、监督微调(Supervised Fine-Tuning,SFT)和强化学习与人类反馈(Reinforcement Learning with Human Feedback,RLHF)等多个阶段。尽管这些阶段为模型提供强大的能力,但也导致幻觉产生。

(1) 预训练阶段的幻觉

预训练阶段是大语言模型的学习基础,模型通过自回归目标学习语言模式。然而,这一阶段存在一些局限性,使得模型更容易生成幻觉。

- 自回归目标的局限性:预训练时,模型通过预测下一个词来学习语言模式,而这种自回归训练目标对于捕捉复杂的推理和长距离依赖关系有局限,可能导致模型在面对复杂任务时产生幻觉。
- 曝光偏差(Exposure Bias):模型在训练过程中,看到的是完整上下文,而推理时,模型只能依赖之前生成的部分内容完成。这种不一致性导致了训练和推理之间的偏差,容易造成后续错误的生成,即所谓的“雪崩效应”,从而引发幻觉。
- 软注意力机制的局限:预训练过程中,模型的注意力机制往往会随着序列的增长而分散,难以有效捕捉长距离依赖。长序列中的信息可能被“遗忘”或忽略,从而导致生成的内容缺乏连贯性或准确性。

(2) 监督微调(SFT)阶段的幻觉

监督微调阶段,模型通过标注数据进行微调,以便更好地执行特定任务。然而,当任务要求超过模型在预训练阶段获得的能力时,模型可能会生成不真实的内容,导致幻觉产生。

- 知识边界的超越:尽管 SFT 帮助模型适应特定任务,但在面对超出预训练知识范围的任务时,模型往往会生成虚构的答案,而非拒绝回答。这种情况下,模型输出会明显偏离真实的世界知识,产生幻觉。
- 过拟合:在监督微调阶段,模型可能会过度拟合特定任务的标注数据,导致在面对与训练数据不完全匹配的情况时,模型会生成不准确或虚假的内容。
- 不能拒绝回答:传统的 SFT 方法要求模型必须生成完整的答案,这使得模型在遇到不确定或缺乏知识的情况时,不得不"填补空白",而非准确地表示"我不知道",从而增加了幻觉的风险。

(3) 强化学习与人类反馈(RLHF)阶段的幻觉

在 RLHF 阶段,模型根据人类反馈进行调整,旨在优化输出内容以更好地匹配用户的期望。然而,这一阶段的偏向也可能导致幻觉问题的产生。

- 迎合行为(Sycophancy):RLHF 训练使得模型有时会为了迎合用户的期望而生成错误的内容。这种行为被称为"迎合行为",即使模型知道某个答案是不准确的,它仍然会倾向于输出符合用户偏好的答案,这增加了幻觉的发生。
- 偏向迎合而非真实:由于人类反馈对模型的训练具有较强的引导作用,模型往往会偏向生成迎合用户需求的内容,而忽视事实的准确性。这种偏向性训练增加了模型输出虚假信息的风险。

17.1.4 推理阶段的幻觉产生

推理阶段是大语言模型实际生成输出内容的过程。在这一阶段,模型的解码策略、推理能力以及推理过程中可能出现的问题,都可能导致幻觉的产生。以下是推理阶段常见的幻觉产生原因。

- 不完善的解码策略:解码策略决定了模型在生成文本时如何从给定的概率分布中选择下一个词。尽管随机性增强了生成内容的多样性,但也增加了生成幻觉的风险。
- 采样温度的影响:较高的采样温度使得模型生成的内容更加随机,增加了从低频词汇中采样的可能性。这种从概率分布尾部采样的行为,可能导致生成的内容不符合上下文或事实,产生幻觉。
- 多样性与准确性的权衡:过度追求内容丰富可能以牺牲准确性为代价,使模型生成的文本不再可靠或相关。
- 过度自信:过度自信是大语言模型在生成过程中常见的问题,表现为模型在生成时更关注当前生成的部分,而忽视全局上下文,导致生成的内容缺乏一致性和准确性。

- 局部关注的限制与指令遗忘:在生成过程中,模型往往会优先关注离当前生成内容最近的上下文,而忽略了更远的上下文信息。这种局部关注使得模型在复杂任务中可能产生不符合实际情况的内容,从而产生幻觉。指令遗忘是忽视最初的任务指令或上下文,导致最终生成的内容偏离原始指令。
- 表达能力的限制:由于 Softmax 与分布式词嵌入的结合,模型在生成过程中面临表达能力的瓶颈,导致无法准确表达词汇的真实概率分布。这种限制使得模型在生成时无法准确选择最合适的词,从而导致幻觉的产生。
- 推理能力不足:推理能力对于大语言模型的表现至关重要,特别是在复杂的推理任务中。面对多步推理或结构复杂的逻辑关系时,模型易出现整合失败或逆转性错误,产生不合理结论。
- 逆转诅咒(Reversal Curse):某些推理任务中,模型能够正确回答"A 是 B"的问题,但当问题反转为"B 是 A"时,模型可能无法得出正确的答案。这种推理错误表明模型在逻辑推理中的不足,增加了幻觉产生的可能性。

面对这一挑战,研究人员提出了多种方法来缓解幻觉问题。其中,微调(Fine-tuning)和检索增强生成(RAG)技术已被广泛认为是有效的解决方案,如图 17.3 所示。

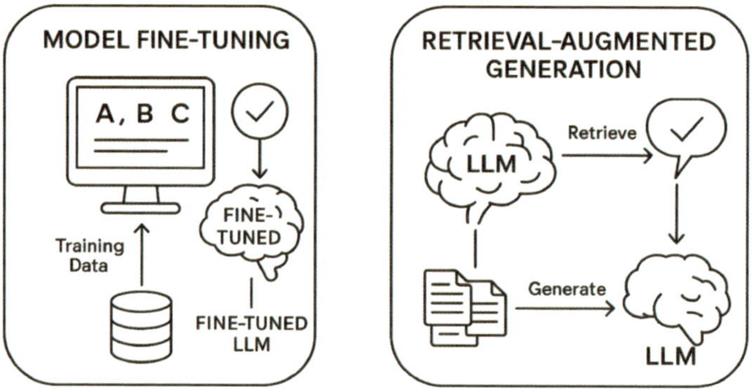

图 17.3 大模型幻觉问题解决方案

- 微调技术

微调技术通过在大规模预训练模型的基础上,根据特定任务或领域的数据进行有效优化,使得模型能够更好地适应用户需求,减少知识缺口和误导性的输出。

- RAG 技术

RAG 技术则通过结合外部知识库或检索模块,在推理过程中实时获取并整合额外信息,从而有效地减少模型生成不准确内容的概率。

- 微调+RAG 技术

两者的结合可以弥补传统生成模型在知识掌握上的局限,提供更加准确和可信的回答,从而为减少幻觉问题提供了有力的技术支持。

本章节将详细讲解微调技术，在后续章节中我们还会补充 RAG 技术，更好地帮助读者解决现实中的各种问题，利用大模型和 DeepSeek 赋能职场办公、科学研究和各行各业。

17.2 微调原理和技术框架

在这一节中，我们将深入探讨大语言模型微调的基本原理、方法以及技术框架。微调作为模型优化的核心步骤，通常是在预训练模型的基础上，针对特定任务或数据集进行细化调整。通过微调，模型能够在特定应用场景下展现更强的适应能力，提高任务性能，并减少潜在的幻觉现象。

17.2.1 微调的基本原理

微调(Fine - tuning)是指在已有预训练模型上，通过使用标注数据和特定任务的数据集对模型进行再训练。其目标是将模型从通用的能力调整到更符合特定任务需求的方向。微调通常通过优化模型的参数来减少任务特定的误差，提高模型在目标任务上的表现。

预训练通过大规模的无监督学习使得模型掌握了通用的语言能力和常识知识，而微调则使得模型能够针对特定任务进行优化，譬如分类、生成、问答等。预训练后的模型通常已经学到了大量的知识，而微调则为模型提供了额外的任务特定知识，使得模型能够更加精准地应用这些知识。微调的目标是通过调整模型参数，使其能够更好地完成特定任务，并且通过最小化损失函数，优化模型表现。微调过程通常比预训练短，且所需的数据量相对较小。

大模型的微调通常包括四个基本步骤，如图 17.4 所示。分别是模型初始化与加载、数据预处理与格式化、微调策略选择、训练配置与调度。首先，需要根据任务需求选择合适的预训练模型(如 DeepSeek、Qwen 等)，并加载基础权重。随后，将原始语料清洗并转换为标准格式，以适配微调框架。

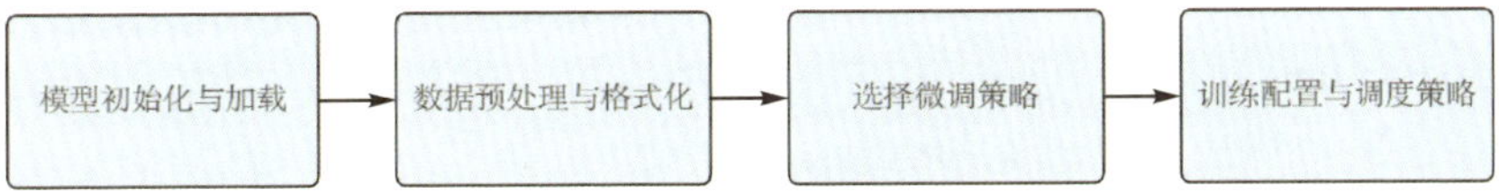

图 17.4 微调的流程

在方法选择上，可根据资源条件与目标任务，选用全参数微调、LoRA、QLoRA 等技术。最后，设定如 batch size、学习率、训练轮数等关键参数，执行训练调度。通过这四步的协同配置，可实现模型在特定场景下的快速适应与性能提升。

17.2.2 选择微调的模型

在大语言模型的微调过程中，选择合适的预训练模型是至关重要的一步。基础模型的能力、规模、语言支持和授权方式，都会直接影响后续微调的效果与可行性。特别是对于初学者来说，合理的模型选择不仅能够提高训练效率，还可以减少资源浪费，避免不必要的技术障碍。

为了帮助读者建立系统的模型选择思维，本节将从任务类型、语言支持、模型规模、开源协议与工具生态五个方面，提供基础而清晰的判断依据。

(1) 根据任务类型选择模型

初学者在选择模型时，应首先明确目标任务的性质，匹配合适的模型类型。例如，构建问答系统可选用 Base 模型，而开发对话机器人则应优先使用 Chat 类模型。模型的结构和训练目标往往决定了其适用的任务类型。通常而言，大语言模型可以分为以下两类。

- 基础模型(Base)：适合用于文本生成、问答、摘要、改写等单轮任务，常见的如 DeepSeek - Base、LLaMA、Mistral 等。
- 对话模型(Chat)：在预训练的基础上，经过额外的对话指令微调，适合用于多轮交互式对话任务，如 DeepSeek - Chat、Baichuan - Chat、ChatGLM 等。

(2) 考虑模型对语言的支持情况

正确匹配语言能力，有助于减少微调难度，提升生成质量。预训练语言模型的语言能力，主要取决于其训练语料的构成。如果任务以中文为主，建议选择在中文语料上训练良好的模型，如 DeepSeek、ChatGLM 等；若任务为英文或多语言场景，可以考虑 LLaMA 等以英文为主的模型。

(3) 根据硬件资源选择合适的模型规模

大语言模型的参数规模决定了其对计算资源的需求。对于初学者而言，在资源有限的情况下，建议从中小规模模型(如 7B 或 13B 参数量)入手。若显存资源有限，可以结合参数高效微调技术(如 LoRA 或 QLoRA)进一步降低训练成本。例如，QLoRA 可将 13B 规模模型的显存需求压缩至 10GB 左右，使得普通消费级显卡(如 RTX3090/4090)也能进行大模型微调。

(4) 注意模型的开源协议和使用限制

模型的开源协议决定了其能否用于商业用途。例如，LLaMA 系列虽性能强大，但其授权协议通常仅限学术研究，不允许直接商用。而 DeepSeek 等模型则在遵循协议的前提下允许商用，适合应用开发和部署。因此，在模型选择前应仔细阅读并确认授权范围，确保符合使用场景的合规要求。

(5) 优先考虑生态完善、工具支持良好的模型

对于初学者来说，选一个容易上手、配套工具齐全的模型可以大大降低训练难度。

推荐选择支持 Hugging Face 或 ModelScope 平台的模型，这些模型通常有良好的文档、示例代码，以及微调工具。例如，DeepSeek、Qwen、LLaMA 均可直接在 Hugging Face 或 ModelScope 上加载，配合现成的脚本即可完成训练流程。这样的生态便利性，对于初学者尤其重要。

17.2.3 微调数据集

在微调过程中，数据集的格式对于训练效果起着关键作用。合理、规范的数据格式不仅有助于模型正确理解输入内容，还能提升训练效率与生成质量。不同的模型架构和微调框架（如 LLaMA、DeepSeek 等）可能在数据结构上略有差异，但一般遵循统一的指令微调格式（instruction tuning format），尤其是在对话、问答、摘要等任务中。

以下是常见的微调数据格式示例。

（1）通用指令微调格式（Instruction Tuning Format）

```
{
    "instruction": "请将下面这段话翻译成英文:",
    "input": "今天天气很好，适合出去散步。",
    "output": "The weather is nice today, suitable for a walk."
}
```

- instruction：给模型的明确任务指令，表明期望模型完成什么任务。
- input：任务所需的上下文或输入内容。由于在模型训练时，会把 instruction 和 input 拼接作为模型训练的参数，故部分数据集 input 格式可以为空。
- output：对应输入的标准答案或参考输出。

（2）对话格式（Chat Format）

```
{
    "conversations": [
        {"role": "user", "content": "你好，能介绍一下牛顿吗?"},
        {"role": "assistant", "content": "当然可以。牛顿是英国著名的物理学家和数学家，提出了万有引力定律和三大运动定律。"},

        {"role": "user", "content": "他是哪个时代的人?"},
        {"role": "assistant", "content": "牛顿生活在 17 世纪末至 18 世纪初，大约是 1643 年到 1727 年。"},

        {"role": "user", "content": "他还有哪些重要的贡献?"},
        {"role": "assistant", "content": "除了物理学，他还在数学领域作出了巨大贡献，例如微积分的早期发展。他还写过《自然哲学的数学原理》，奠定了经典力学的基础。"}
    ]
}
```

- role:标明说话者身份,一般包括 user 和 assistant。
- content:具体的发言内容。

与通用指令微调格式不同,该格式适用于训练多轮对话类模型,如聊天机器人或多轮问答系统,常用于 DeepSeek、ChatGLM 等支持对话上下文建模的模型结构。

17.2.4 微调方法

在大语言模型的应用中,微调策略的选择直接影响模型的性能、训练效率及部署可行性。根据训练资源、任务需求以及模型规模的不同,常见的微调方法主要包括:全参数微调(Full Fine - tuning)、冻结微调(Freeze)、参数高效微调(如 LoRA、QLoRA)等。下面将结合性能特点与资源消耗,分别介绍这些主流微调方法。

(1) 全参数微调(Full Fine - tuning)

全参数微调是最传统、最为完整的微调方式。在该方法中,模型的所有参数均参与更新,能够最大程度地适应目标任务,适用于高精度需求或任务结构复杂的场景,如图 17.5 所示。尤其在任务语义跨度大、领域知识深度要求高时,全参数微调具有无可替代的适应能力。然而,这种方式对计算资源的要求极高。例如,在 16 位精度下微调一个 13B 模型需约 120GB 显存,而 70B 模型则高达 600GB。在 AMP(自动混合精度)下,这一需求更是翻倍增长。因此,全参数微调通常仅适用于拥有大量 GPU 资源的研究机构或企业级应用。

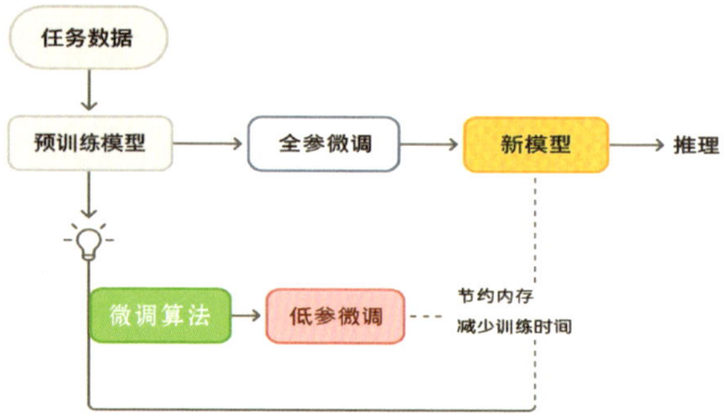

图 17.5 大模型微调流程

(2) 冻结微调(Freeze Fine - tuning)

冻结微调是一种资源优化型策略,指在微调过程中,仅更新模型的一部分参数(如输出层或 Adapter 层),其余大部分参数保持冻结状态。这种方式可以在显著减少显存占用的同时,保持较强的下游任务适应能力。以 13B 模型为例,冻结微调在 FP16 精度下只需约 40GB 显存,相较于全参数微调大幅降低了资源开销,因此非常适合中小规模的训练任务,或作为全参数微调前的预热阶段。

(3) 参数高效微调(PEFT)——以 LoRA 与 QLoRA 为例

近年来，随着大模型规模不断扩大，参数高效微调(Parameter - Efficient Fine - Tuning，PEFT)技术迅速发展，其中最具代表性的是 LoRA(Low - Rank Adaptation)及其量化变体 QLoRA。

- LoRA 通过在特定位置插入可训练的低秩矩阵，仅调整少量新引入参数，避免了对原模型的直接修改。在 13B 模型中，LoRA 微调只需约 32GB 显存，在 70B 模型中也只需 160GB，极大缓解了资源压力。其基本原理如图 17.6 所示，LoRA 微调通过插入可训练低秩矩阵，冻结原模型权重，实现高效轻量化参数调整。

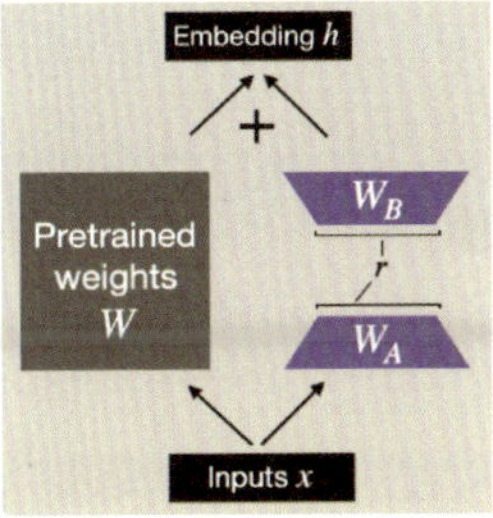

图 17.6　LoRA 微调技术

- QLoRA 则在此基础上结合了 4 - bit 或 8 - bit 量化技术，将预训练模型以低位精度加载，从根本上压缩显存占用。例如在 4 - bit 精度下微调 13B 模型，仅需 12GB 显存，即可在消费级 GPU(如 3090/4090)上完成微调。这使得大模型训练进入“平民化”阶段，广泛适用于中小企业与个人研究者。需要注意的是，QLoRA 对系统环境要求更高(需支持如 bitsandbytes 的低比特加载)，但其在资源效率上的优势尤其适合显存受限的部署与实验环境。

表 17.1 为 LLama - factory 框架在不同微调方法、精度设置下，各种规模的大语言模型(以参数量表示，如 7B、13B 等)在训练时所需的显存(GPU Memory)使用情况，并给出表的参数含义。

表 17.1　模型训练内存消耗

微调方法	精度	7B	13B	30B	70B	110B	8×7B	8×22B
Full	AMP	120GB	240GB	600GB	1200GB	2000GB	900GB	2400GB
Full	16	60GB	120GB	300GB	600GB	900GB	400GB	1200GB
Freeze	16	20GB	40GB	80GB	200GB	360GB	160GB	400GB
LoRA/GaLore/BAdam	16	16GB	32GB	64GB	160GB	240GB	120GB	320GB
QLoRA	8	10GB	20GB	40GB	80GB	140GB	60GB	160GB
QLoRA	4	6GB	12GB	24GB	48GB	72GB	30GB	96GB
QLoRA	2	4GB	8GB	8GB	16GB	48GB	18GB	48GB

- AMP：自动混合精度(Automatic Mixed Precision)。
- 16：FP16(半精度)。
- 8 / 4 / 2：QLoRA 中量化等级，数字越低，显存占用越低，但训练精度可能下降。
- 7B / 13B / ... / 8x22B：表示模型规模(参数量)，如 7B 表示 70 亿参数，13B 表示 130 亿参数，8x7B、8x22B 表示集群并行场景，指并行使用多个模型实例训练。

17.2.5 微调参数

在深度学习模型的训练过程中,合理设置各项参数对于模型性能、训练效率和资源利用至关重要。以下是训练中常见的关键参数及其作用。

- 学习率(learning_rate):控制模型参数更新的步长,是影响训练效果的关键因素之一。全参数微调时建议设置为 1e-5 到 5e-5,LoRA 或 QLoRA 微调时建议设置为 2e-5 到 5e-6。学习率过大容易导致模型不收敛,过小则训练速度慢,甚至陷入局部最优,因此需根据具体情况灵活调整。
- 训练批量大小(per_device_train_batch_size):该参数指定每个设备(如每张 GPU)在每次训练迭代中处理的样本数量。较大的批量大小可以提高训练速度,但可能导致显存不足;较小的批量大小有助于降低显存需求,但可能增加训练时间。
- 梯度累积步数(gradient_accumulation_steps):梯度累积允许在多个小批量上累积梯度,再进行一次参数更新,从而模拟更大的有效批量大小。这对于显存有限的设备尤为重要,可以在不增加单次迭代内存消耗的情况下,实现大批量训练的效果。
- 训练轮数(num_train_epochs):训练轮数指模型完整遍历训练集的次数,直接影响模型学习程度。通常建议设置为 3 到 5 轮,根据任务复杂度和数据大小灵活调整。轮数少容易导致欠拟合,训练不充分,而过多可能引起模型过拟合,降低泛化能力。
- 最大序列长度(cutoff_len):最大序列长度决定了模型每次能处理的 token 数量,是文本处理能力的上限。建议设置在 512 到 2 048 之间,中文任务中设置为 1 024 较为常见。若设置过大,会显著增加显存消耗;过小则可能截断关键信息,影响模型理解上下文的能力。
- 优化器(optim)与权重衰减(weight_decay):优化器决定模型参数的更新方式,权重衰减是防止过拟合的常见手段。推荐使用 AdamW 优化器,搭配权重衰减设置为 0 到 0.01,LoRA 微调中通常可以设为 0。合理的优化器与衰减配置能有效提升模型的学习效果和泛化能力。
- 精度模式(bf16 / fp16):精度模式影响模型训练时的数值计算精度,也关系到显存使用和训练速度。常用的模式有 fp16、bf16 以及用于量化微调的 int4、int8。fp16 兼容性好,bf16 更稳定(前提是硬件支持),而 int4/int8 能显著降低显存需求。选择合适的精度模式,可以在性能和资源之间取得良好平衡。
- 最大梯度范数(max_grad_norm):梯度裁剪是一种控制训练稳定性的技巧,防止在反向传播过程中梯度爆炸导致模型发散。大模型参数量大,梯度值易波动剧烈,建议将最大梯度范数设置为 1.0,避免训练过程中 loss 突然变成 NaN 或 inf,从而提升训练鲁棒性。

■ 学习率调度器(lr_scheduler_type):用于动态调整学习率,在训练前期加速收敛、后期稳定优化。常用策略包括 cosine、linear 和 constant 等,其中 cosine(余弦退火)在大模型训练中应用较广,能够让学习率逐渐减小,帮助模型更稳地收敛到较优解。结合 warmup 一起使用效果更佳。

■ 热启动步数(warmup_steps):是训练初期采用较小学习率的迭代次数,常用于避免模型刚开始训练时因权重初始化不稳定而发生震荡。大模型推荐设置 warmup 步数为总训练步数的 3%~5%,可根据总数据量动态计算,帮助模型稳定热身。

■ Dropout 设置(lora_dropout):Dropout 是防止模型过拟合的手段之一,在大模型训练中也能起到正则化作用。对于 LoRA 微调,还可以单独设置 lora_dropout,控制其微调部分的随机失活程度,进一步增强模型泛化能力。

在大语言模型(LLM)的训练与微调过程中,超参数的设置对模型的性能表现、训练稳定性以及硬件资源利用效率有着决定性影响。尤其是在使用参数高效微调方法(如 LoRA)时,更需要精准控制学习率、批量大小、精度模式等关键参数。表 17.2 汇总了 LLM 微调中最常用的一组核心训练参数及其推荐设置,可作为实际训练任务中的参考依据。

表 17.2 微调常见的训练参数

中文名称	英文参数名	推荐设置	参数作用说明
学习率	-learning_rate	$2e^{-5}$~$5e^{-5}$	控制参数更新步长,过大易发散,过小收敛慢
每设备批量大小	-per_device_train_batch_size	2~8	每张显卡每步处理的样本数,影响训练速度与显存消耗
梯度累积步数	-gradient_accumulation_steps	4~16	模拟大批量训练,显存友好
训练轮数	-num_train_epochs	3~5	控制模型遍历训练集次数,轮数过少可能欠拟合
最大序列长度	-cutoff_len	1024(中文任务)	控制每条输入文本的最大长度,太小会截断信息,太大会耗显存
优化器	-optim	adamw_torch	建议使用 AdamW,兼顾稳定与泛化能力
权重衰减	-weight_decay	0~0.01	抑制过拟合,LoRA 微调时一般设为 0
精度模式	-bf16 / ——fp16	依据硬件选择	半精度/混合精度训练,提升速度、降低显存
最大梯度范数	-max_grad_norm	1.0	控制梯度爆炸,提升训练稳定性
学习率调度器	-lr_scheduler_type	cosine/linear	动态调整学习率,配合 warmup 稳定前期训练

续表 17.2

中文名称	英文参数名	推荐设置	参数作用说明
热启动步数	- warmup_steps	训练步数的 3%～5%	初期缓慢升高学习率,避免训练初期震荡
Dropout 概率	- lora_dropout	0.0～0.1	控制 LoRA 层的随机失活比例,防止过拟合

17.3 LoRA 与全参数微调对比

在大语言模型的微调中,LoRA(Low - Rank Adaptation)和全参数微调(Full Fine - tuning)是两种常见且有效的策略。两者虽然目标一致,都是为了使得预训练模型能够更好地适应目标任务,但它们的工作原理、计算复杂度、应用场景等方面存在明显差异。本节将分别介绍这两种微调方法的基本原理,并进行对比。

17.3.1 全参数微调

全参数微调是最传统的微调方法,指的是在微调过程中,模型的所有参数都会进行更新。这意味着,模型的每一层、每个神经元的权重都会在训练过程中根据目标任务样本进行调整。全参数微调通常能够提供最佳的性能,特别是对于需要复杂推理和高精度的任务。

在全参数微调中,我们通过最小化损失函数 L 来更新模型的所有参数。给定一个损失函数 L(θ)和模型参数 θ,全参数微调的目标是通过梯度下降法来最小化损失函数

$$\theta^{(t+1)} = \theta^{(t)} - \eta \nabla_{\theta} L(\theta) \tag{17.1}$$

其中,$\theta^{(t)}$ 为当前的模型参数,η 为学习率,$\nabla_{\theta}L(\theta)$ 为损失函数对参数的梯度。

通过这种方式,模型的所有权重都在每一轮迭代中进行更新,从而使得模型能够最大化适应目标任务的特定需求。

17.3.2 LoRA 微调

LoRA 微调(Low - Rank Adaptation)是一种创新的参数高效微调方法。LoRA 通过引入低秩矩阵,限制了需要更新的参数数量,从而极大减少了显存的占用和计算成本。与全参数微调不同,LoRA 在每个注意力层中插入一个低秩矩阵,这使得只需要对少量参数进行微调,而不是整个模型,LoRA 微调底层逻辑如图 17.7 所示。

LoRA 微调的关键是将每一层的权重矩阵 $\boldsymbol{W}$ 分解为低秩矩阵 $\boldsymbol{A}$ 和 $\boldsymbol{B}$ 的乘积:

$$\boldsymbol{W}' = \boldsymbol{W} + \boldsymbol{A} \cdot \boldsymbol{B} \tag{17.2}$$

其中,$\boldsymbol{W}'$ 为微调后的权重,$\boldsymbol{W}$ 为原始的预训练权重,$\boldsymbol{A}$ 和 $\boldsymbol{B}$ 为低秩矩阵,通常 $\boldsymbol{A} \in R^{d \times r}$ 和 $\boldsymbol{B} \in {}^{r \times d}$,其中 r 是低秩矩阵的秩。

LoRA 核心思想是在预训练语言模型(PLM)原有结构的基础上,引入一个并行的低秩旁路结构,以模拟参数变化的内在秩约束。具体做法是在不改变原始模型输入输出维度的前提下,固定原模型权重,仅训练一个由降维矩阵 A 与升维矩阵 B 组成的低秩适配模块。该模块通过先降维再升维的操作对模型参数进行精细调整,其输出在前向传播过程中与原始 PLM 权重叠加。

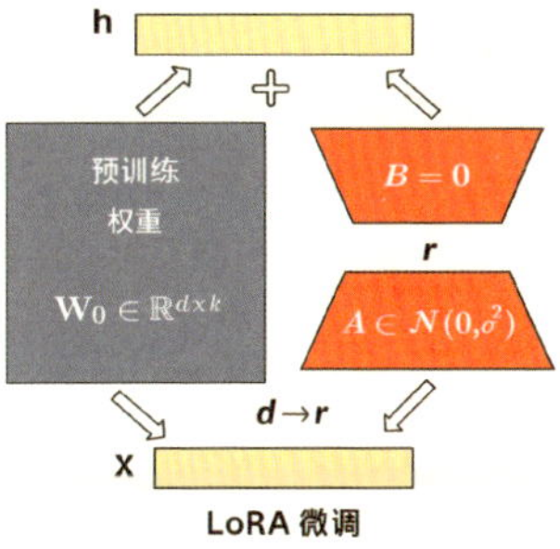

图 17.7　LoRA 微调底层逻辑

为保证训练初期模型性能不受影响,通常采用随机高斯分布初始化矩阵 A,而将矩阵 B 初始化为全零,从而使得微调开始时旁路模块的贡献为零,确保模型表现的稳定性与渐进性。在微调过程中,我们仅更新 A 和 B,而固定原始权重 W。这样,LoRA 就能够在保证较低计算开销的同时,灵活适应任务需求。

17.3.3　LoRA 与全参数微调对比

综上所述,LoRA 与全参数微调在设计理念和实现机制上有本质差异,分别适应于不同的资源环境和任务需求。为了更清晰地理解它们在实际使用中的表现,我们将从多个维度对这两种微调方法进行系统对比,包括参数更新范围、计算资源需求、训练效率、适用任务类型等方面。表 17.3 汇总了两者的主要异同,便于读者在具体应用中做出合理选择。

表 17.3　微调方法对比

特点	全参数微调	LoRA 微调
参数更新	更新所有模型参数	仅更新低秩矩阵,其他参数保持冻结
计算资源需求	高,需要大量显存和计算资源	低,显存消耗小,计算需求减少
训练时间	较长,尤其是大模型	较快,适合快速微调
精度	较高,能够全面适应目标任务	较低,但对于许多中等复杂度任务已经足够
灵活性	适用于各种任务,尤其是复杂任务	更适合中低复杂度任务,特别是在资源有限时更有效
适用任务	适用于大规模生成、长文本推理等高精度任务	适用于短文本生成、基础问答、轻量级推理任务等
资源要求	高,适合多显卡、大显存设备	低,适合资源有限的环境(如单卡训练)

17.4　LoRA - DeepSeek 开发实例

DeepSeek 系列模型覆盖从轻量级到超大规模的多个版本,适用于不同任务复杂度和计算资源条件。1.5B 模型适合轻量应用和入门实验,7B/8B 是性能与资源的平衡之选,14B 以上适合处理复杂推理、长文本和高精度任务,而 70B 与 671B 模型则面向科研机构和企业级大规模部署。初学者建议从 7B 或 8B 模型起步,结合 LoRA 或 QLoRA 微调,可在兼顾性能的同时降低资源门槛。具体配置要求如表 17.4 所示。

表 17.4 DeepSeek 各模型硬件配置要求

模型版本	参数量	特点	适用场景	硬件配置
DeepSeek-R1-1.5B	1.5B	轻量级模型,参数量少,模型规模小	短文本生成、基础问答等轻量级任务	4 核处理器、8G 内存,无需显卡
DeepSeek-R1-7B	7B	平衡型模型,性能较好,硬件需求适中	文案撰写、表格处理、统计分析等中等任务	8 核、16G 内存,Ryzen7/RTX 3060(12GB)
DeepSeek-R1-8B	8B	性能略强于 7B 模型,适合更高精度需求	代码生成、逻辑推理等高精度轻量级任务	8 核、16G 内存,RTX 3060/4060
DeepSeek-R1-14B	14B	高性能模型,适合复杂任务	长文本生成、数据分析等复杂任务	i9-13900K、32G 内存,RTX 4090(24GB)或 A5000
DeepSeek-R1-32B	32B	专业级模型,适合大规模高精度任务	语言建模、大规模训练、金融预测	Xeon 8 核、128GB 内存,2—4 张 A100(80GB)
DeepSeek-R1-70B	70B	顶级模型,计算能力强,适合企业或科研重负任务	多模态预处理、高精度科研任务	Xeon 8 核、128GB 内存,8 张 A100/H100(80GB)
DeepSeek-R1-671B	671B	超大模型,推理快,支持国家级/通用 AI 研究	气候建模、基因组分析、通用人工智能探索等	64 核、512GB 内存以上,8 张 A100/H100

本实例通过 llamafactory 和 modelscope 平台对 DeepSeek 模型进行微调,从而在特定应用场景中提升其生成能力和准确性。llamafactory 提供了直观的可视化界面,使得微调过程更加简便易懂,降低了使用门槛,而 modelscope 则更适合中国用户使用,其提供了更便捷的下载和部署方式,特别适合在国内网络环境下进行快速的模型获取与本地化部署。

17.4.1 CUDA 环境配置

由于大模型微调依赖 GPU 进行高效计算,因此需要配置 CUDA 环境。首先通过 nvidia-smi 命令确认当前系统支持的 CUDA 版本。如图 17.8 所示,系统当前为 CUDA 12.4,因此在安装 CUDA Toolkit 等依赖时,应选择与之兼容的版本,避免因不匹配导致驱动异常。

- CUDA Toolkit Archive 页面:https://developer.nvidia.com/cuda-toolkit-archive。

```
root@autodl-container-70734cba9e-1b860377:~# nvidia-smi
Mon Apr 21 15:36:25 2025
+-----------------------------------------------------------------------------------------+
| NVIDIA-SMI 550.67                 Driver Version: 550.67         CUDA Version: 12.4     |
|-----------------------------------------+------------------------+----------------------+
| GPU  Name                 Persistence-M | Bus-Id          Disp.A | Volatile Uncorr. ECC |
| Fan  Temp   Perf          Pwr:Usage/Cap |           Memory-Usage | GPU-Util  Compute M. |
|                                         |                        |               MIG M. |
|=========================================+========================+======================|
|   0  NVIDIA GeForce RTX 3090        On  |   00000000:0A:00.0 Off |                  N/A |
| 62%   49C    P8             39W /  350W |       1MiB /  24576MiB |      0%      Default |
|                                         |                        |                  N/A |
+-----------------------------------------+------------------------+----------------------+

+-----------------------------------------------------------------------------------------+
| Processes:                                                                              |
|  GPU   GI   CI        PID   Type   Process name                              GPU Memory |
|        ID   ID                                                               Usage      |
|=========================================================================================|
|  No running processes found                                                             |
+-----------------------------------------------------------------------------------------+
```

图 17.8 nvidia-smi 界面

访问 CUDA Toolkit Archive 页面，根据系统支持的版本选择对应的 CUDA 工具包下载。如图 17.9 所示。本实验以 CUDA 11.8.0(2022 年发布)为例，单击对应链接即可进入安装页面并按需部署。

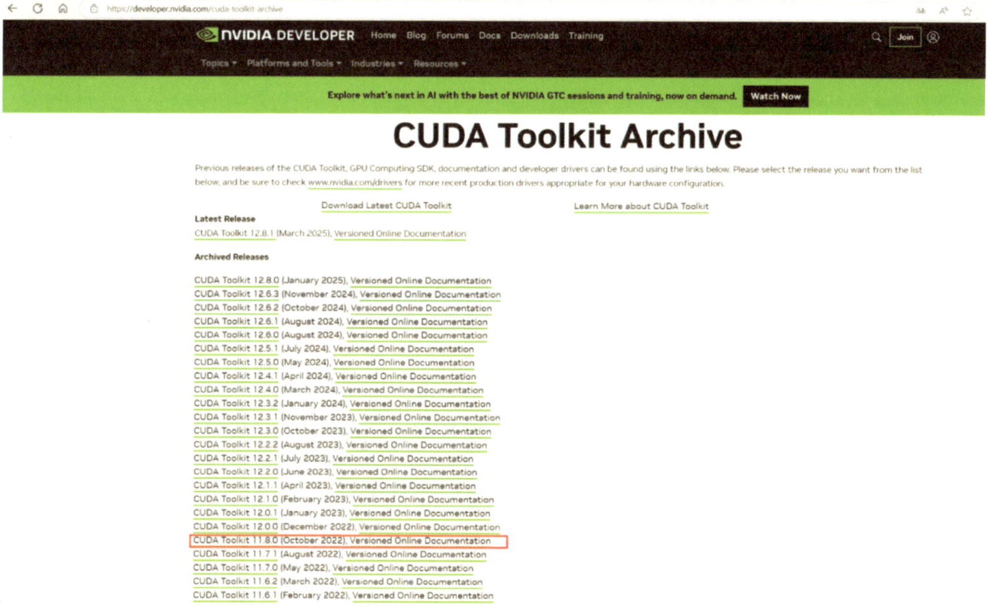

图 17.9 CUDA Toolkit 界面

根据实验需求与实际操作系统选择对应的 CUDA 安装版本进行下载。由于大多数云端 Linux 环境已预装 CUDA，本实验以 Windows 本地环为例，选择 Windows 10 x86_64 架构，下载安装 CUDA Toolkit 11.8(3.0GB)，如图 17.10 所示，用于演示本地部署流程。

在运行 CUDA 安装程序后，按照提示逐步进行安装。首先，阅读并接受 NVIDIA 软件许可协议，然后根据实际需求选择默认或自定义安装选项，完成 CUDA Toolkit 的部署，如图 17.11 所示。

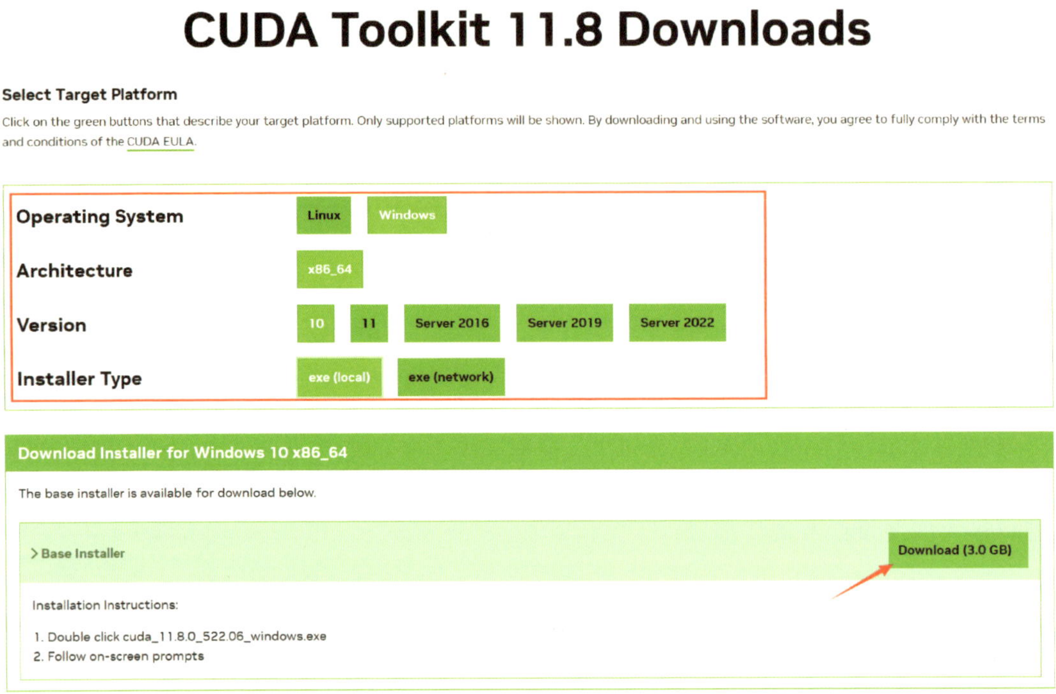

图 17.10　CUDA Toolkit11.8 下载界面

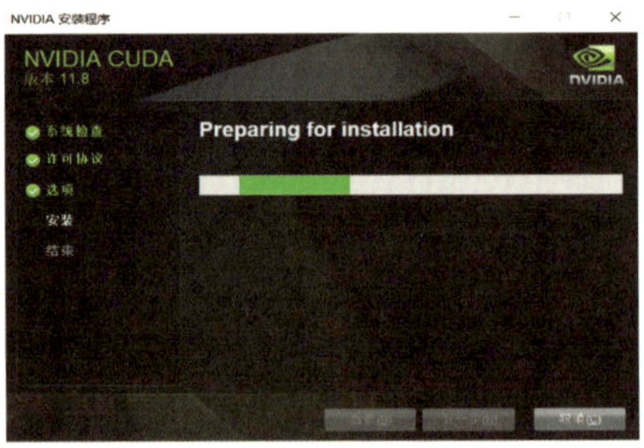

图 17.11　CUDA 安装界面

安装完成后,运行命令 nvcc -V 检查 CUDA 编译器是否生效。若终端正确返回版本信息,如 Cuda compilation tools, release 11.8,则说明 CUDA 安装成功并配置完成,如图 17.12 所示。

```
root@autodl-container-70734cba9e-1b860377:~# nvcc -V
nvcc: NVIDIA (R) Cuda compiler driver
Copyright (c) 2005-2022 NVIDIA Corporation
Built on Wed_Sep_21_10:33:58_PDT_2022
Cuda compilation tools, release 11.8, V11.8.89
Build cuda_11.8.r11.8/compiler.31833905_0
```

图 17.12　nvcc 界面

17.4.2 modelscope 平台下载模型

第一步，进入 modelscope 官网（图 17.13）。

■ modelscope 官网：https://www.modelscope.cn。

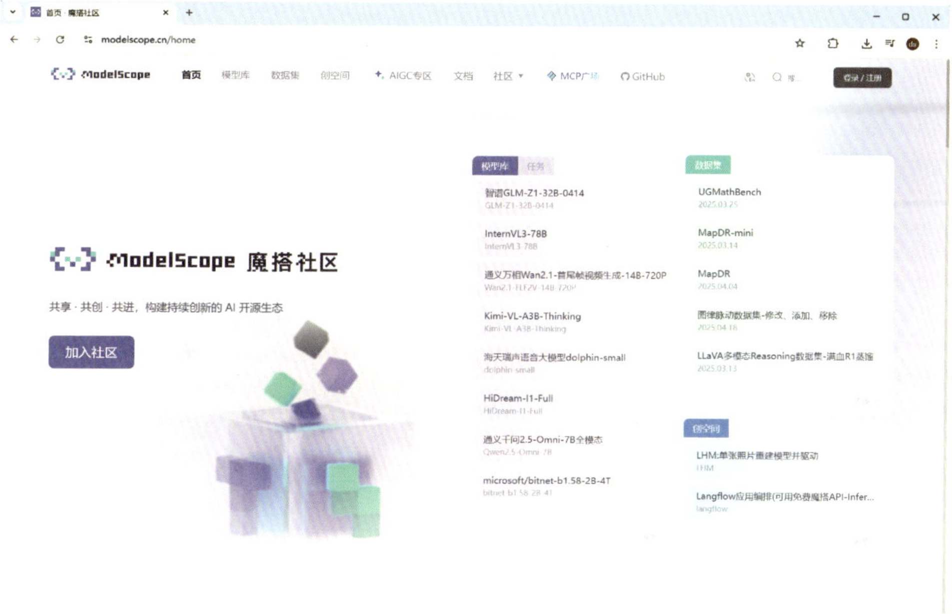

图 17.13 modelscope 官网

在开始微调之前，首先需要选择一个合适的预训练模型作为基础。我们可以通过访问 ModelScope 模型社区并在搜索框中输入关键词“DeepSeek”，即可快速检索到所有与 DeepSeek 系列相关的模型资源，如图 17.14 所示。

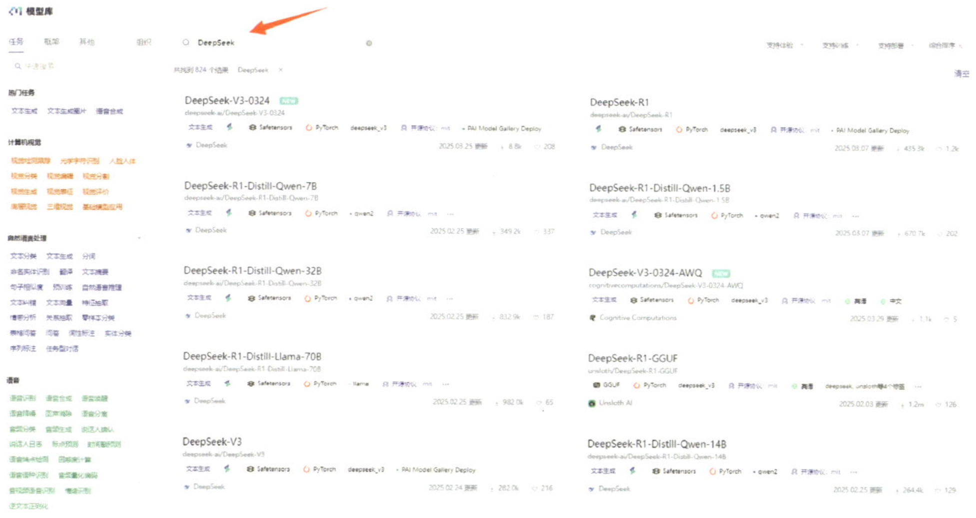

图 17.14 DeepSeek 系列模型

第二步,下载 DeepSeek 模型。

本次微调实验我们选用的是参数量为 1.5B 的轻量模型 DeepSeek - R1 - Distill - Qwen - 1.5B,适合在中低资源设备上进行快速迭代。在模型详情页中,单击右上角的“下载模型”按钮(图 17.15),即可获取模型权重及配置文件,便于后续加载与微调使用。

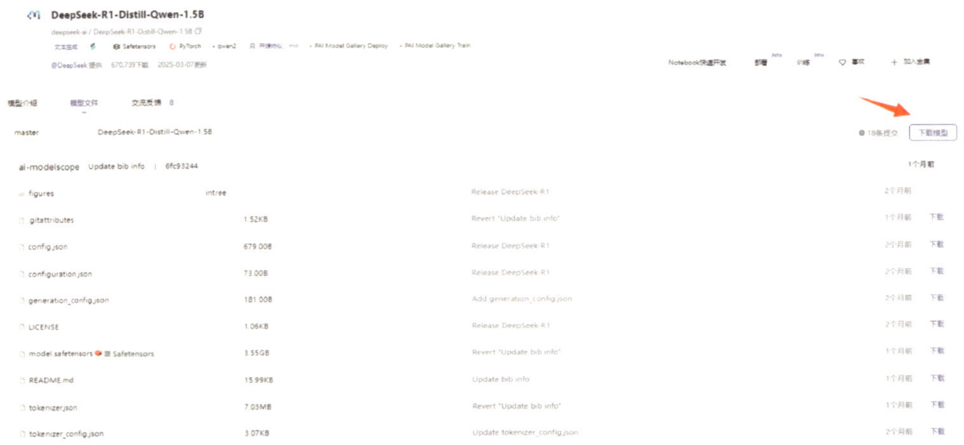

图 17.15 DeepSeek - R1 - Distill - Qwen - 1.5B 模型页面

17.4.3 LLaMA - Factory 下载

第一步,进入 github 网站中的 LLaMA - Factory 项目网页(图 17.16)。

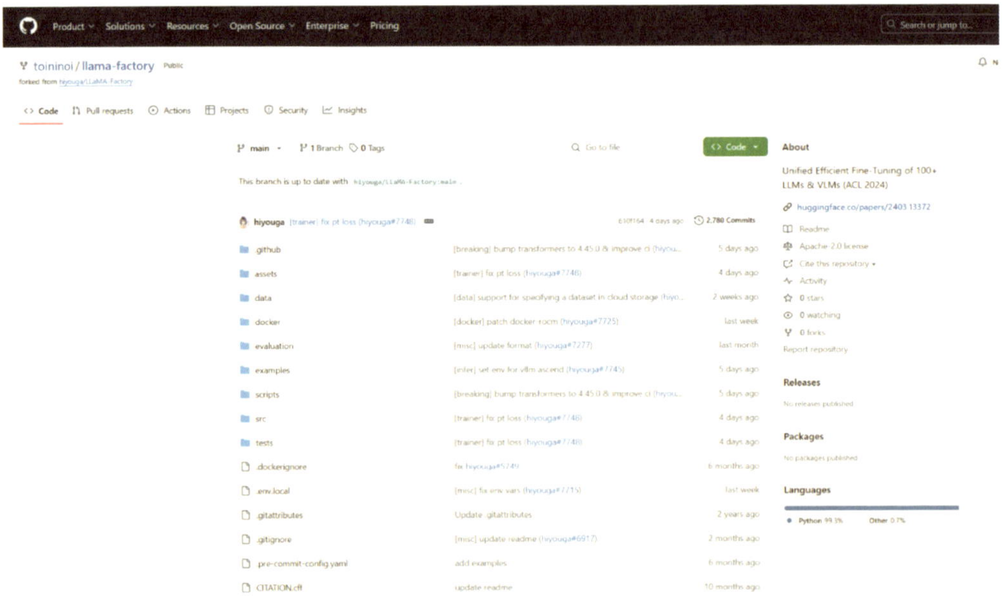

图 17.16 LLaMA - Factory 源码页面

■ LLaMA－Factor 项目：https://github.com/toininoi/llama－factory。

第二步，单击绿色 code 按钮后，选择 Download ZIP 下载项目代码压缩包至本地（图 17.17）。

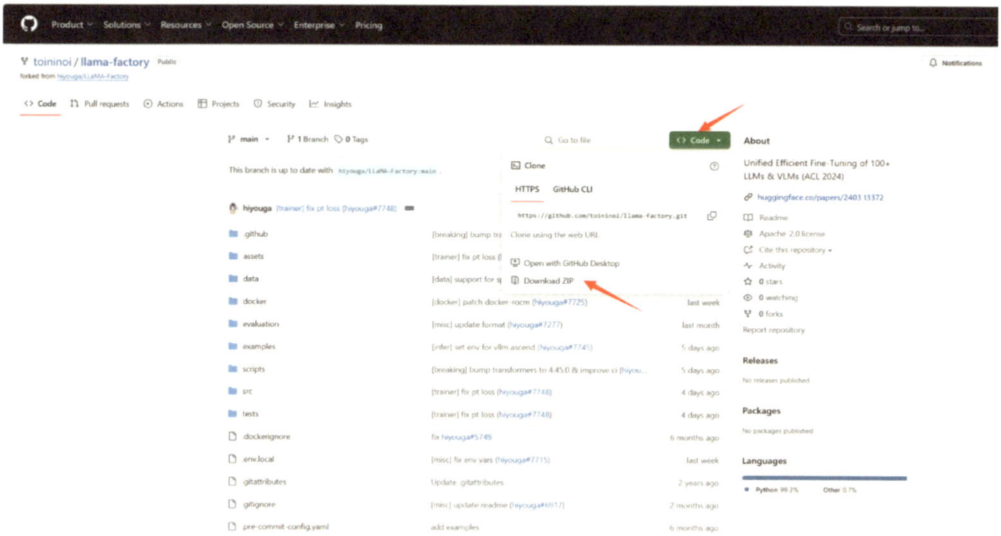

图 17.17　下载 LLaMA－Factory

第三步，下载并解压后，进入代码主目录 LLaMA－Factory 中（本实验代码放置在用户目录，用"～"表示），并使用 pip 命令下载项目所需要的环境（需要成功配置 CUDA）

```
root@autodl－container－70734cba9e－1b860377:～# cd LLaMA－Factory
root@autodl－container－70734cba9e－1b860377:～/LLaMA－Factory# pip install －e .[metrics]
```

17.4.4　使用 WebUI 对话大模型

进入项目目录后，调用下方命令启动 WebUI，单击 URL 即可进入微调页面，如图 17.18 所示。

```
root@autodl－container－70734cba9e－1b860377:～/LLaMA－Factory# llamafactory－cli webui
```

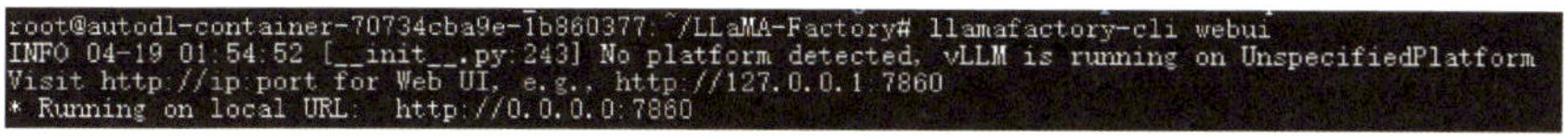

图 17.18　WebUI 启动界面

在加载模型前，我们需要指定模型名称、模型路径和对应的对话模板。如图 17.19 所示，左侧填写模型标识（如 Deepseek－R1－1.5B－Distill），中间设置模型的本地路径，右侧选择与模型架构相匹配的 prompt 模板（如 deepseek）。

图 17.19　载入模型页面

在模型加载完成后，单击顶部导航栏中的“Chat”模块，即可进入对话测试界面。输入框中输入提示词(如“你是谁?”)，再单击下方的“提交”按钮，即可与模型进行交互，验证加载效果是否正常，如图 17.20 所示。

图 17.20　大模型输入页面

当我们在 Chat 模块中输入“你是谁?”后，模型成功响应并表明其为来自 DeepSeek 团队的 DeepSeek - R1 系列模型，如图 17.21 所示。这说明模型已经正确加载，具备基本的对话能力，为后续的微调训练与评估提供了良好的基础。

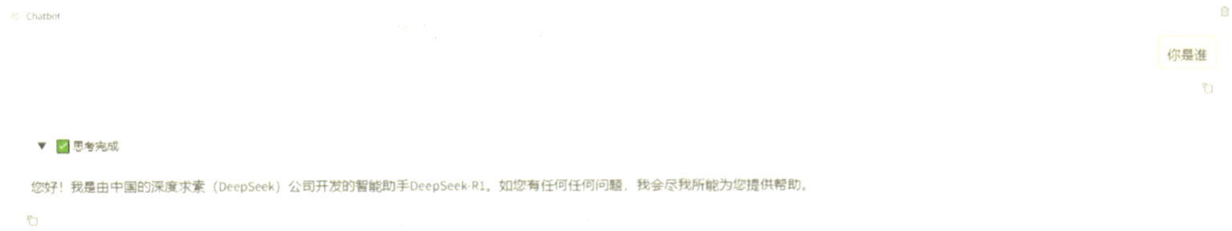

图 17.21　大模型对话页面

17.4.5 使用 WebUI 训练大模型

为了使用我们自己制作的数据集，我们需要在～/LLaMA－Factory/data/dataset_info.json 文件中添加相应的 JSON 对象。如图 17.22 所示，我们在该文件中添加了一个名为 mydata 的数据集，并为其指定了 file_name。通过这种方式，在训练时，可以直接指定这个数据集来进行微调。此外，LLaMA－Factory 项目中也包含了一些预定义的数据集，用户可以直接调用这些数据集进行训练，无需自行制作。

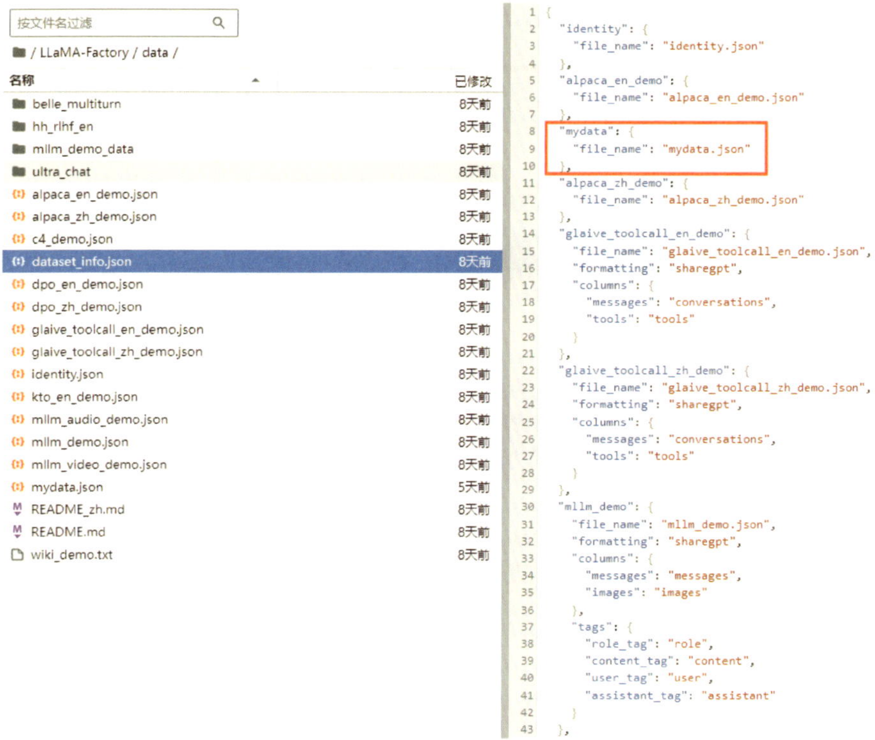

图 17.22 dataset_info.json 文件

单击页面顶部的“Train”模块，进入微调配置界面（图 17.23）。在该界面中，选择你已准备好的数据集路径（如 data 文件夹），该数据集将作为训练输入，用于对预加载的模型进行监督式微调（Supervised Fine－Tuning）。

图 17.23 载入数据集页面

在选择好训练数据集后,可单击右侧的"预览数据集"按钮,打开弹窗以检查数据格式是否符合训练要求。图 17.24 展示的是典型的 SFT 格式数据,包括"instruction""input"和"output"三个字段。通过预览功能可以有效避免因数据格式错误导致的训练中断,是微调前的重要检查步骤。

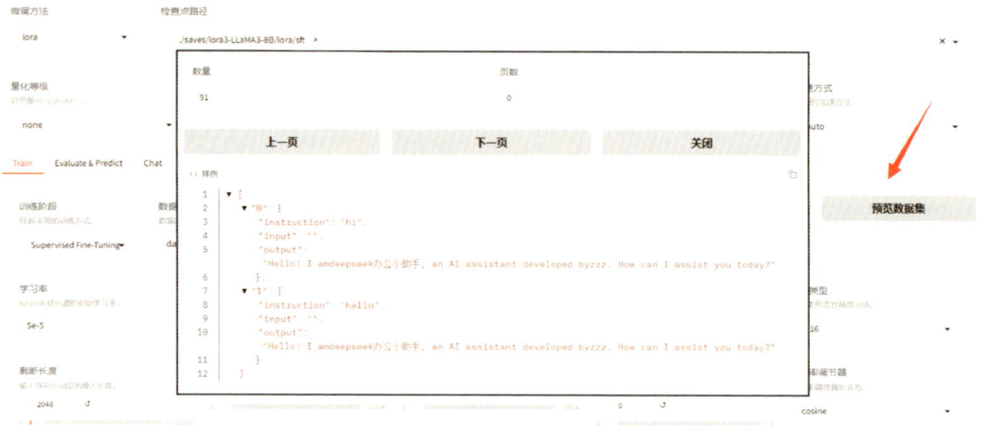

图 17.24　数据集预览页面

配置训练参数时,我们需设定如 Batch Size、学习率、训练轮数、最大步数等关键超参(图 17.25)。这些参数直接影响模型的训练效率和最终性能。一般而言,较大的 batch size 和较小的学习率更稳定,但会消耗更多显存。根据实际任务和设备资源灵活调整,可为微调打下良好基础。

图 17.25　模型参数设置页面

在配置好训练参数后,单击页面顶部的"预览命令",即可查看完整的训练指令和参数配置文件(图 17.26)。该界面会以 JSON 或脚本形式展示当前任务的所有设定,便于用户核对、保存或用于命令行复现，是启动训练前的重要确认环节。

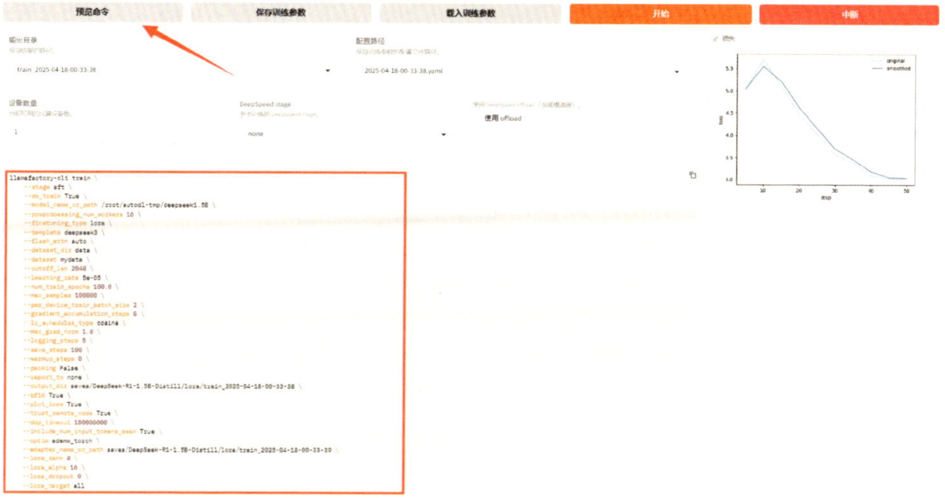

图 17.26　模型命令行参数页面

完成参数设置后，单击顶部的“开始”按钮即可启动模型微调。训练过程中，界面会显示任务的开始与结束时间、实时进度条，以及右侧的损失函数曲线图，帮助用户直观了解模型在每一轮训练中的收敛情况和性能变化，如图 17.27 所示。

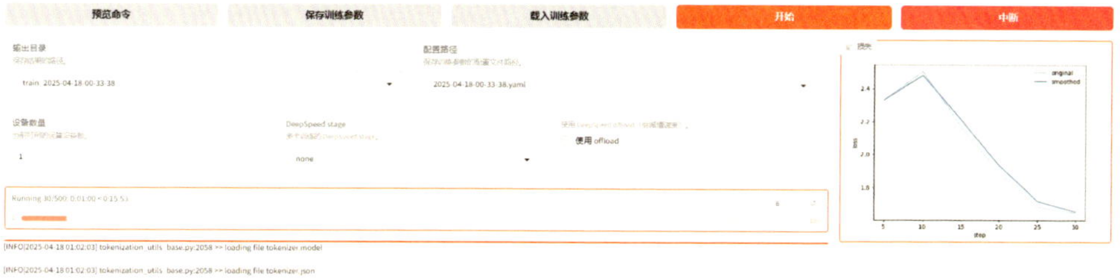

图 17.27　模型训练过程

如图 17.28 所示，当训练进度条显示为“训练完成”，并在下方状态栏提示任务结束（如“已完成训练”），则说明本轮微调已顺利完成。右侧的损失曲线可用于评估训练收

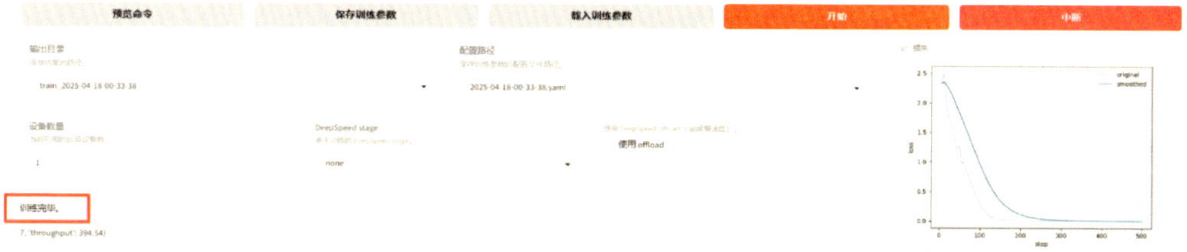

图 17.28　模型训练完毕界面

敛情况,若整体呈下降趋势,说明模型学习效果良好,后续即可进入评估或部署环节。

训练完成后,在界面中选择对应的 LoRA 微调检查点路径,即可加载微调后的模型版本。随后切换至 Chat 模块,再次进行对话测试。通过在 Chat 模块中对比微调前后的模型输出可以发现:

- 微调前模型的回答中说明其由中国的深度求索(DeepSeek)公司开发,而在微调后,模型的输出被替换为“由 zzz 开发”,显然反映了训练数据中自定义内容的注入。由此可以看出,LoRA 微调已经生效,模型能够按照用户提供的数据调整输出风格和身份描述,如图 17.29 所示。

图 17.29 微调后对话页面

17.4.6 使用命令行

在使用 LLaMA - Factory 的 WebUI 进行模型微调时,用户可以通过直观的图形界面轻松设置训练参数并启动训练过程。然而,WebUI 作为一个基于图形界面的工具,虽然易于使用,但并不适合所有训练环境,尤其是对于没有图形界面的 Linux 服务器或资源受限的环境。为了适应这些限制,接下来我们将介绍如何通过 Linux 命令行来进行相同的微调任务。

第一步,在命令行中可以通过以下命令下载指定的 DeepSeek 模型。命令行下载模型如图 17.30 所示。

```
pip install modelscope
modelscope download --model deepseek-ai/DeepSeek-R1-Distill-Qwen-1.5B --local_dir ./dir
```

```
Downloading [README.md]: 100%|████████████████████████████████████████| 15.6k/15.6k [00:00<00:00, 38.0kB/s]

Downloading [model.safetensors]:   0%||                                  | 10.0M/3.31G [00:03<15:35, 3.79MB/s]
Downloading [tokenizer.json]:  75%|██████████████████████              | 5.00M/6.71M [00:00<00:00, 9.26MB/s]
```

图 17.30　命令行下载模型

第二步，在命令行中可以通过以下指令与指定路径下的 DeepSeek 模型进行对话。命令行对话模型如图 17.31 所示。

root@autodl - container - 70734cba9e - 1b860377:～/LLaMA - Factory# CUDA_VISIBLE_DEVICES = 0

llamafactory - cli lchat - - model_name_or_path ../autodl - tmp/deepseek1.5B　- - template deepseek

```
User: 请问你是谁？
Assistant:  嗯，我是一个人工智能助手，叫做小助手。我是由中国的深度求索（DeepSeek）公司开发 created by深度求索。
</think>

您好！我是由中国的深度求索（DeepSeek）公司开发 created by深度求索的深度求索人工智能助手，很高兴为您提供服务！
```

图 17.31　命令行对话模型

第三步，使用如下命令可在命令行中启动 DeepSeek 模型的 LoRA 微调训练。命令行训练模型如图 17.32 所示。

root@autodl - container - 70734cba9e - 1b860377:～/LLaMA - Factory# llamafactory - cli train　- - stage sft

- - do_train - - do_eval　- - model_name_or_path /root/autodl - tmp/deepseek1.5B　- - data

set mydata　- - dataset_dir ./data　- - template deepseek　- - finetuning_type lora

- - output_dir ./saves/deepseek1.5B/lora/sft　- - per_device_train_batch_size 2　- - per_device_eval_

batch_size 1　- - lora_target q_proj,v_proj　- - learning_rate　2e - 5　- - num_train_epochs 5　- - cutoff_len 1024　- - val_size 0.1　- - fp16

```
[INFO|trainer.py:2414] 2025-04-17 00:32:59,532 >> ***** Running training *****
[INFO|trainer.py:2415] 2025-04-17 00:32:59,532 >>   Num examples = 4,558
[INFO|trainer.py:2416] 2025-04-17 00:32:59,532 >>   Num Epochs = 5
[INFO|trainer.py:2417] 2025-04-17 00:32:59,532 >>   Instantaneous batch size per device = 2
[INFO|trainer.py:2420] 2025-04-17 00:32:59,532 >>   Total train batch size (w. parallel, distributed & accumulation) = 2
[INFO|trainer.py:2421] 2025-04-17 00:32:59,532 >>   Gradient Accumulation steps = 1
[INFO|trainer.py:2422] 2025-04-17 00:32:59,532 >>   Total optimization steps = 11,395
[INFO|trainer.py:2423] 2025-04-17 00:32:59,534 >>   Number of trainable parameters = 1,089,536
  0%||                                                  | 27/11395 [00:10<1:11:03, 2.67it/s]
```

图 17.32　命令行训练模型

第四步，使用以下命令将 LoRA 微调后的增量参数与原始模型合并，导出为完整模型。命令行合并模型如图 17.33 所示。

root@autodl - container - 70734cba9e - 1b860377:～/LLaMA - Factory# CUDA_VISIBLE_DEVICES = 0

llamafactory - cli export　- - model_name_or_path ../autodl - tmp/deepseek1.5B　- - adapter_name_or_path

/saves/deepseek1.5B/lora/sft　- - template deepseek　- - finetuning_type lora

- - export _ dir ../autodl - tmp/lora - deepseek1. 5B - - export _ size 2 - - export _ device cpu

- - export_legacy_format False

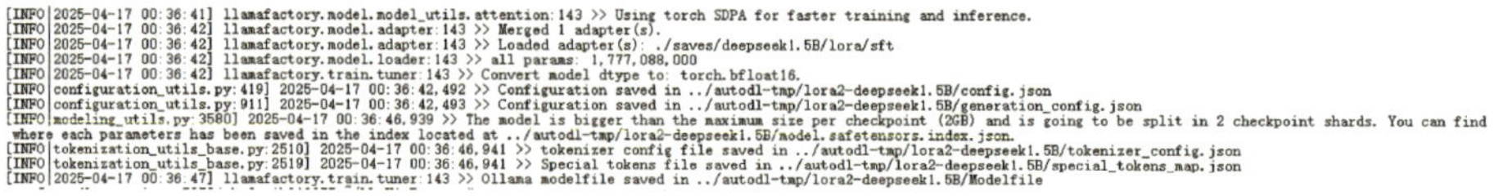

图 17.33 命令行合并模型

17.4.7 威胁情报提取实例

在这一部分,我们将展示如何通过微调大语言模型来提取 APT(高级持续性威胁)攻击中的威胁情报。APT 攻击通常涉及复杂的攻击路径和深度伪装,要求模型能够识别并提取其中的关键信息。在初始状态下,大语言模型可能能够识别一些简单的实体和关系,但缺乏足够的领域特异性和深度,无法全面捕捉复杂的情报模式。

通过微调,我们能够根据具体的需求和任务,向模型提供带有特定标注的数据集,从而让模型在原有知识基础上,进一步优化其对特定领域信息的识别能力。微调过程使模型能够更精准地识别指定的实体类型(如攻击者、工具、目标等)以及它们之间的复杂关系类型(如“使用”“位于”等)。这种定制化训练极大地提升了模型在特定情境下的表现,使得提取结果不仅更加准确,而且能够包含更多相关的细节,确保情报提取的质量和深度。

在本任务中,我们将使用以下 Prompt(提示词)来引导大语言模型进行威胁情报提取。通过该 Prompt,模型将专注于从输入的威胁情报句子中识别特定的实体类型与关系类型,并将结果结构化为标准格式。

Prompt:你是一位专注于 APT 攻击威胁情报分析的智能助手,具备深厚的网络安全知识,精通实体识别与关系抽取。请根据以下要求,对输入的每条威胁情报句子进行结构化抽取,仅识别指定的实体类型与关系类型,其中全部使用英文回答。

你需要识别的实体类型仅包括:

Attacker(APT 攻击的团队名称,例如 Lazarus、APT28 等)

Technique(APT 组织攻击的技术和手段,例如 SQL 注入、spear phishing、XSS 等)

Tool(恶意软件、合法软件或自主研发的攻击工具,例如 Metasploit、GhOst 等)

……

你需要识别的关系类型仅包括:

Alias_of(同一攻击者或工具的不同名称,例如 (Darkhotel, Alias_of, APT-C-06))

Related_to(表明在一定程度上存在关系但是无法确定,例如 (attacker1, Related_to, attacker2))

Use(表明两个实体间的利用关系,例如 (attacker1, Use, tool))

Target_at(攻击者的目标,可以是组织、地理位置、行业等,例如 (attacker1, Target_at, Financial))

……

如果识别到实体和实体之间存在上述的关系,输出格式为:

实体:(名称,实体类型),(名称,实体类型)

关系:(实体 1,关系,实体 2),(实体 1,关系,实体 2)

特别注意:

严格只识别上述规定的实体类型与关系类型

每条输入句子对应一条标准格式的输出

输出必须结构清晰、准确无误,可直接用于安全情报系统解析

为了让模型能够更好地理解特定任务的要求,我们需要构建与 Prompt 配套的数据集,并在此基础上进行微调。如图 17.34 所示,数据集将包含带有标签的威胁情报文本,每条文本都明确标注对应的实体和关系。

```
{
    "instruction": "你是一位专注于APT攻击威胁情报分析的智能助手，具备深厚的网络安全知识，精通实体识别与关系抽取。请根据以下要求，对输入的每条威胁情报句子进行结构化抽取，仅识别指定的实体类型与关系类型，其中全部使用英文回答。",
    "input": "Earth Lusca used VBA scripts.",
    "output": "实体:(Earth Lusca, Attacker), (VBA scripts, Tool)\n关系:(Earth Lusca, Use, VBA scripts)"
}
```

图 17.34 威胁情报数据实例

为了更好的实现威胁情报提取任务,我们将使用 LoRA 微调方式来优化模型。通过在 llamafactory-cli 命令行工具中指定以下微调参数,我们可以高效地训练模型,并确保它能够根据我们提供的 Prompt 进行任务特定的学习和优化。具体命令如下所示,各参数说明如表 17.5 所列。

```
llamafactory-cli train --stage sft --do_train --do_eval --model_name_or_path
/root/autodl-tmp/deepseek-qwen --dataset mydata --dataset_dir ./data --template deepseek
--finetuning_type lora --output_dir ./saves/deepseek-qwen/lora/sft --per_device_train_batch_size 2
--per_device_eval_batch_size 1 --lora_target q_proj,v_proj --learning_rate 1e-5 --num_train_epochs 3
--cutoff_len 1024 --val_size 0.1 --fp16 --gradient_accumulation_steps 8 --lr_scheduler_type cosine
```

表 17.5 微调参数实例

参数	说明
stage	设置训练阶段
do_train	启动训练过程
do_eval	启动评估过程,训练后评估模型性能
model_name_or_path	预训练模型路径或名称
dataset	使用的数据集名称
dataset_dir	数据集目录路径
template	使用的模型模板,定制任务所需
finetuning_type	微调类型
output_dir	微调后模型保存目录
per_device_train_batch_size	每设备训练时的批大小
per_device_eval_batch_size	每设备评估时的批大小
lora_target	LoRA 微调的目标层
learning_rate	学习率,控制模型训练时的参数更新步长
num_train_epochs	训练轮次,即模型在整个数据集上训练的次数
cutoff_len	输入文本的最大长度,超过则截断
val_size	验证集所占比例,用于评估模型泛化能力
fp16	启用半精度训练,节省显存并加速训练
gradient_accumulation_steps	梯度累积步数,每积累多少批次后更新一次模型
lr_scheduler_type	学习率调度器类型,控制学习率调整方式

输入文本为“Darkhotel 攻击组织的主要目标包括来自多个行业的高管、研究人员和开发人员,涉及行业包括防务、军事、能源、政府、非政府组织、电子制造、制药和医疗健康”。

Input: The primary targets of the Darkhotel group include executives, researchers, and developers in industries

such as defense, military, energy, government, non - governmental organizations, electronics manufacturing,

pharmaceuticals, and healthcare.

微调前输出:在未进行微调时,模型可以识别出一些基础实体和关系,但无法准确处理某些复杂的关系,如非政府组织和行业间的关联。

实体: (Darkhotel, Attacker), (defense, Industry), (military, Industry), (energy, Industry),(government, Industry),

(government, Industry), (electronics manufacturing, Industry), (pharmaceuticals, Industry), (healthcare, Industry)

关系：(Darkhotel,Target_at,defense), (Darkhotel,Target_at,military), (Darkhotel,Target_at,energy), (Darkhotel,Target_at,government),(Darkhotel,Target_at, electronics manufacturing),(Darkhotel, Target_at, pharmaceuticals),(Darkhotel, Target_at, healthcare)"}

微调后输出：经过 LoRA 微调后，模型能够精确识别更多实体，并准确提取复杂的关系类型。例如，"非政府组织"这一概念也得到了正确的识别

实体：(Darkhotel,Attacker),(defense,Industry), (military,Industry), (energy,Industry), (government,Industry),
(non - governmental _ organizations, Industry), (electronics _ manufacturing, Industry), (pharmaceuticals,Industry), (healthcare,Industry)

关系：(Darkhotel, Target_at, defense), (Darkhotel, Target_at, military), (Darkhotel, Target_at, energy), (Darkhotel, Target_at, government),(Darkhotel, Target_at, non - governmental organizations), (Darkhotel, Target_at,
electronics manufacturing), (Darkhotel, Target_at, pharmaceuticals), (Darkhotel, Target _at, healthcare)"}

17.5 本章小结

本章围绕大语言模型的微调技术展开了系统讲解。首先，我们剖析了大模型幻觉问题的成因，涵盖预训练、监督微调、推理解码等阶段的误差来源，强调了微调在实际部署中的重要价值。随后，介绍了微调的基本原理与技术框架，重点对比了全参数微调与 LoRA 等主流方法的特点与适用场景。此外，以 DeepSeek 模型为例，结合 WebUI 与命令行操作，完整演示了从模型加载、数据准备、训练调度到参数导出的全过程，帮助读者掌握微调在真实项目中的应用流程。总之，微调显著增强了模型在垂直领域下的理解与结构化表达能力，验证了其在垂直任务中的应用价值。

第 18 章 DeepSeek－RAG 赋能知识检索与推理

随着大语言模型在自然语言处理任务中不断取得突破，其在文本生成、对话系统和知识问答等领域表现出色。然而，随着应用深度的提升，用户对“生成结果是否基于真实知识”“模型是否具备逻辑推理能力”的需求也不断增长。这促使我们从“生成能力”迈向“推理能力”的新阶段。

检索增强生成(Retrieval－Augmented Generation，RAG)提供了一种桥接语言生成与知识推理的有效机制。它通过在生成前引入外部知识检索，使模型拥有动态查找信息的能力，从而缓解知识封闭与幻觉问题。更进一步，RAG 的机制可以扩展至结构化图数据的语义利用，通过 GraphRAG 架构支持复杂的实体关系推理、路径挖掘与多跳问答，显著提升了大模型的知识组织与推理表达能力。本章将从基本机制到结构增强逐步展示 DeepSeek－RAG 在智能问答系统中的全流程能力构建，通过 GraphRAG 实战强化推理实践。

18.1 RAG(检索增强生成)概述

大语言模型虽然具备强大的语言理解与生成能力，但其知识储备完全依赖训练数据，并无法在部署后动态更新。当面对知识更新快、信息密集的任务时，这种“参数内封闭知识”机制很容易导致模型生成内容脱离事实依据，出现幻觉现象，在 17 章我们已详细描述。

为了解决这一问题，RAG 被提出。其核心思想是：在生成过程中引入外部知识检索机制，用户提出问题后，先检索出与之相关的语义片段，再将这些信息作为上下文提示词，与原始问题一并输入语言模型，引导模型生成更为准确、可信的回答。

18.1.1 RAG 的核心理念与工作流程

在系统架构上，RAG 由两个关键模块构成。

- 首先是检索器，它负责根据用户提出的问题，在预先构建的语义向量数据库中，寻找语义上最相关的问题片段或知识段落。
- 其次是生成器，它将检索到的内容与用户的问题共同作为输入，综合分析已有信息，生成内容连贯、语言自然的回答。

检索器保证回答基于真实事实，生成器则进一步发挥语言模型的表达与推理能力，二者协同工作，使回答既准确可靠，又易于理解。

RAG 的核心优势在于其“先检索，再生成”的工作流程（图 18.1）。不同于传统大语言模型仅依赖内部参数进行回答，RAG 在面对用户问题时，会优先调用外部知识资源进行实时检索，然后再由生成模块结合检索结果进行推理与生成。这种“查询-检索-增强-生成”的链式结构，为 RAG 系统提供了更高的准确性和可追溯性，成为其优于传统模型的重要基础。

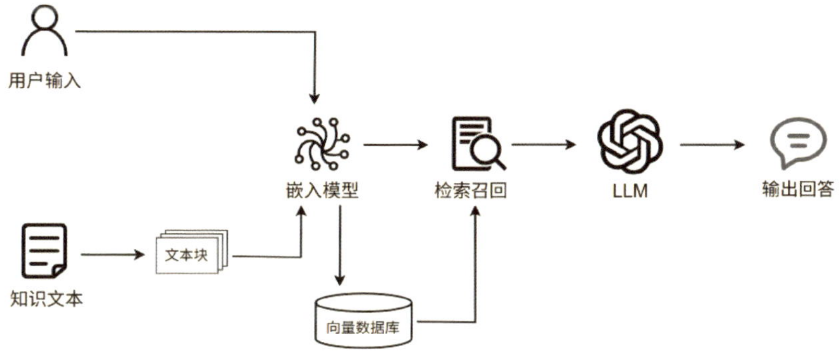

图 18.1 RAG 基本流程

(1) 数据库构建流程

在 RAG 系统正式运行之前，首先需要构建一个可供语义检索的外部知识库。这一阶段主要涉及原始文档的清洗、语义切分、嵌入向量的生成以及向量数据库的建立，如图 18.2 所示。可以将其视为语言模型准备的“语义底座”，所有后续问答都将在此基础上完成。构建得越扎实、索引得越精准，后续生成结果的可控性与事实性就越有保障。

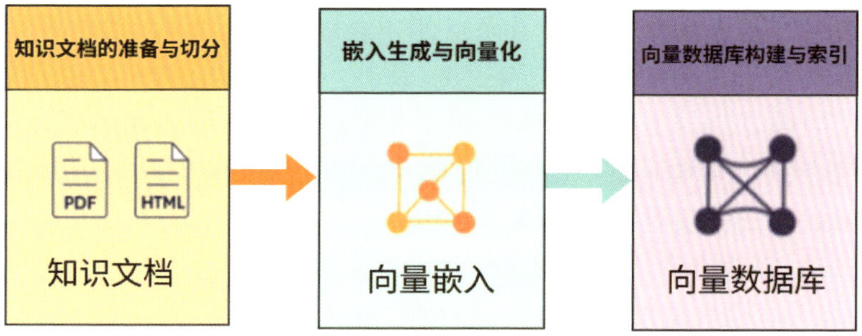

图 18.2 向量数据库构建流程

- 知识文档的准备与切分：收集各类知识文档，如 PDF、Word、HTML 等格式的文件。为了便于后续处理，需要将这些文档转换为纯文本格式，并根据语义或结构将其切分为较小的文本块（chunk）。常见的切分策略包括固定长度切分、滑动窗口切分和基于语义的切分。合理的切分有助于提高检索的准确性和生成的相关性。

- 嵌入生成与向量化:将切分后的文本块输入嵌入模型,生成对应的向量表示。嵌入模型的选择对向量的质量有重要影响,常用的嵌入模型包括 BGE、E5 和 OpenAI 提供的 Embedding 模型等。这些向量表示捕捉了文本的语义信息,便于后续的相似度计算。
- 向量数据库构建与索引:将生成的向量存储在向量数据库中,并建立索引结构,以支持高效的相似度检索。常用的向量数据库有 Faiss、Milvus 和 Chroma 等。这些数据库能够快速地从大量的向量中检索出与查询向量最相似的若干个文本块。

(2) 检索生成流程

当用户提出问题后,RAG 系统会进入运行时阶段:通过语义检索找到最相关的信息,并构建 Prompt 引导语言模型作答。这一过程将“外部知识”与“大模型生成”无缝融合,是整个 RAG 架构的核心工作流所在。正是在这一阶段,RAG 实现了从静态知识到动态生成的跨越,为语言模型注入了可验证、可追溯的知识支撑。具体流程如图 18.3 所示。

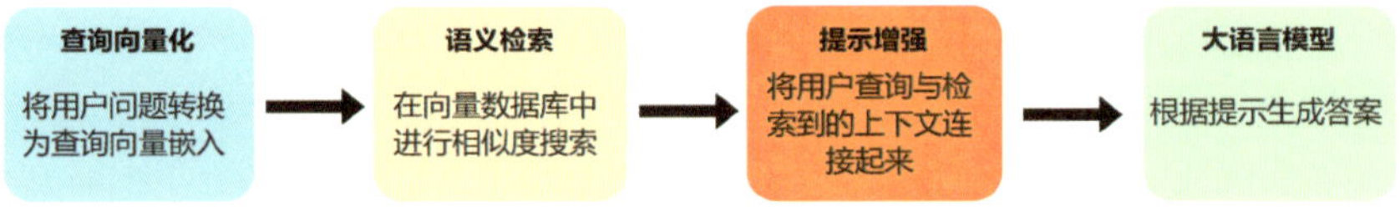

图 18.3 RAG 流程

- 查询向量化:当用户提出一个自然语言问题时,系统首先需要理解其语义意图。为此,RAG 会调用嵌入模型(如 BGE、E5、sentence - t5 等)将问题转化为一个稠密向量。这个向量在高维语义空间中,代表了该问题的语义位置,便于与知识库中的文档片段进行“语义接近度”计算。不同于关键词匹配,这种向量表达能捕捉问题背后的深层含义。例如,“如何防止网络钓鱼攻击?”和“如何避免电子邮件诈骗?”虽然词面不同,但其嵌入向量在语义空间中却非常接近,便于系统检索到同一类安全指南或技术措施。
- 语义检索:完成查询向量后,系统会在事先构建好的向量数据库中执行近似最近邻(ANN)检索操作。该操作的目标,是从成千上万的文档块中,找出语义上最接近的问题片段或知识段落,返回前 K 条(通常为 3~10 条)高相关文本块。检索的准确性很大程度上依赖于向量数据库结构(如 Faiss 的 IVF+PQ、Milvus 的 HNSW)以及嵌入模型的表达能力。一个好的检索器应该做到:检索结果信息密度高、无噪声冗余、覆盖用户意图。这些被召回的上下文构成了 LLM 的“记忆材料”,它们在下一步的 Prompt 构建中将发挥核心作用。
- 提示增强:检索得到的 K 条片段并不能直接输入模型,而需要进行格式化与组合,形成提示词(Prompt),以引导语言模型按照期望的逻辑生成结果。这一过程被称为增强(Augment)。Prompt 的质量对最终回答影响极大。一个良好的 Prompt 不仅要信息充分、逻辑清晰,还要避免过度堆砌文本导致模型忽略重点。

- 大语言模型:构建完成的 Prompt 被送入大语言模型中,模型将根据输入信息生成自然语言回答。此时的回答不同于"凭记忆回答"的传统 LLM 结果,它是结合了实时检索信息后进行"再表达"的内容,既具语言流畅性,又带有事实支撑性。尤其在专业或实时更新任务中,如医疗问答、法律解读等,RAG 的生成输出表现出更高的准确率、专业性与可验证性。整个流程的关键在于各个模块的协同工作,从数据的准备到最终的回答生成,每一步都对系统的性能有重要影响。通过合理的设计和优化,可以构建出高效、准确的 RAG 系统,满足各种实际应用的需求。

18.1.2 向量数据库与嵌入模型技术详解

在检索增强生成(RAG)系统中,嵌入模型与向量数据库共同构成了"检索器"的基础设施。检索器的任务,是将用户提出的问题与大量文档片段进行匹配,从中找出语义上最为相关的内容,并将其提供给生成模块作为事实支撑。因此,这一部分的质量将直接影响生成内容的准确性、相关性与可解释性。

(1) 嵌入模型

嵌入模型是将文本内容转化为向量表示的核心工具。它的作用是捕捉文本的语义特征,使得语义相似的句子在向量空间中距离更近,语义差异大的句子则距离更远。嵌入模型通常对文本进行统一的向量化处理,输出一个维度固定的向量(如 768 维或 1024 维),用于后续的向量相似度计算。在实际部署中,模型的选择应结合任务语言、部署环境(本地/云端)、响应时间等因素权衡考虑。

当前主流的嵌入模型主要包括以下几种。

- BGE(BAAI General Embedding):由智源研究院开发,专为中文语义匹配任务设计,支持大中小多种规模,在中文问答场景中表现尤为出色。
- E5(Embedding for Everything Everywhere):适用于多语言、多任务的通用嵌入模型,广泛应用于英文及多语种跨域检索场景。
- OpenAI Embedding:商业化程度高、支持超长文本嵌入,适合部署在高精度任务或与 GPT 系列模型配合使用。
- sentence - t5 - large:由 Sentence - Transformers 项目基于 T5 架构开发,擅长句子级语义表示生成,适用于英文语义检索、句对匹配与 RAG 场景下的上下文压缩与排序任务。

常见嵌入模型对比如表 18.1 所列。

表 18.1　常见嵌入模型

模型名称	适用语言	优势特点	使用场景
BGE	中文	中文优化、多任务稳定、支持指令式检索	中文问答、文档检索系统
E5	多语言	训练任务多样,适合跨领域与跨语言任务	多语种 RAG、多语言搜索系统
OpenAI Embedding	英文	高质量、支持长文本、兼容 GPT 生态	高精度英文问答、企业部署
sentence - t5 - large	英文	结构强大、基于 T5 架构、适配多种 NLP 任务	通用语义搜索、英文检索问答

(2) 切块方法

在构建 RAG 系统的索引阶段,文本切块是一项至关重要的操作。所谓“切块(Chunk)”,是指将原始文档按照一定规则分割为多个较小片段,以便后续进行嵌入向量生成和语义检索。而“切块大小”(chunk size)的设定,则会直接影响整个系统的检索效果、召回粒度、生成上下文质量,甚至最终的回答准确率。

RAG 的检索操作是基于“语义向量”的相似性搜索。如果一个 chunk 过短,虽然检索粒度细腻,但语义信息稀疏,使模型获取的信息支离破碎;反之,如果 chunk 过长,虽然上下文完整,但向量表达容易“稀释语义”,导致不同主题混杂、语义模糊,也可能因 LLM 的输入长度限制而被截断,影响最终生成质量。常见的切块方法有以下三种。

- 固定窗口切块:将文本按字数或 Token 数均分,简单但可能割裂语义。
- 滑动窗口切块:引入重叠部分,增强语义连续性。
- 语义切分:基于自然段、句法断点等规则进行切块,适合长文本和结构性强的文档。

图 18.4 展示了三种切块方法的基本逻辑。

三种切块方法的特点如表 18.2 所列。

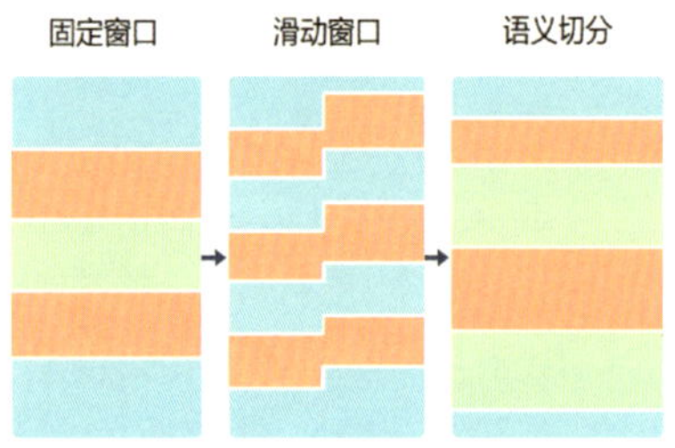

图 18.4　三种切块方法

表 18.2　常见的切块方法

切块方式	描述说明	优点	缺点
固定窗口	按 Token 或字数等长分段	简单、高效	容易割裂语义
滑动窗口	重叠窗口划分,保留上下文	语义连续性好	增加向量数量
语义切分	根据自然段、句法断点划分	符合文本逻辑结构	实现复杂、需辅助工具

(3) 向量数据库

当所有文本片段被转换为向量后,系统需要一个能够高效存储与检索这些向量的“知识引擎”,这正是向量数据库的角色所在。它不仅要支持百万级向量的存储,还要能在毫秒级时间内完成与查询向量的相似度匹配。

常见的向量数据库包括以下几种。

- Faiss：由 Facebook AI 研究院开发，是目前最广泛使用的本地向量索引工具。支持多种索引结构，如 Flat（暴力检索）、IVF（倒排文件）、HNSW（图结构索引）等，适合嵌入式部署与实验型项目。
- Milvus：面向生产环境的企业级向量数据库，支持海量向量存储、并发检索与分布式部署，适合大型系统接入。
- Chroma：轻量级数据库，主打“开箱即用”的特性，适合快速开发与小规模知识库构建。
- Weaviate：结合 Schema 定义、RESTful API 和自动化向量生成，可作为向量数据库与知识图谱之间的桥梁使用。

常见向量数据库对比如表 18.3 所列。

表 18.3　常见的向量数据库

数据库名称	部署方式	特点优势	使用场景
Faiss	本地	多索引结构、运行高效	小中型项目、快速原型
Milvus	分布式	高可用、高并发、企业级扩展能力	大型知识库、线上服务部署
Chroma	本地	开箱即用、集成 LangChain 生态	轻量级检索、文档助手
Weaviate	云端/本地	自动嵌入、Schema 化管理、REST 接口	融合图谱与语义搜索场景

向量检索的核心是相似度计算，常用的方法包括余弦相似度、欧式距离（L2）等。现代数据库通常配备“近似最近邻”（Approximate Nearest Neighbor，ANN）算法，如 HNSW、IVFPQ 等，以在牺牲部分精度的前提下显著提升查询速度。

在系统部署中，向量库通常以服务化的方式存在。用户查询被转化为向量后，通过 API 接口请求向量数据库，数据库返回 Tcp - K 匹配结果。这些结果通常包含原始文本、向量距离、元信息等，供后续 Prompt 构建模块调用。

18.1.3　朴素 RAG 与高级 RAG 架构的比较

RAG 系统的架构演化可以看作是一种从“可用”走向“可靠”的过程。最初的朴素 RAG 设计以其极简的形式迅速流行：接收用户查询、进行向量化检索、将返回的文本块拼接成 Prompt，然后交由大语言模型进行生成。这种方式在早期应用中极具吸引力，它部署简单、组件松耦合，无需复杂的数据预处理与结构控制，便可快速实现文档问答、摘要生成等功能。然而，这种“快速搭建”背后的代价也逐渐显现。朴素 RAG 对输入查询的表达没有任何优化措施，面对语义模糊或结构不清的问题，常常无法触达正确的知识片段。同时，检索结果未经筛选就直接堆叠进 Prompt，易导致上下文冲突、冗余堆砌，严重影响最终生成质量。朴素 RAG 和高级 RAG 对比如图 18.5 所示。

为了提升检索与生成的质量，高级 RAG 系统在朴素 RAG 的基础上，引入了更精细的处理机制，形成了以下五个核心流程环节。

(1) 检索前优化（Pre - Retrieval）：在用户提交问题后，系统不会直接检索，而是先

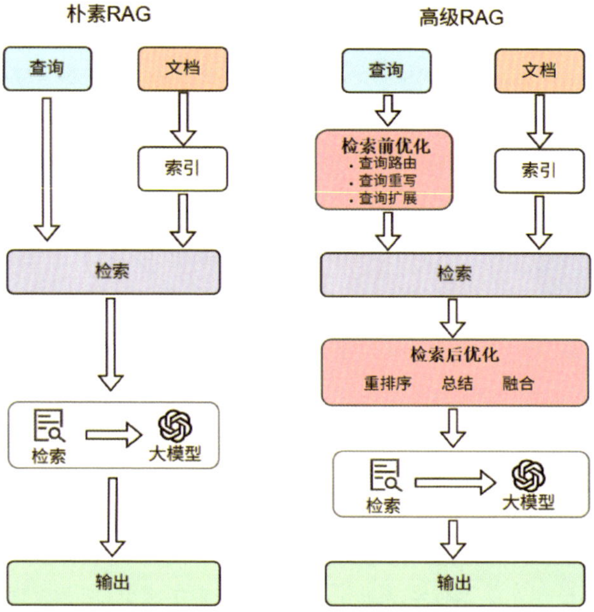

图 18.5 朴素 RAG 和高级 RAG

进行预处理优化。首先,通过查询过滤去除模糊或敏感内容,确保语义清晰;其次,借助查询扩展引入同义词和相关概念,扩大语义覆盖;最后,系统通过查询路由将优化后的问题定向至最相关的知识库或模块。该流程有助于精准理解用户意图,提升检索的准确性与全面性。

(2) 语义检索(Retrieval):经优化的查询将被嵌入为向量,并在向量数据库中进行相似度搜索,返回最相关的文本片段。高级 RAG 在这一阶段可采用多源检索策略,确保系统不仅能召回语义最接近的文段,还能实现跨文档、跨知识域的覆盖,提高知识补全能力。

(3) 检索后优化(Post - Retrieval):为了减少信息冗余与上下文冲突,系统会对检索到的文本进行后处理。通过轻量模型对 Top - K 结果进行重排序、对长文本进行摘要总结,或对多段信息进行融合拼接,从而构建更适配 LLM 输入长度限制的知识上下文。

(4) Prompt 构建(Prompt Assembly):优化后的信息将被组织进 Prompt 中,并与用户原始问题共同构成输入序列。这一过程不仅关注信息编排的顺序和逻辑,还可能引入系统提示词、任务说明或格式引导,使语言模型生成时具备清晰目标与正确语境。

(5) 答案生成(Answer Generation):构造好的 Prompt 将被送入语言模型中进行回答生成。得益于前序环节对语义、内容和结构的多轮优化,模型在生成过程中能够更好地理解用户意图,并基于准确知识支撑输出高质量、可信赖的答案。

相比朴素 RAG 仅关注检索与拼接,高级 RAG 在两个关键阶段引入了精细化的控制机制：其一是“检索前优化”(Pre - Retrieval)，其二是“检索后优化”(Post - Retrieval)。前者通过查询重写、同义词扩展、意图识别等方式，使原始用户输入变得更加标准化、易于理解，从而提升检索的准确率；而后者则对返回的 Top - K 结果进行重排、摘要和融合，使得传入大模型的信息更具针对性、层次性与压缩性。这一策略本质上是将原本“无条件堆叠”的输入转化为“结构明确、逻辑清晰”的知识背景，引导生成模型更加有的放矢地完成任务。

具体而言，朴素 RAG 解决了“如何将知识接入模型”的基本问题，而高级 RAG 进一步思考“如何让知识真正有用”。特别是在要求高度可信的生成场景中，如政务问答、医疗咨询、学术研判等，高级 RAG 所提供的精准控制能力，已经成为高质量生成系统不可或缺的模块之一。它不仅优化了答案的准确性，更提升了整个系统对用户提问的适配能力、上下文组织能力以及生成逻辑的稳定性。朴素 RAG 和高级 RAG 的对比如表 18.4 所列。

表 18.4 朴素 RAG 和高级 RAG

比较维度	朴素 RAG(Naive RAG)	高级 RAG(Advanced RAG)
核心流程	检索 → 拼接 → 生成	检索前优化 → 检索 → 检索后优化 → 构建 → 生成
查询优化	无	查询重写、扩展、路由
检索结果处理	直接拼接	结果重排、摘要、融合
Prompt 构建策略	无组织、全量堆叠	有选择性拼接、结构引导
上下文控制能力	弱	强，具备信息压缩与聚合能力
应用推荐	原型开发、教学、轻量系统	高准确率问答、专业推理系统、商业级 RAG 应用
架构复杂度	低，易部署	高，需要多模块协作

18.1.4 DeepSeek - RAG 实战案例与代码实现

为了更好地实现基于检索增强生成的智能问答系统，本项目采用了 LangChain 框架进行开发。LangChain 作为一个针对大语言模型(LLM)应用的开发工具包，能简化向量化检索、文档切分、知识存储与对话历史管理等关键流程。依托 LangChain，系统可以灵活调用本地构建的向量数据库进行相关文档检索，并结合大模型完成高质量回答生成。

LangChain 工作原理如图 18.6 所示，其是用于构建大语言模型应用的框架，核心是通过模块化组件实现流程编排。工作原理分为以下五层。

- 模型 I/O 层连接 LLM 接口，处理输入输出；
- 数据连接层支持文档加载、向量化存储与检索，增强外部知识；
- 记忆层管理对话上下文；
- 链(Chains)将多个功能模块(如提示词、模型、工具)串联为任务流水线；

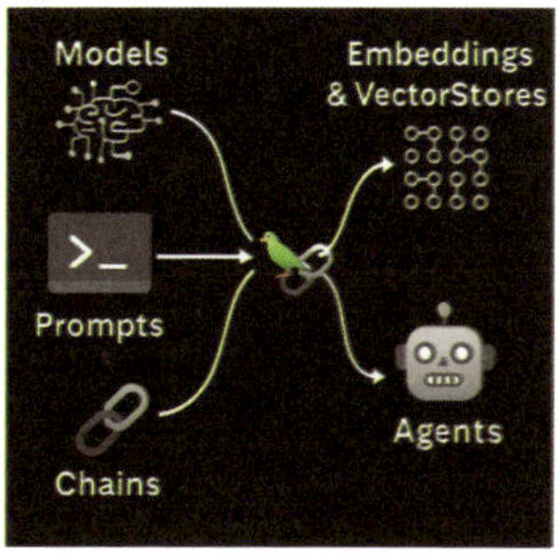

图 18.6 LangChain 工作原理

- 代理(Agents)根据输入动态选择工具或调用链,实现自主决策。

通过组合这些组件,开发者可灵活搭建复杂应用(如问答系统),实现基于 LLM 的推理、工具调用与多步任务协同,同时支持扩展自定义功能与第三方服务集成。

官方地址为:https://www.langchain.com/(图 18.7)。

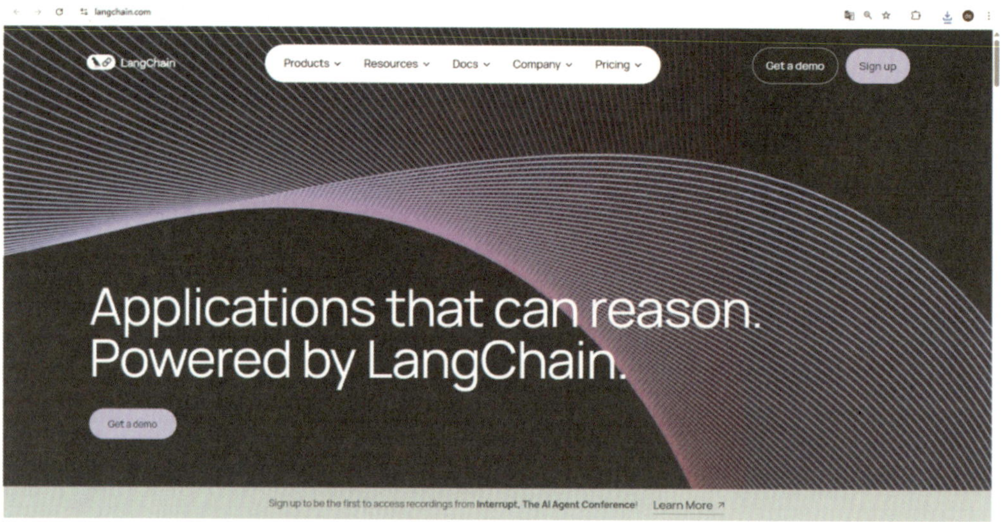

图 18.7　LangChain 官网

基于此,本章系统设计如下关键模块。

- 首先,自动判断加载 PDF 或 TXT 格式的知识文件,使用 RecursiveCharacterTextSplitter 将文本切分成适合检索的小块;
- 随后,通过 HuggingFace Embedding 模型将文本转为向量,并存入本地 Chroma 数据库;检索模块根据用户问题,从向量库中查找最相关的文档内容;
- 最后,结合检索结果与用户输入,组织对话上下文并调用 Meta-Llama3 大模型生成最终回答。

这一整体流程,正是通过 LangChain 的向量存储(Chroma)、文档加载(TextLoader、PyPDFLoader)与文本切分(RecursiveCharacterTextSplitter)能力高效实现的。本书作者开源的代码如下所示。

- 完整代码地址:https://github.com/eastmountyxz/DeepSeek-is-all-you-Need。

(1) 数据存储阶段

第一步,导入相关模块。

```
from langchain.text_splitter import RecursiveCharacterTextSplitter
from langchain_community.document_loaders import PyPDFLoader
from langchain_huggingface import HuggingFaceEmbeddings
from langchain_chroma import Chroma
from langchain.document_loaders import TextLoader
import os
```

第二步，文本切块。这段代码用于根据文件后缀(. pdf 或. txt)自动选择合适的加载器读取文档内容，并使用 RecursiveCharacterTextSplitter 将长文本按每 500 字符一块、重叠 50 字符的方式切分成多个小文档，方便后续进行检索或处理。

```
# 文件路径
document_name = "dataPdf/guiyang.txt"  # 或 "dataPdf/graphRAG.pdf"
# 自动判断文件类型并选择加载器
file_ext = os.path.splitext(document_name)[1].lower()
if file_ext == ".pdf":
    loader = PyPDFLoader(document_name)
elif file_ext == ".txt":
    loader = TextLoader(document_name, encoding="utf-8")
else:
    raise ValueError(f"Unsupported file type: {file_ext}")
# 加载文档
document = loader.load()
# 分割文档
text_splitter = RecursiveCharacterTextSplitter(chunk_size=500, chunk_overlap=50)
docs = text_splitter.split_documents(document)
```

第三步，编码模型下载。Embeeding 模型对文本进行编码，通过 HuggingFaceEmbeddings 在代码中直接下载“sentence-transformers/sentence-t5-large”这一模型。

```
# 获取embedding模型
model_name = "sentence-transformers/sentence-t5-large"
embedding = HuggingFaceEmbeddings(model_name=model_name)
```

第四步，创建并加载向量数据库。将文本块转换成向量并存入本地 Chroma 数据库，然后重新加载数据库，并打印出其中的文档数量，确认存储是否成功。

```
# 存入Chroma 数据库
vectorstore_hf = Chroma.from_documents(
    documents=docs,
    embedding=embedding,
    collection_name="huggingface_embed",
    persist_directory="./chroma_db"  # 指定保存路径
)
#读取数据库
db_load = Chroma(collection_name="huggingface_embed",
                 persist_directory="./chroma_db",
                 embedding_function=embedding)
print(f"Number of documents in the Chroma DB: {db_load._collection.count()}")
```

(2) 数据读取增强大模型

第一步，循环对话与知识检索。接受用户输入，先从向量库中检索相关知识，再把检索结果和用户问题一并发送给大模型生成回复，实现实时对话。

```
while True:
    user_input = input("用户: ").strip()
    if not user_input:
        continue
    # 1. 向量库检索相关知识
    retrieved_texts = retrieve_similar_docs(user_input, top_k=3)
    for text in retrieved_texts:
        messages.append({"role": "system", "content": text})
    # 2. 用户问题加入上下文
    messages.append({"role": "user", "content": user_input})
    # 3. 交给大模型生成回复
    answer = generate_answer(messages)
    print("模型: ", answer)
    messages.append({"role": "gpt", "content": answer})
```

第二步,DeepSeek 模型下载和加载。下载 DeepSeek-R1-Distill-Llama-8B 模型到本地指定目录,然后用 transformers 库加载模型和分词器上,准备进行文本生成推理。

```
# 下载 DeepSeek 模型(如 deepseek-chat-7b)
model_id = snapshot_download("deepseek-ai/DeepSeek-R1-Distill-Llama-8B",
                             cache_dir="./DeepSeek-R1-Distill-Llama-8B")
# 加载 DeepSeek 模型及其 tokenizer
tokenizer = transformers.AutoTokenizer.from_pretrained(model_id)
model = transformers.AutoModelForCausalLM.from_pretrained(
    model_id,
    torch_dtype=torch.bfloat16,
    device_map="auto"
)
pipeline = transformers.pipeline(
    "text-generation",
    model=model,
    tokenizer=tokenizer,
)
```

第三步,LLM 生成回答函数。将对话历史整理成提示词,送入大语言模型进行生成,设置了最大生成长度、采样策略等参数,并返回新生成的回复内容。

```
# LLM生成函数
def generate_answer(messages):
    prompt = pipeline.tokenizer.apply_chat_template(
        messages,
        tokenize=False,
        add_generation_prompt=True
    )
    outputs = pipeline(
        prompt,
        max_new_tokens=512,
        do_sample=True,
        temperature=0.6,
        top_p=0.9
    )
    return outputs[0]["generated_text"][len(prompt):].strip()
```

第四步，向量检索。根据用户问题在向量库中检索最相似的文档内容，返回前 k 条匹配结果，供后续大模型生成回答时参考。

```
# 向量检索模块
def retrieve_similar_docs(query, top_k=3):
    results = vectorstore.similarity_search(query, k=top_k)
    return [doc.page_content for doc in results]
```

(3) DeepSeek-RAG 问答实例

在实际问答应用中，语言模型常因知识盲区或理解偏差而产生不准确的回答。下面以“MAGIC 模型是什么？”为例，我们详细分析各种智能问答的效果

MAGIC 模型是什么？

① 无 RAG 检索

在未使用 RAG 检索的情况下，语言模型容易因知识不足而产生理解偏差，其生成结果如图 18.8 所示。注意，该问题生成结果已被作者翻译成中文。该模型出现以下三方面错误。

- 一是对模型的基本属性描述错误，误将 MAGIC 说成监督学习方法，忽略了其基于无监督、正常流量训练和图嵌入记忆机制的深度学习本质；
- 二是未提及其应包含的三大核心模块，如日志图构建、图表示与异常检测；
- 三是夸大其 APT 检测能力，缺乏具体机制说明。这些问题凸显了无 RAG 模型在理解复杂概念时的显著局限。

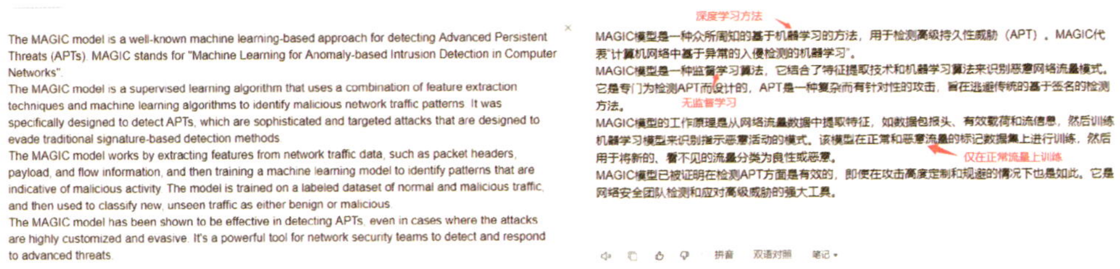

图 18.8　无 RAG 检索回答

总之，在未接入外部检索(即无 RAG)的情况下，模型仅依赖自身预训练知识生成内容，容易出现定义误解、结构缺失与内容夸大等问题

② 数据库中检索到的片段

图 18.9 展示的是系统实际检索到并被 RAG 使用的原始内容，涵盖了 MAGIC 模型的训练流程、异常检测方法、与系统调用日志的交互方式等细节。可以看到，这些片段是结构化文档的一部分，其信息密度和专业性远高于模型预训练时可能接触到的内容。RAG 机制正是通过调用这些外部知识片段，补全模型知识盲区，实现了更加精确和可解释的回答生成。

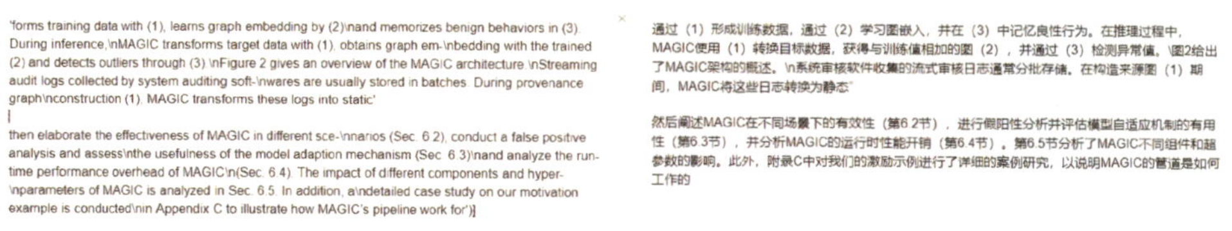

图 18.9　RAG 检索内容

③ RAG 检索

使用 RAG 机制后，模型在生成回答前通过检索系统查找了相关资料并结合上下文理解生成答案。图 18.10 中的回答明显更为完整和深入，不仅指出了 MAGIC 是基于图嵌入的 APT 检测方法，还进一步解释了系统日志图构建、子图嵌入和异常检测等三个核心模块。这说明引入检索机制后，大模型可以突破原始知识库的限制，提供结构清晰、细节完备的回答。

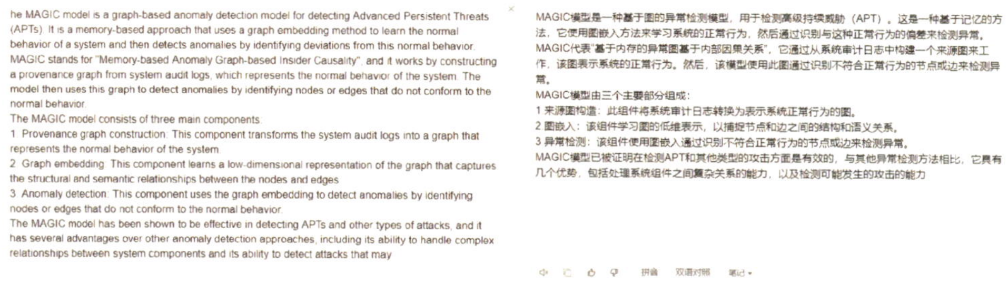

图 18.10　RAG 检索回答

18.2　GraphRAG

随着检索增强生成技术的发展，传统 RAG 通过语义相似度检索相关内容，确实提升了大模型的知识广度。但在实际应用中，许多复杂问题不仅需要找到相关信息，还需要理解信息之间的结构关系，进行多步推理，或追溯事实的来龙去脉。此时，传统 RAG 往往难以满足需求，生成的答案也可能零散、缺乏逻辑。为此，将知识图谱结构化数据融入 RAG 流程，发展出 GraphRAG 新架构，能让系统更好地理解实体之间的关联，实现链式推理和结果解释，从而显著增强问答系统的智能水平和应用范围。这正是 GraphRAG 出现的背景与现实意义。

18.2.1　GraphRAG 架构

GraphRAG 架构将知识处理流程系统性地划分为索引阶段(Indexing Time)与查询阶段(Query Time)，两大环节协同支撑了高效、结构化与可解释的智能问答和推理体系。后文将结合贵州旅游案例，对这两大阶段的原理与应用进行详细阐释。图 18.11 展示了 GraphRAG 具体流程。

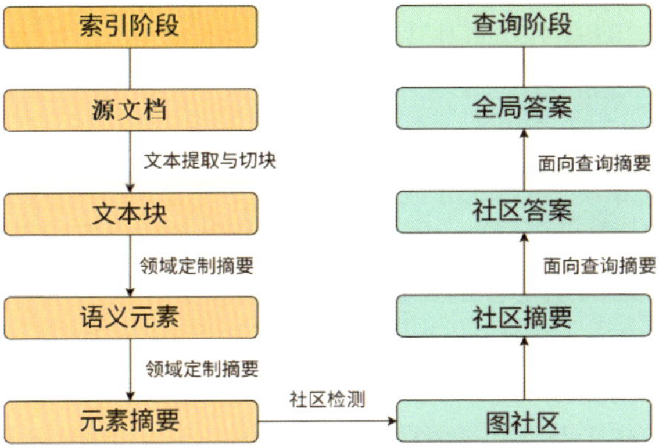

图 18.11 GraphRAG 流程图

18.2.2 索引阶段

索引阶段的核心在于将大规模、异构的原始文本资料转化为高度结构化、可供后续高效检索与推理的知识图谱社区。这一阶段通过多层处理，逐步精炼信息，提升系统对知识组织与利用的能力。

(1) 源文档(Source Documents)

系统从各类原始文本资源中进行数据采集。这些资源可以是结构化数据(如数据库条目)、半结构化数据(如网页、列表)和非结构化数据(如旅游攻略、用户评论、新闻报道)。系统会对数据进行统一格式处理和清洗，确保下游处理的一致性。例如，采集贵州旅游相关攻略、交通信息、景区介绍等多源文本。

(2) 文本块(Text Chunks)

原始文档被进一步切分为较小的文本块，这一步一般采用主题切块、句段切分、滑动窗口等多种策略。分块不仅便于后续信息抽取和并行处理，还能显著提升检索的细粒度和召回率。对于贵州旅游场景来说，典型的块如“荔波小七孔交通方式”“梵净山门票政策”等。

(3) 语义元素(Element Instances)

系统利用自然语言处理模型(如 LLM、命名实体识别、关系抽取等)，自动从每个文本块中识别出关键实体、属性和关系。例如，从“黄果树瀑布是中国著名景点，适合夏季观光”中提取出实体“黄果树瀑布”，属性“著名景点”、关系“适合-夏季-观光”。这些元素实例为后续的知识结构化和主题归纳打下坚实基础。

(4) 语义摘要(Element Summaries)

抽取出的元素经过归纳与进一步信息压缩,被转化为“元素摘要”。摘要过程中可能采用句子聚合、事实抽象、同义合并等算法,减少重复和无关信息,突出核心内容。例如,将涉及“贵阳美食”的若干元素压缩成“贵阳代表美食:肠旺面、豆花米豆腐等”。

(5) 社区检测(Community Detection)

所有元素摘要基于语义相似度、主题分布或图结构相关性进行自动聚类。常用算法有 K-means、层次聚类、Louvain 或 Leiden 等图算法。每个聚类结果被定义为一个“知识社区”,如“景点社区”“交通社区”“美食社区”等。这种社区化结构极大地提升了知识的可组织性和后续问题定位的准确性。

18.2.3 查询阶段

查询阶段的本质在于基于已索引好的知识结构,进行层层筛选、聚合和推理,最终产出高质量、结构化的答案。

(1) 社区检索(Graph Communities)

当用户输入查询(如“贵州夏季适合去哪儿玩?”),系统首先根据问题意图,在知识社区中定位最相关的社区。这一过程可以基于关键词、主题建模或语义嵌入实现。锁定社区极大缩小了检索范围,使系统能快速、精准地获取高相关内容。

(2) 社区摘要(Community Summaries)

在目标社区内,系统会针对用户问题,自动生成领域摘要。这里可能涉及到面向查询的内容过滤、摘要生成、热点信息提取等技术。如在“景点社区”中,聚合“夏季适宜的景点”信息,过滤掉与时节无关的内容。

(3) 社区回答(Community Answers)

基于社区摘要,结合用户特定需求(如“有亲子游乐设施”“交通便利”等),系统利用生成式模型或规则引擎,对摘要内容做更细粒度的组织和补充。例如,给出“黄果树瀑布适合夏季避暑,有观光步道和亲子活动区”。

(4) 全局答案(Global Answer)

面对跨社区或多条件复杂查询,系统会整合多个社区级答案,通过多级聚合、逻辑推理和生成模型输出连贯、结构化的答案。譬如,“贵州五日游怎么安排?”会结合景点推荐、交通衔接、美食体验等多维度信息,生成一份全局性的旅行建议。

传统 RAG 与 GraphRAG 的对比如表 18.5 所列。

表 18.5 RAG 对比

对比维度	传统 RAG	GraphRAG(图增强 RAG)
数据结构	基于平面向量的扁平结构	基于图结构,强调节点与边的语义连接
检索方式	依赖向量相似度计算,找到最接近的文本片段	利用图中实体关系进行图遍历、信息传播与推理

续表 18.5

对比维度	传统 RAG	GraphRAG(图增强 RAG)
上下文理解能力	仅基于文档片段，缺乏上下文整合	融合图中实体关系，增强上下文理解能力
生成信息质量	主要依赖检索片段的直接信息	借助图结构语境提供更丰富、结构化的生成信息
适用任务类型	适用于简单问答、摘要等基础生成任务	更适合复杂推理、多实体关系构建与链式问答等任务
技术复杂度	架构简单，开发门槛低	架构复杂，需构建图谱与推理模块，门槛较高

18.3　GraphRAG 环境配置

在使用 GraphRAG 进行结构化推理前，首先需要完成基础环境的配置。由于本实验采用本地大模型进行推理与生成。因此，需先安装 Ollama 并部署 GraphRAG-local-ollama 环境以支持本地推理，为后续图谱构建与问答流程提供底层支持。

18.3.1　Ollama 安装

Ollama 官方网址如下，需要从官网下载指定的模型(图 18.12)。

- ollama 官网：https://ollama.com。

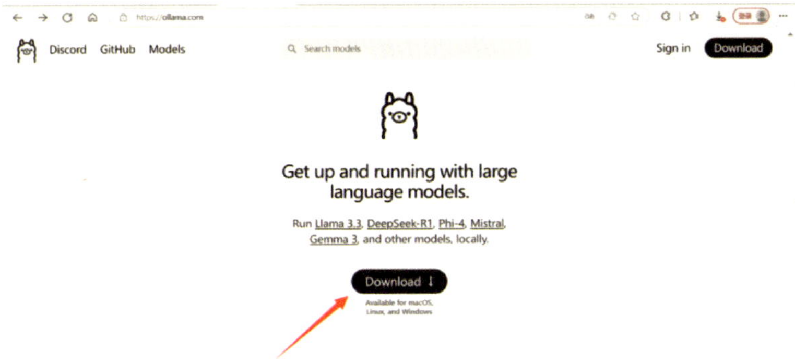

图 18.12　ollama 官网

第一步，本地下载 Ollama。根据自己的操作系统选择对应的 Ollama 安装包，本实验以 Windows 版本为例(图 18.13)。

下载完成后，由于 Ollama 安装包默认安装到 C 盘，可通过命令提示符指定安装路径，运行后会自动弹出安装界面，按提示完成安装即可，如图 18.14 所示。

```
OllamaSetup.exe    /DIR="D:\ollama"
```

第二步，配置环境变量。将模型下载路径添加为 OLLAMA_MODELS 环境变量，以

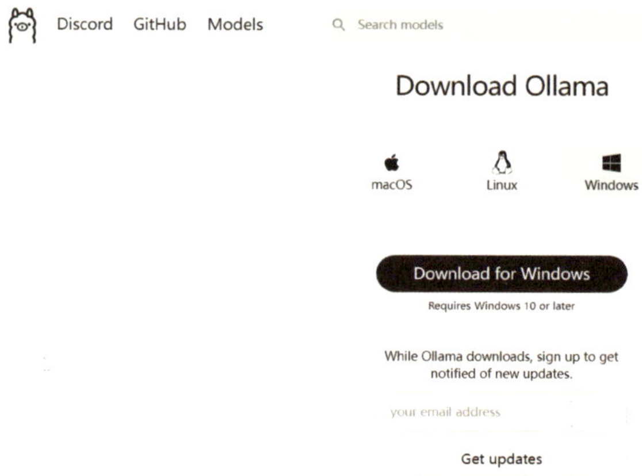

图 18.13　ollama 下载

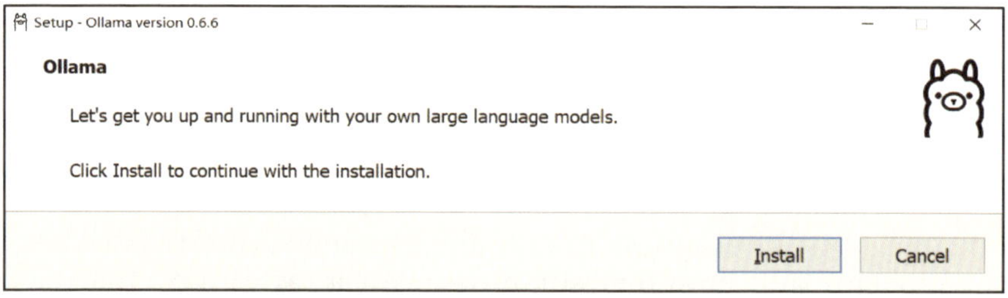

图 18.14　ollama 安装界面

指定模型的存储位置。具体设置如图 18.15 所示,在“高级”→“环境变量”中添加新的值。

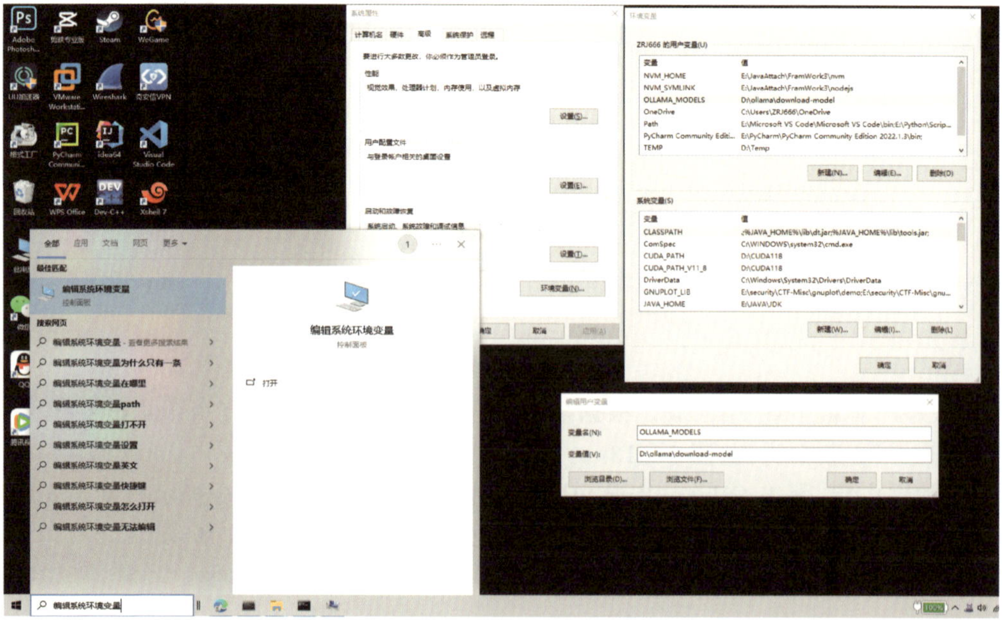

图 18.15　环境变量配置

第三步，使用 ollama 下载相应 LLM 和 embedding。常见的 ollama 命令如表 18.6 所列。

```
ollama run deepseek - r1:7b
ollama run llama3
ollama pull nomic - embed - text   # 英文 embedding
ollama pull shaw/dmeta - embedding - zh:latest   # 中文 embedding
```

表 18.6 常见的 ollama 命令

命 令	功能说明	示 例
ollama serve	启动 Ollama 服务	ollama serve
ollama run ＜模型名＞	运行指定模型(首次自动下载)	ollama run llama3
ollama pull ＜模型名＞	从模型库拉取模型	ollama pull mistral
ollama list	列出本地已下载的模型	ollama list
ollama ps	显示当前正在运行的模型	ollama ps
ollama rm ＜模型名＞	删除本地模型	ollama rm llama3
ollama show ＜模型名＞	查看模型详细信息	ollama show llama3

Ollama 支持的模型可在 https://ollama.com/search 查看并选择下载，表 18.7 展示了部分示例。

表 18.7 DeepSeek 模型下载命令

模型名称	大小	下载命令
DeepSeek - R1 1.5b	1.5 GB	ollama run deepseek - r1:1.5b
DeepSeek - R1 7b	4.7 GB	ollama run deepseek - r1:7b
DeepSeek - R1 8b	4.9 GB	ollama run deepseek - r1:8b
DeepSeek - R1 14b	9.0 GB	ollama run deepseek - r1:14b
DeepSeek - R1 32b	20 GB	ollama run deepseek - r1:32b
DeepSeek - R1 70b	43 GB	ollama run deepseek - r1:70b
DeepSeek - R1671b	404 GB	ollama run deepseek - r1:671b

第四步，使用 ollama 运行 deepseek。命令如下，譬如搜索"你是谁"，本地 DeepSeek 会对其本身进行描述，回答 DeepSeek 是中国深度求索公司开发的智能助手，如图 18.16 所示。

```
ollama run deepseek - r1:7B
```

图 18.16 DeepSeek 运行界面

第五步,启动 Ollama 服务。启动后,若在浏览器中打开对应 URL,其显示 Ollama is running 则表示启动成功(图 18.17),可以利用该服务执行后续实验。

```
ollama serve
```

图 18.17　ollama 启动页面

18.3.2　GraphRAG 安装

接着,我们需要安装 GraphRAG,以尝试知识推理。其官网(图 18.18)网址如下所示。

■ GraphRAG 项目:https://github.com/microsoft/graphrag。

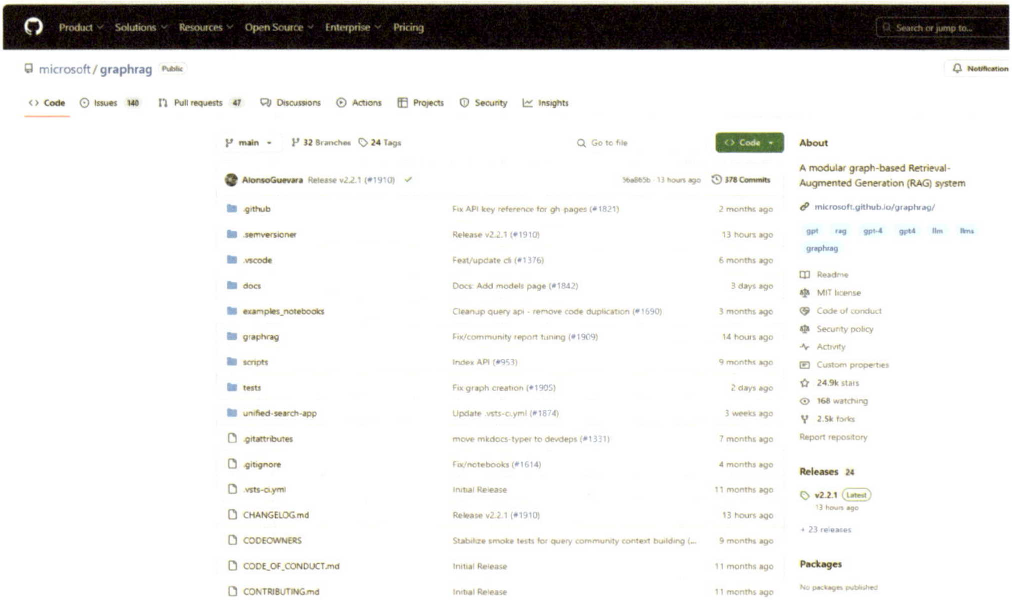

图 18.18　GraphRAG 资源

由于 GraphRAG 仅支持 OpenAI 风格的模型,不支持 Ollama 风格,且直接调用 OpenAI API 成本较高。因此,本书选择本地部署模型。为简化开发流程并节省时间,我们采用了社区集成的 Ollama 本地部署与 GraphRAG 的方案。

本次实验采用的是 GraphRAG-local-ollama 项目代码,推荐使用 Python 3.10 环境。

第一步,访问 GraphRAG-local-ollama 项目官网。GraphRAG-local-ollama 项目如下网址为 https://github.com/TheAiSingularity/graphrag-local-ollama,如图 18.19

所示。

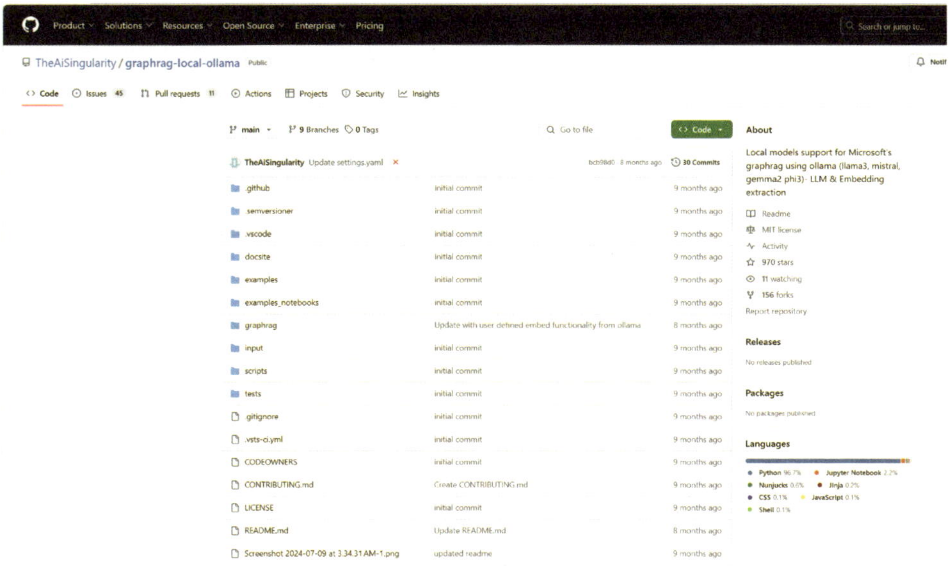

图 18.19　GraphRAG-local-ollama 资源

第二步，利用 Git 下载 GraphRAG-ollama-local 项目代码。关键命令如下所示。

```
git clone https://github.com/TheAiSingularity/graphrag-local-ollama.git
```

由于作者是在 Windows 环境下配置 GraphRAG。因此，通过 MinGW 工具执行 git 操作，从而将远程代码下载至本地，运行结果如图 18.20 所示。

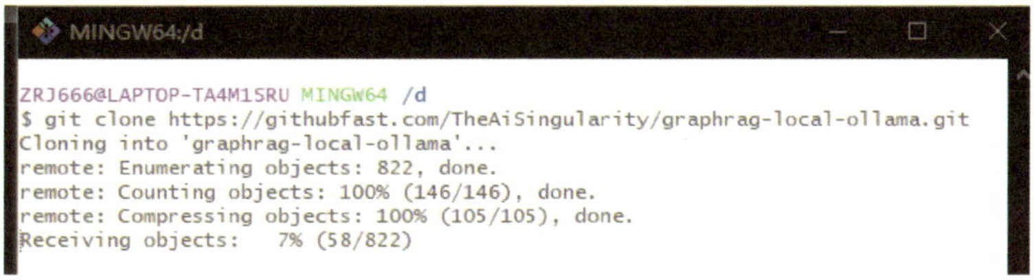

图 18.20　下载远程资源

温馨小提示：

Git Bash 是一个在 Windows 上运行的类 Unix 终端工具，它由 Git for Windows 提供，底层基于 MinGW(Minimalist GNU for Windows)环境。通过内置的 bash shell 和 GNU 工具集，Git Bash 允许用户在 Windows 系统中使用类似 Linux 的命令行操作，极大地方便了 Git 操作和开发工作流程。

如果直接在 UI 界面下载压缩包，需补充相关命令将该文件夹初始化为 Git 仓库

```
git init
git add .
```

```
git commit -m "init"
```

第三步,配置 GraphRAG 环境,执行相关命令安装依赖

```
pip install -e .
pip install future
```

18.4 GraphRAG 实例

本节将通过两个典型任务场景,展示 GraphRAG 在实际智能问答中的应用效果。通过对比大语言模型与 GraphRAG 在不同任务类型下的回答表现,直观体现 GraphRAG 在结构化推理与信息精准获取方面的优势。

18.4.1 GraphRAG 基础使用

本节介绍了 GraphRAG 的基础使用方法,包括工作目录的创建、输入文件的配置、环境参数的修改以及本地模型的替换与调用流程。通过设置 settings.yaml 文件并运行基础命令,即可完成图谱索引与问答查询,为后续功能测试打下基础。

第一步,创建 GraphRAG 工作目录,并将输入文件放入指定文件夹。

```
mkdir -p ./ragtest/input        #若是图形化操作系统可直接用图形化界面创建
cp input/* ./ragtest/input      #把项目里面的输入放进去,可以换成自己想要的输入
```

第二步,初始化该目录后,将配置文件复制到工作文件夹中,完成环境准备

```
python -m graphrag.index --init --root ./ragtest
cp settings.yaml ./ragtest    #把项目里面的配置好的环境放进去
```

settings.yaml 文件如图 18.21 所示,可以通过修改相关配置来切换不同的模型。

第三步,开始构建 GraphRAG。只需在工作目录下运行相关命令。

```
python -m graphrag.index --root ./ragtest
```

```
llm:
  api_key: ${GRAPHRAG_API_KEY}
  type: openai_chat # or azure_openai_chat
  model: llama3
  model_supports_json: true # recommended if this is available for your model.
  # max_tokens: 4000
  # request_timeout: 180.0
  api_base: http://localhost:11434/v1
  # api_version: 2024-02-15-preview
  # organization: <organization_id>
  # deployment_name: <azure_model_deployment_name>
  # tokens_per_minute: 150_000 # set a leaky bucket throttle
  # requests_per_minute: 10_000 # set a leaky bucket throttle
  # max_retries: 10
  # max_retry_wait: 10.0
  # sleep_on_rate_limit_recommendation: true # whether to sleep when azure suggests wait-times
  # concurrent_requests: 25 # the number of parallel inflight requests that may be made
```

图 18.21 settings.yaml 环境修改

```yaml
embeddings:
  ## parallelization: override the global parallelization settings for embeddings
  async_mode: threaded # or asyncio
  llm:
    api_key: ${GRAPHRAG_API_KEY}
    type: openai_embedding # or azure_openai_embedding
    model: nomic-embed-text
    api_base: http://localhost:11434/api
    # api_version: 2024-02-15-preview
    # organization: <organization_id>
    # deployment_name: <azure_model_deployment_name>
    # tokens_per_minute: 150_000 # set a leaky bucket throttle
    # requests_per_minute: 10_000 # set a leaky bucket throttle
    # max_retries: 10
    # max_retry_wait: 10.0
    # sleep_on_rate_limit_recommendation: true # whether to sleep when azure suggests wait-times
    # concurrent_requests: 25 # the number of parallel inflight requests that may be made
    # batch_size: 16 # the number of documents to send in a single request
    # batch_max_tokens: 8191 # the maximum number of tokens to send in a single request
    # target: required # or optional
```

图 18.21　settings.yaml 环境修改(续)

第四步，使用 GraphRAG 进行问答时，只需在工作目录下运行相应命令进行查询。

```
python -m graphrag.query --root ./ragtest --method global "What is GraphRAG?"
```

18.4.2　开放式内容生成任务

本节提示词对应的问题如下，针对该这一问题，虽然表面上只是一次简单的出行咨询，但实质上考验模型对开放式、主观性强内容的理解与组织能力。LLM 会基于已有知识直接生成回答，RAG 则通过外部检索提升信息准确性，而 GraphRAG 结合知识图谱进行结构化推理。

What are some recommended tourist attractions to visit in Guiyang during the May Day holiday?

翻译：五一假期去贵阳旅游有哪些推荐景点？

下面将展示三种方法的回答差异。

(1) LLM 推理

在 LLM 给出的答案中存在错误，提到了贵阳实际上不存在的“乌龙河”。为了方便读者进行理解，我们将相关内容已翻译成中文，详细结果如图 18.22 所示。

```
C:\Users\ZRJ666>ollama run llama3
>>> What are some recommended tourist attractions to visit in Guiyang during the May Day holiday?
Guiyang, the capital city of Guizhou Province in southwest China, is a great destination for a May Day holiday.
Here are some recommended tourist attractions to visit:

1. **Hongfu Temple** (,): A famous Buddhist temple with a long history dating back to the Tang Dynasty. The temple
is known for its beautiful architecture, peaceful atmosphere, and stunning views of the surrounding hills.

2. **Qianlingshan Forest Park** (): This scenic park is located in the heart of Guiyang City and features lush
forests, waterfalls, and hiking trails. It's a great place to escape the hustle and bustle of city life and enjoy
nature.

3. **Wulong River** (): Take a boat ride along the Wulong River to admire its stunning scenery and try your hand
at fishing (if you're interested). You can also take a cable car to the top for panoramic views of the river
valley.

4. **Guiyang Folk Customs Museum** (): This museum showcases the rich cultural heritage of Guizhou Province, with
exhibits on local customs, traditions, and handicrafts. It's a great place to learn about the region's history and
culture.

5. **Jiaxiu Tower** (,): Located in the heart of the city, Jiaxiu Tower is a historic landmark that dates back to
the Ming Dynasty. The tower offers stunning views of the city and is surrounded by beautiful gardens and walking
paths.
```

图 18.22　llama3 推理结果

贵阳是中国西南贵州省的省会,是五一假期旅游的好去处。以下是一些推荐的旅游景点:

弘福寺:这是一座著名的佛教寺庙,可以追溯到唐代。寺庙以其精美的建筑、宁静的氛围和周围群山的壮丽景色而闻名。

黔灵山森林公园:这个风景优美的公园位于贵阳市中心,拥有郁郁葱葱的森林、瀑布和徒步小径。这里是远离城市喧嚣、亲近自然的好地方。

乌龙河:可以乘船游览乌龙河,欣赏其美丽的风景,还可以体验钓鱼(如果你感兴趣的话)。你也可以乘坐缆车到山顶,俯瞰河谷的全景。

(2) RAG 推理

RAG 回答内容(图 18.23)较为准确,但与检索到的文本高度相似。

用户:五一假期贵阳有哪些值得推荐的旅游景点?

检索文本:

无论您是寻求徒步旅行、观光、冥想,还是只是逃离城市的喧嚣,黔灵山公园都将为您带来独特而有益的体验,巩固其作为贵阳必游目的地的地位。

红枫湖为游客提供了各种各样的娱乐活动,包括乘船游览、钓鱼、徒步旅行和摄影。该地区还以其美味的当地美食而闻名,尤其是新鲜的鱼类和地区特色菜。一年四季,充满活力的民俗和丰富多彩的节日将湖畔社区带入生活,为游客提供贵州丰富文化遗产的真实体验。

当您探索这片土地时,您可能会遇到顽皮的猕猴,它们自由地栖息在该地区,并已成为公园的生动象征。蜿蜒的石路和台阶登上黔灵山山顶,游客可以在那里欣赏到贵阳和周围景观的全景。在旅途中,亭台楼阁、古老的石刻和宁静的花园为休息和欣赏自然美景提供了诱人的场所。

模型回答:无论您是寻求徒步旅行、观光、冥想,还是只是逃离城市的喧嚣,黔灵山公园都将为您带来独特而有益的体验,巩固其作为贵阳必游目的地的地位。

```
E:\Anaconda\envs\Llama3Rag\python.exe E:/PythonProject/Llama3-2/Model/mychat2.py
Downloading Model to directory: ./Meta-Llama-3-8B-Instruct\hub\LLM-Research/Meta-Llama-3-8B-Instruct
Loading checkpoint shards: 100%|██████████| 4/4 [00:00<00:00,  6.48it/s]
用户: What are some recommended tourist attractions to visit in Guiyang during the May Day holiday?
检索文本:
Whether you seek hiking, sightseeing, meditation, or simply a retreat from the city's bustle, Qianlingshan Park promises a unique and rewarding experience, solid
Hongfeng Lake offers visitors a wide array of recreational activities, including boat tours, fishing, hiking, and photography. The area is also known for its del
As you explore the grounds, you are likely to encounter playful macaque monkeys that freely inhabit the area and have become a lively symbol of the park. Winding
Setting `pad_token_id` to `eos_token_id`:None for open-end generation.
C:\Users\ZRJ666\AppData\Roaming\Python\Python311\site-packages\transformers\models\llama\modeling_llama.py:602: UserWarning: 1Torch was not compiled with flash a
  attn_output = torch.nn.functional.scaled_dot_product_attention(
模型:  Whether you seek hiking, sightseeing, meditation, or simply a retreat from the city's bustle, Qianlingshan Park promises a unique and rewarding experience,
```

图 18.23 RAG 推理结果

(3) GraphRAG 推理

GraphRAG 回答内容(图 18.24):内容准确、结构清晰,且信息有据可循,但景点间的关联推理上尚不明显。

贵阳推荐旅游景点汇总(五一假期)

根据多位分析师的报告,我们总结了五一假期来贵阳旅游的首选景点:

黔灵山

黔灵山是贵阳不可错过的著名景点,以其自然美景和文化意义吸引着众多游客。登临黔灵山,可以欣赏到南明河和周边风光的壮丽景色【数据来源:报告(1)】。

甲秀楼

甲秀楼是贵阳另一处标志性地标,同样不容错过。这座历史悠久的楼阁象征着贵阳深厚的文化底蕴,游客可在此欣赏其独特的建筑美学和南明河的秀丽景色【数据来源:报告(2)】。

黔灵山公园

黔灵山公园是户外爱好者的热门选择,公园内绿意盎然,步道纵横,设有野餐区。游客可以在这片宁静环境中尽情欣赏美丽风光、放松身心【数据来源:报告(1)】。

这三大景点在五一假期期间尤为推荐。它们各具特色,兼具自然美景、文化底蕴和丰富的休闲活动,适合各类游客前往游览体验。

其他推荐

除了上述三大景点外,贵阳还有许多值得发掘的“隐藏宝藏”。如需获取更多旅游景点信息,请参考【数据来源:报告(3, 4, 及更多)】。

请合理安排你的行程,充分享受五一假期在贵阳的美好时光!

```
(graphrag-ollama-local) PS D:\graphrag-local-ollama> python -m graphrag.query --root ./ragtest --method global "What are some recommended tourist attractions to visit in Guiyang during the May Day holiday?"

INFO: Reading settings from ragtest\settings.yaml
creating llm client with {'api_key': 'REDACTED,len=9', 'type': "openai_chat", 'model': 'llama3', 'max_tokens': 4000, 'temperature': 0.0, 'top_p': 1.0, 'request_timeout': 180.0, 'api_base': 'http://localhost:1
, 'organization': None, 'proxy': None, 'cognitive_services_endpoint': None, 'deployment_name': None, 'model_supports_json': True, 'tokens_per_minute': 0, 'requests_per_minute': 0, 'max_retries': 10, 'max_retr
_limit_recommendation': True, 'concurrent_requests': 25}

SUCCESS: Global Search Response: **Recommended Tourist Attractions in Guiyang**

As the CITY and URBAN WETLAND is a unique attraction that combines nature and urban planning, it's definitely worth visiting. Visitors can explore the urban wetland, learn about its importance, and enjoy the
 Entities (1), Relationships (0)]

**Other Recommendations**

For those interested in history and culture, the **GUIYANG MUSEUM OF CHINESE REVOLUTIONARY HISTORY** is a must-visit. The museum showcases the city's rich revolutionary heritage and features exhibits on the C
y years of the People's Republic of China. [Data: Reports (2, 5, 14, 23, 31)]

Nature lovers may enjoy a visit to the **GUIYANG BAOHUILING SCENIC AREA**, which offers stunning views of the surrounding mountains and valleys. The area is also home to several hiking trails and waterfalls.
 33)]

For families with children, the **GUIYANG ZOO** is a great place to spend the day. The zoo features a variety of animals from around the world, including giant pandas, giraffes, and monkeys. [Data: Reports (

**More Recommendations**

If you're looking for something more adventurous, consider visiting the **GUIYANG TAIHONG LAKE**, which offers boat rides and water sports in the summer months. In the winter, the lake becomes a popular spot
Data: Reports (7, 10, 15, 22, 30)]

For those interested in shopping and dining, the **GUIYANG NIGHT MARKET** is a great place to find unique souvenirs and try local street food. The market offers a wide range of goods, from handmade crafts to
ta: Reports (8, 12, 16, 21, 29)]

Overall, Guiyang has plenty of attractions to offer during the May Day holiday. Whether you're interested in history, nature, or family-friendly activities, there's something for everyone in this beautiful ci
(graphrag-ollama-local) PS D:\graphrag-local-ollama>
```

图 18.24 GraphRAG 推理结果

此类任务属于开放式问答,问题没有固定答案,强调模型在理解语境、整合模糊信息并进行语言生成方面的能力。由于该任务依赖大规模语料中的常识和写作能力,GraphRAG 并不具备显著优势。

18.4.3 结构化关系推理任务

面对“荔波小七孔所属省份的省会是哪里?”这一问题,其实背后包含了多层关系推理:我们需要先知道荔波小七孔在哪个省,再进一步找到这个省的省会。对于这样需要一步步推导的信息,不同模型的处理方式会有明显差异。下面我们就以这个问题为例,看看大语言模型和 GraphRAG 给出的回答有何不同。

(1) LLM 推理

LLM 错误判断荔波小七孔位于广西。

荔波小七孔指的是位于中国广西漓江流域的一个小村庄。广西的省会城市是南宁市。

(2) GraphRAG 推理

GraphRAG 正确推理出最终的结果

回答：

根据提供的信息，荔波小七孔位于贵州省，而贵州省的省会城市是贵阳。

分析师报告总结：

根据多位分析师的报告，我们可以得出结论：荔波小七孔位于贵州省境内。

根据分析师 1 号的报告，天河潭社区围绕着天河潭这一实体展开，该实体位于贵州省内。

这一点突出了贵州省与天河潭及其地方传统与历史之间的联系。

主要发现：

贵州省的省会城市是贵阳【数据来源：报告(12、23、35、47、62 及更多)】。

这一信息对于理解荔波小七孔在省内的地理位置和背景具有重要意义。

影响与意义：

了解荔波小七孔位于贵州省，且贵州省的省会是贵阳，这为分析或与荔波小七孔相关的事务提供了宝贵的背景信息。

在进行相关分析或互动时，考虑当地的传统、历史及地区关系可能是至关重要的。

综上，LLM 误将其归于广西并给出错误答案南宁；而 GraphRAG 通过图谱推理准确识别其位于贵州省，正确得出省会为贵阳，结合多份报告支撑，展现更高的准确性与推理可信度。

18.5 GraphRAG 可视化分析

在图谱构建与推理任务中，可视化是一项关键环节，能够帮助我们直观理解数据结构和实体关系。Neo4j 提供基于知识图谱的可视化界面，使得复杂的实体与关系查询结果更加清晰，便于分析推理路径和图谱完整性；而 GraphRAG 提供的 visualize-graphml.py 则以三维空间形式展现图结构，有助于观察节点密度、社区分布以及局部聚合特征。通过这两种可视化方式，我们可以从关系逻辑和结构形态两个维度，对图谱数据进行更深入的理解和优化。

18.5.1 visualize - graphml 可视化

可通过该脚本对输出文件进行三维可视化展示。该脚本基于 Plotly 实现,运行后可在浏览器中直观查看图谱结构和节点分布,便于理解图中实体间的关系。

第一步,修改项目首页的 visualize-graphml.py 文件,将代码中的 Graph 路径替换为上一步索引操作输出的实际文件路径。如图 18.25 所示。

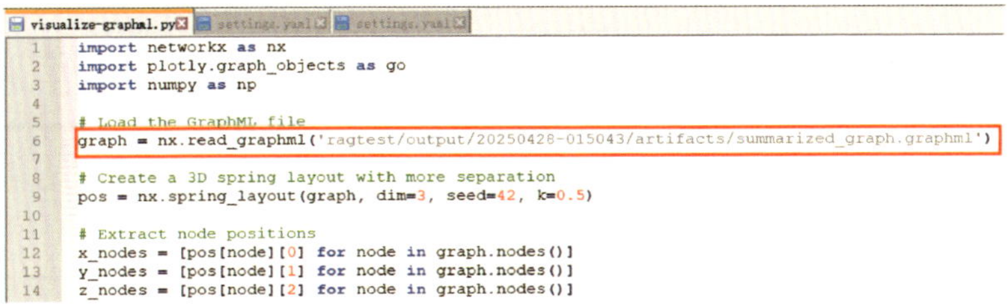

```
import networkx as nx
import plotly.graph_objects as go
import numpy as np

# Load the GraphML file
graph = nx.read_graphml('ragtest/output/20250428-015043/artifacts/summarized_graph.graphml')

# Create a 3D spring layout with more separation
pos = nx.spring_layout(graph, dim=3, seed=42, k=0.5)

# Extract node positions
x_nodes = [pos[node][0] for node in graph.nodes()]
y_nodes = [pos[node][1] for node in graph.nodes()]
z_nodes = [pos[node][2] for node in graph.nodes()]
```

图 18.25 visualize - graphml.py 代码

第二步,运行脚本即可启动图形化界面。

```
pip install plotly    # 安装必要的库
python visualize - graphml.py
```

可视化结果如图 18.26 所示:

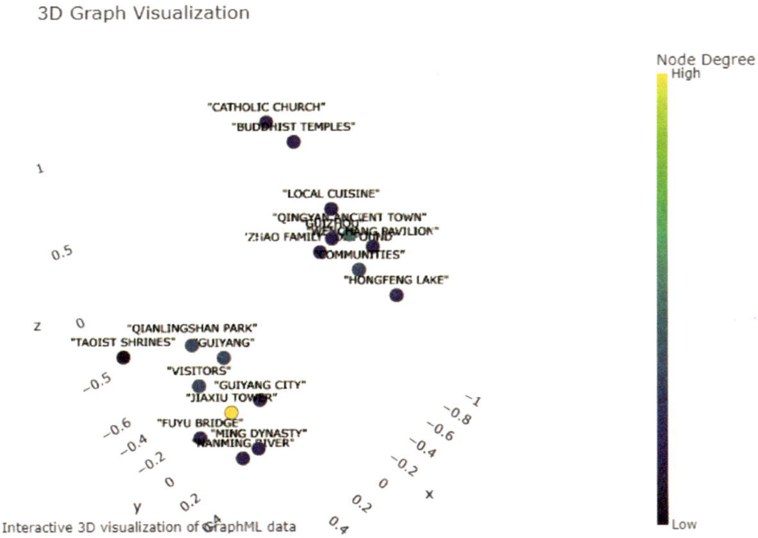

图 18.26 visualize - graphml.py 展示效果

18.5.2 Neo4j 可视化及知识图谱构建

本实验使用 Neo4j 3.5.5 搭配 APOC 3.5.0 插件,实现 graphml 文件的导入与可视化展示,满足图谱结构的直观分析需求。

第一步,修改配置生成 graphml 数据文件。将 settings. yaml 中的 snapshots. graphml 设置为 true(图 18. 27),即可在 output 目录的对应模块下生成四个 GraphML 格式的图谱文件,如表 18. 8 所示。

```
snapshots:
  graphml: true
  raw_entities: yes
  top_level_nodes: yes
```

图 18. 27 配置文件

表 18. 8 graphml 数据文件

文件名	含义说明
clustered_graph. graphml	社区检测后的图结构,节点已分簇,适合看主题/领域聚合结构
embedded_graph. graphml	包含嵌入向量的图结构,可能保留了实体语义特征
merged_graph. graphml	融合多个视角后的完整知识图谱(最接近传统的 graph. graphml)
summarized_graph. graphml	图谱摘要结构,保留核心节点/关系,适合简图展示

第二步,NeO4j 下载配置。NeO4j 是一款开源图数据库,专用于存储和查询以节点和关系组成的图结构,支持可视化展示和复杂的关系查询,广泛应用于知识图谱和关联分析场景。NeO4j 官网下载如图 18. 28 所示。

■ NeO4j 官网:https://neo4j. com/deployment-center/。

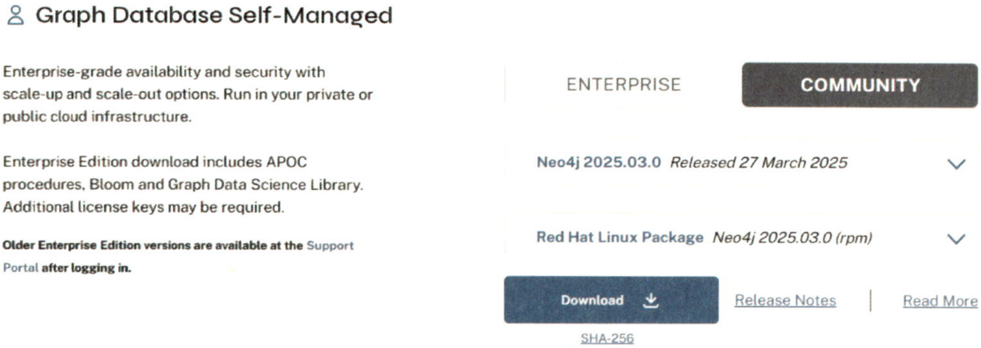

图 18. 28 NeO4j 官网下载

第三步,系统变量 PATH 添加 Neo4j 路径下的 bin 目录(见图 18. 29)。
设置变量 NEO4J_HOME 为 Neo4j 安装目录,如图 18. 30 所示。
同时修改 neo4j 安装目录下 conf/neo4j. conf18. 29。

```
dbms.directories.import = import # 允许从 import 文件夹读取
dbms.security.allow_csv_import_from_file_urls = true # 允许 file:/// 协议导入
apoc.import.file.enabled = true # 允许 APOC 从本地文件导入
dbms.security.procedures.unrestricted = apoc.* # 允许 APOC 从本地文件导入
dbms.active_database = deepKG.db #设置当前数据库
```

第四步,Apoc 插件安装。

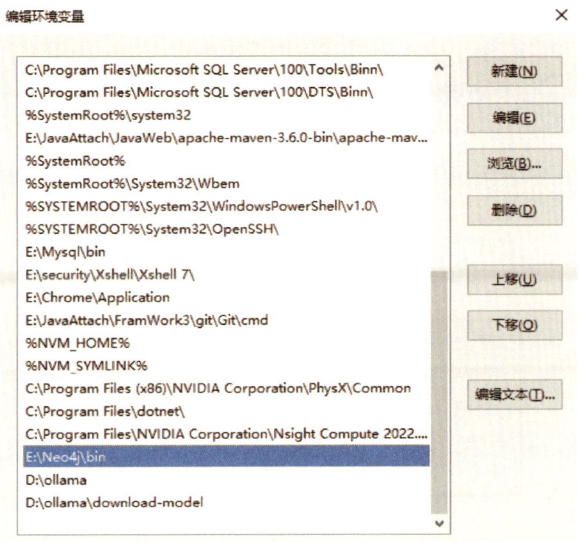

图 18.29　编辑系统变量 PATH

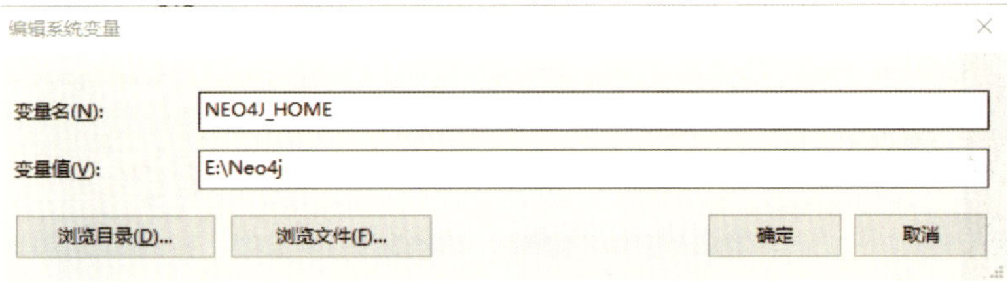

图 18.30　添加系统变量

由于 Neo4j 无法直接读取 graphml 文件，因此需要引入 APOC 插件；但不同版本的 Neo4j 对应的 APOC 插件版本也不同，若不匹配将导致无法加载，请根据所用 Neo4j 版本选择并下载对应的 APOC 插件（图 18.31），并将其放置在 Neo4j 安装目录下的\plugins 文件夹中。

■ 下载地址：https://neo4j.com/docs/apoc/current/installation/#apoc。

第五步，neo4j 使用。neo4j 界面如图 18.32 所示。

■ 使用命令启动 Neo4j。

```
neo4j console
```

■ 使用 APOC 导入 merged_graph.graphml

```
CALL  apoc.import.graphml("file:///merged_graph.graphml", {batchSize: 10000, readLabels: true});
```

■ 去除空值并把 type 类型作为 Label 类型。

```
MATCH (n)
```

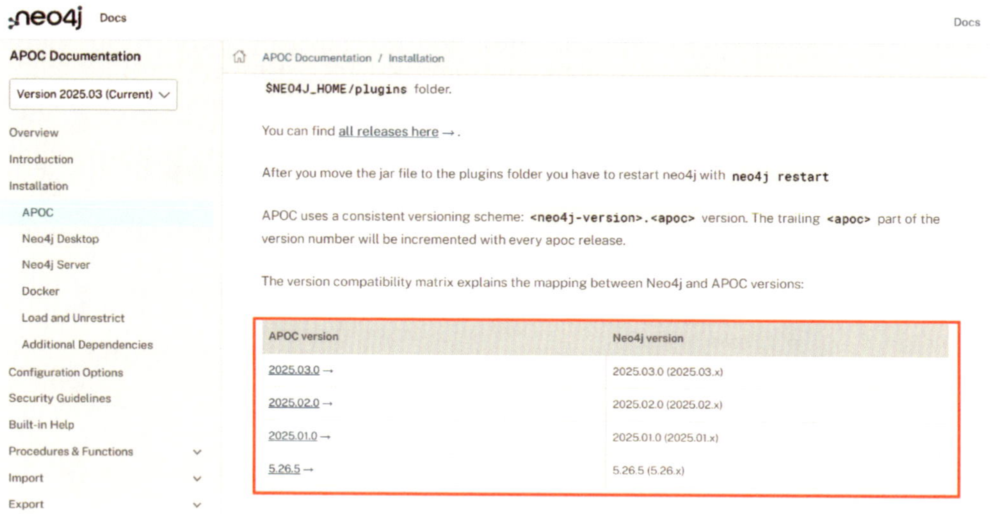

图 18.31 APOC 下载

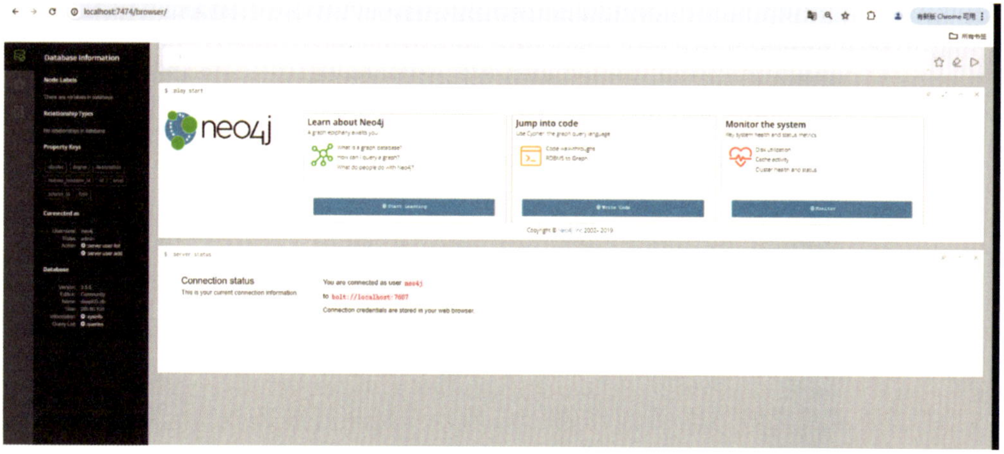

图 18.32 neo4j 界面

```
WHERE n.type IS NOT NULL AND trim(n.type) <> ""
CALL apoc.create.addLabels(n, [n.type]) YIELD node
RETURN count(*);
```

由于 GraphRAG 的抽取方式不同于传统的三元组抽取任务，其提取的实体通常对应于一个完整的文本块，而关系仅表示这些文本块之间存在某种联系，并不具备明确的语义指向。如图所示，GraphRAG 进一步对图结构进行了社区划分，便于识别信息聚合区域与主题关联。最终利用 GraphRAG 生成了知识图谱，如图 18.33 所示。

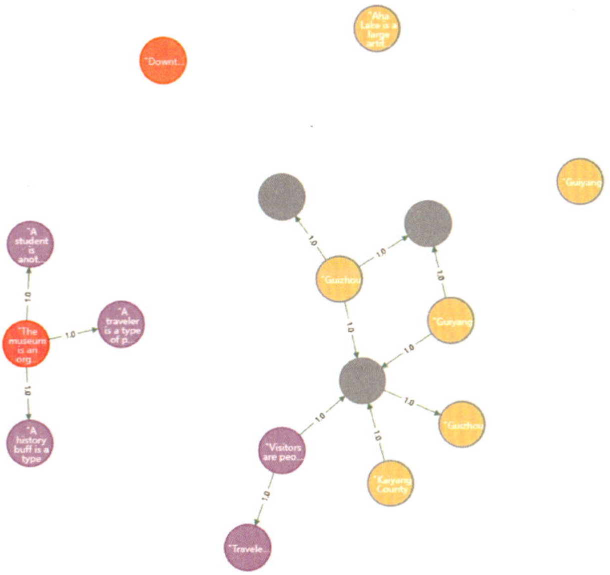

图 18.33 知识图谱展示

18.6 本章小结

本章系统地介绍了如何利用 DeepSeek - RAG 技术实现知识图谱推理，首先从 RAG 的基本原理入手，分析其核心架构、向量检索机制以及朴素与高级 RAG 架构的差异，并通过实战案例展示其具体实现。随后引入 GraphRAG 模型，详解其索引与查询阶段的工作流程，并逐步讲解了从环境配置（包括 Ollama 和 GraphRAG 的安装）、模型替换，到基础使用与典型任务示例的全过程。通过开放式内容生成与结构化关系推理两类任务，直观对比了 GraphRAG 与传统大模型在不同场景下的表现。最后，章节还介绍了如何使用 Neo4j 对图谱进行可视化，辅助用户理解实体关系与图结构。整体内容覆盖从原理到实操，构建起完整的 GraphRAG 应用框架，为知识图谱推理提供了可落地的技术路径。

第19章　DeepSeek+MCP赋能智能体实战开发探索

本章聚焦于DeepSeek与模型上下文协议(Model Context Protocol, MCP)在智能体开发中的深度融合应用,旨在探索大语言模型驱动下的智能体(Agent)构建机制与实战能力。系统解析MCP的协议机制与服务组件,剖析其在任务编排、上下文维护与智能响应中的关键作用。在此基础上,结合VS Code+CLine环境配置,展示DeepSeek与MCP的集成方法,并通过典型案例详解基于该体系的智能体实战开发流程,助力构建具备自主理解、动态决策与任务执行能力的AI系统。

19.1　智能体的核心概念和发展

在人工智能技术不断演进的过程中,智能体作为具备感知、推理与行动能力的系统组件,正逐渐成为连接大语言模型与外部世界的关键桥梁。从早期的基于规则的专家系统到当下依托大模型驱动的自治智能体,智能体的定义与实现方式经历了显著演化。尤其在大语言模型强大自然语言理解与生成能力的加持下,现代智能体具备了更强的任务感知能力、推理规划能力和自主执行能力。

19.1.1　智能体的定义与特性

在人工智能领域,智能体是一个能够自主感知环境、做出决策并执行动作以达成目标的系统。它是智能系统的核心构件之一,具备一定程度的自主性、适应性和目标导向能力。通俗地说,智能体就像一个"能够观察世界并采取行动"的软件或实体,其智能行为不依赖人工指令,而是源自其自身对环境的理解和对目标的追求。

在传统的软件系统中,函数调用(Function Calling)是一种被动执行机制。开发者预先定义函数及其参数,程序在运行过程中根据触发条件或用户请求调用这些函数,完成特定的操作。该过程本质上是"请求-响应"式的,无状态、线性、严格受控,系统不会主动感知环境或自主决定行为。

与之不同,智能体是一种具备"感知-推理-决策-执行"闭环能力的主动型系统,如图19.1所示。在构建基于大模型的智能体时,我们赋予其不仅仅是工具调用的接口,

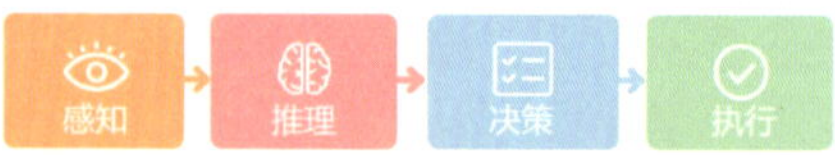

图19.1　智能体执行过程

更是“自主完成任务”的能力。这种能力体现在以下三个方面。

- 感知能力使得智能体能够理解外部输入的信息，它不再只是接受明确指令，而是可以根据自然语言、上下文历史，甚至环境状态判断当前任务所处的情境。
- 推理与决策能力是智能体区别于传统系统的核心之一。智能体通过大模型的语言理解和规划能力，不仅能“知道做什么”，还能“决定如何做”。在 DeepSeek 构建的智能体系统中，常见的推理链包括多步思考、条件判断、策略选择等过程。
- 执行能力意味着智能体不只是一个语言生成模型，而是一个可以联动实际系统的行动者。借助 MCP 协议，智能体可以调用外部插件、执行查询、完成操作，并将结果反馈给用户或用于后续判断，形成真正闭环的智能行为链。

综上，传统函数调用系统强调“调用已知函数以完成指定任务”，而智能体系统强调“在不确定环境中自主完成复杂任务”。函数系统是静态的指令集合，而智能体则是一个动态的智能决策体。正是这种从被动执行到主动推理、从线性响应到状态感知的跃迁，使得大语言模型在赋能智能体时展现出前所未有的潜力。

19.1.2 智能体的核心架构与关键模块

在现代大语言模型快速演进的背景下，Agent 架构正在逐步从简单指令执行单元，演化为具有自主理解、记忆、计划和行动能力的复杂系统。中国人民大学高瓴人工智能学院发布的综述论文 *A Survey on Large Language Model based Autonomous Agents* 中，研究者将智能体（Agent）（图 19.2）中所示框架界定为一个由四个关键组成：身份档案（Profile）、记忆系统（Memory）、任务规划（Planning）与行为执行（Action）。它们分别从个性建模、信息保持、目标拆解到任务落地，形成一个完整、闭环的智能工作流程。

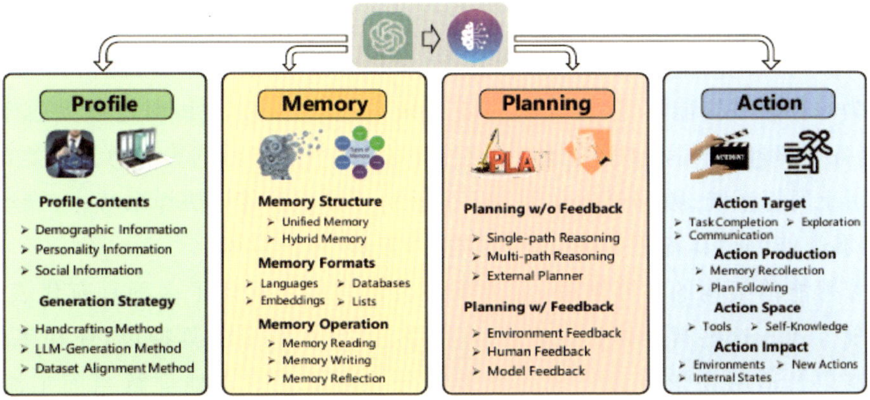

图 19.2 智能体关键组成

(1) Profile 模块:定义了每个 Agent 的“角色特征”,包括其背景知识、个性倾向与社交属性。通过设定如人口统计、性格标签或社交偏好等信息,Agent 的行为可以更具一致性与人设感。这些身份信息既可以通过人工设定获得,也可以由大模型自动生成,甚至通过对齐特定数据集动态学习而来。该模块的设计使得智能体不再是“无面孔”的执行器,而是拥有差异化角色与行为模式的对话体或协作者。

(2) Memory 模块:是 Agent 的信息保持中枢,涵盖短期记忆(如当前对话轮)与长期记忆(如任务知识或历史交互)。该模块支持多种格式(自然语言、数据库、向量嵌入等),并提供读取、写入和反思操作能力。通过对记忆的高效管理,Agent 能够在复杂场景中保持上下文一致性,实现信息回溯与行为调整,是实现“智能连续性”的关键。

(3) Planning 模块:负责将用户目标拆解为具体可执行的子任务,是智能体从“语言理解”迈向“目标驱动”的桥梁。该模块支持无反馈路径(如单步或多步静态推理),也支持结合人类反馈、环境反馈等动态调整机制。借助 LLM 的强大推理能力,Planning 模块能够实现自主的策略优化、意图调整与行动规划,尤其适用于多阶段任务与开放式问题解决。

(4) Action 模块:是规划结果的落地载体,控制智能体如何实际调用工具、完成任务、反馈结果。它涵盖任务完成、信息探索、对话交互等多种目标类型,并支持与记忆系统、工具链联动的行动生成策略。通过动态选择调用外部 API、内置工具或自我知识模块,Agent 可以“主动执行”而非仅“被动回答”,展现出更强的能力闭环。

这一架构体系展现了 LLM - Agent 在结构化能力、上下文处理、任务管理和多模态协作上的全面升级。四大模块围绕 LLM 构建协同机制,使得智能体具备“像人一样理解语境、像专家一样规划任务、像工具一样完成行动”的复合智能,成为真正可持续运行、适配复杂环境的通用智能代理。

19.1.3 基于大语言模型的智能体形态

在当前大语言模型广泛应用的背景下,智能体的概念也在发生扩展。LLM - Agent 作为一种新型智能体,不再依赖固定的规则或有限状态机,而是以大模型为推理引擎,具备理解自然语言、调用工具、记忆上下文、执行多步计划等能力。这类智能体被广泛应用于问答系统、数据分析助理、AI 编程助手和多智能体协作系统中,推动了人工智能从“弱智能”向“具备任务执行能力”的“强工具”方向发展。

随着智能体架构的不断演进,业界围绕大语言模型构建了多种具有代表性的 Agent 实现范式。这些智能体不仅在任务类型、执行机制上各具特色,还在工具调用、记忆机制以及适用场景方面呈现出显著差异。为了更直观地理解当前主流 LLM - Agent 的技术路径与能力边界,在表 19.1 中我们列举并比较了几种经典的智能体代表。

表 19.1　经典 Agent 对比

名称	代表范式	核心机制	工具调用方式	应用场景	特点总结
ReAct Agent	推理 + 行动	思考→行动→观察	手动绑定工具（如 LangChain）	多轮问答、插件调用、逻辑推理	思路清晰、可解释性强
AutoGPT	自主规划代理	子任务生成 + 自动循环执行	自动调用 + 回环控制	复杂任务执行、信息整合	高度自治，自动化能力强
LangChain Agent	LLM 调度框架	Prompt + Tool + Memory 组合	函数调用或 JSON 插件	企业搜索、数据分析、问答系统	模块化强，开发灵活
Coze Agent	低代码对话式智能体	图形化配置、插件、规则、记忆	拖拽式配置或 API 接入	客服助手、原型快速构建	上手快，适合非技术用户

- ReAct Agent：是“推理+行动”型智能体，核心机制是生成“思考→行动→观察”的逻辑链。它结构清晰，适合处理需要多轮推理与插件调用的复杂任务，常用于问答、检索与逻辑规划场景。
- AutoGPT：一种自主规划型智能体，能够将目标自动拆解为子任务，并通过循环执行逐步完成。它高度自动化，适合探索复杂任务链，但可控性相对较弱，主要用于研究与实验。
- LangChain Agent：一个工程化智能体框架，通过组合提示词、工具接口与记忆系统，实现高可扩展的任务执行。它灵活、组件化，适合用于企业问答、数据处理等应用。
- Coze Agent：强调低代码与可视化配置，用户可通过拖拽方式构建插件和对话逻辑。适合非程序员构建客服助手、业务机器人等轻量型智能体，部署快、门槛低。

这些 LLM - Agent 的出现，推动了 AI 系统从“响应式问答”向“主动型执行者”演进，开启了大模型驱动的智能体新时代。后续章节将详细介绍如何结合 DeepSeek 模型与 MCP 协议，构建具备真实感知、推理、执行能力的 LLM - Agent 系统。

19.1.4　ReAct 思维-行动范式解析

在大语言模型赋能下的智能体系统中，传统的“输入-响应”式执行机制已无法满足复杂任务的处理需求。为此，研究者提出更具可解释性和推理能力的执行范式——ReAct 模式，即“思考(Thought)→ 行动(Action)→ 观察(Observation)”循环结构，如图 19.3 所示。该机制不仅提升了智能体的行为透明度，还增强了其在多步任务中的推理、决策与执行能力。

图 19.3　ReAct 范式流程

- 思考(Thought):在接收到用户输入或环境信息后,智能体首先进入“思考”阶段。此时,大语言模型根据上下文内容,生成一段自然语言形式的推理或分析,明确当前任务目标,并判断是否需要外部操作或知识补充。该阶段不直接产生行为,而是构建“为什么做”和“准备做什么”的认知路径,是后续行动的逻辑基础。
- 行动(Action):基于思考阶段的推理结果,智能体进入“行动”阶段。在此,Agent 会调用预定义的工具(如搜索引擎、计算模块、数据库查询接口等),或执行具体操作(如生成文本、调取 API)。该动作通常以结构化调用的方式完成,如调用“Search[天气预报]”,代表智能体在计划内主动寻求信息支持。
- 观察(Observation):执行完指定操作后,Agent 会从工具返回的结果中提取反馈信息,并将其作为“观察”输入,进入下一轮“思考”过程。这种反馈可以是文本回答、计算结果、搜索摘要等。观察阶段不仅提供了新信息供模型参考,也标志着 Agent 是否需要继续执行下一步任务,形成动态循环。

ReAct 的核心价值在于它将“语言推理”与“工具行动”有效整合,通过循环交替实现多步决策与结果优化。与传统一次性决策模式相比,ReAct 支持思维链延伸(Chain-of-Thought)与中间反馈更新,适用于复杂任务分解、信息检索增强问答、多轮对话交互等场景。它赋予 LLM - Agent 更强的可控性与可解释性,是当前主流智能体架构的重要执行机制之一。

19.2 模型上下文协议(MCP)的作用与机制

尽管大语言模型(LLM)在理解与生成自然语言方面展现出卓越能力,但其在实际任务执行中仍高度依赖外部工具的支持,如信息检索、数据处理、数据库查询等。这种“语言智能”与“操作能力”之间的割裂,成为制约智能体系统进一步发展的关键瓶颈。现有主流解决方案(如 Function Calling、API 直调等)虽初步实现了工具调用,但在上下文组织、流程管理、状态保持等方面存在明显不足,难以支撑复杂、多轮、多模块协同的智能体任务。

为解决这一结构分散、流程不透明、状态不连贯等问题,模型上下文协议(MCP)应运而生。它通过统一的上下文表示与协议接口,桥接大模型与外部世界,提供了一个更具系统性与可扩展性的智能体执行框架。以下将分别介绍 MCP 的提出背景、系统架构和整体流程。

19.2.1 MCP 的核心定义与定位

MCP 旨在为大语言模型提供一种标准化的上下文交互协议,使模型能够在复杂环境中感知、理解并有序调用外部资源。具体而言,MCP 将智能体运行所需的各类信息,包括可用工具、环境资源、用户意图、模型状态、执行记录等抽象为统一的结构化上下文，通过明确的协议格式与组件定义（如 Client、Server、Tool、Memory、Resource 等）协调模型与外部世界之间的交互。其最终目标是让模型在执行任务时具备更强的上下文理解能力、更灵活的工具调度能力与更稳定的执行一致性，从而实现真正意义上的通用智能体系统。

MCP 架构就像一台计算设备，主控端（Host）通过多个 USB 接口（协议）连接不同的扩展模块（Server），这些模块可能是本地数据源，也可能是远程 API 服务。而客户端模块则相当于适配器，将模型的自然语言意图转化为机器可执行的结构化命令。

通过 MCP，模型无需通过提示词“猜测”可用工具或参数格式，而是可以基于结构化上下文清晰知道：“我能调用哪些功能、每个功能怎么用、当前上下文中已完成了哪些步骤。”这使得整个智能体执行流程更加清晰、可控，特别适合执行包含多轮交互、上下文保持、策略规划等高级任务的系统。

为了更好地理解 MCP 的设计价值，以下将对上述三种方式进行简要对比，并进一步说明 MCP 在智能体系统中的关键作用。

- Function Calling 是由 OpenAI 提出的一种轻量级交互机制，允许开发者预定义函数名称与参数结构，模型则根据自然语言输入自动生成结构化调用请求，并由平台转发执行。这种方式非常适合处理结构明确、任务单步的调用，如数据库查询或插件接口。其优势在于接口清晰、集成简单，但缺乏上下文感知与多轮任务规划能力，难以胜任连续推理与任务链执行的复杂场景。
- 工具 API 直调是指模型或程序通过 HTTP 接口、系统命令等方式直接访问外部工具。这种方式灵活性高、控制粒度细，适用于已有工具链的快速集成。但它依赖开发者手动实现调用逻辑与上下文管理，通常不具备统一调度能力，也无法支持智能体层面的推理过程或任务持续执行。因此，虽然在工程上应用广泛，却难以满足智能体系统对动态性和连贯性的要求。
- MCP 协议正是在这种背景下提出，作为一种面向智能体交互的通用上下文协议，它为大模型构建了一个“可感知、可调用、可控”的运行环境。通过将工具（Tool）、资源（Resource）、记忆（Memory）、提示模板（Prompt）等关键组件模块化，MCP 使得 LLM 能够在结构化上下文中有序地进行推理与调用。模型不再需要依赖复杂的提示工程去猜测应调用哪些功能，而是可以明确知道当前有哪些可用能力、应如何调用，以及处于怎样的上下文状态之中。这样不仅提高了模型的调用效率，也为系统的安全性、可控性和任务管理提供了保障。

总体而言，Function Calling 和传统 API 调用方式虽然可实现一定程度的工具调用，但它们往往依赖静态接口定义与手动逻辑控制，缺乏对上下文与调用链的系统性管理。而 MCP 则以智能体为核心，支持任务状态保持、动态指令调度与统一权限控制，特别适合多步骤、高复杂度的任务执行场景，展现出更强的适应性和扩展潜力。

表 19.2 将 MCP 协议与 Function Calling 及传统工具 API 方式进行详细对比，从接口定义、调用控制到适配场景等多个维度展开分析。

表 19.2 外部资源调用方法能力对比

比较维度	Function Calling	工具 API 直调	MCP 协议
功能定义方式	通过预先设定的函数格式进行调用	由开发者手动集成外部接口	使用模块化描述方式,并自动嵌入提示信息
调用控制方式	模型生成调用意图,由平台转发并执行	调用过程由程序员自行编排	大模型生成操作请求,服务器根据请求统一安排执行
工具扩展能力	支持有限数量的函数或插件	接入灵活,但每个工具需单独适配	工具可动态注册,支持本地工具与远程资源的混合接入
任务连续性支持	每次调用相互独立,无法记住之前的操作	需开发者手动保存状态和上下文	服务器可维护上下文信息,任务可按步骤连续执行
权限与安全控制	由平台提供基础权限管理机制	安全控制逻辑需由开发者自行实现	服务器统一管理访问权限与调用安全,保障工具使用可控
适用场景特点	适合一次性、结构化的简单任务,如查询天气或安排日程	更适合已有系统接入模型,但难以支持智能推理型任务	适用于需要复杂逻辑、连续交互的智能体系统,如 AI 助手等

19.2.2 MCP 系统架构与关键组件

为了实现大语言模型与外部资源之间的高效、可控、结构化交互,MCP 引入了一套模块化设计,将智能体运行过程中涉及的各类要素抽象为不同的协议组件。以下是 MCP 的核心模块及其功能职责,如图 19.4 所示。

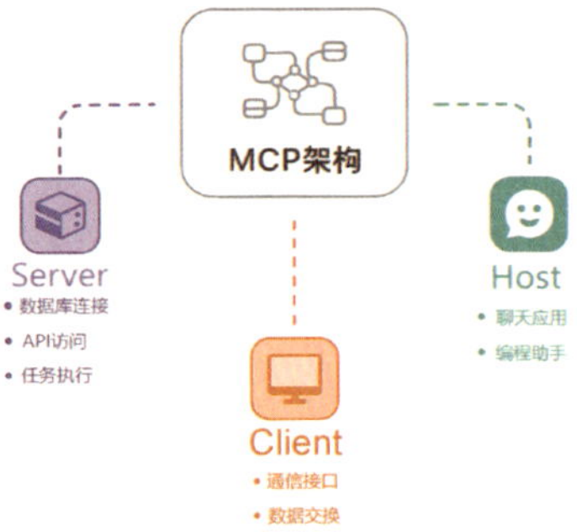

图 19.4 MCP 架构图

- MCP 协议:MCP 本质上是用于规范 Host 与 Server 之间通信方式的协议标准。它定义了上下文数据的结构、工具调用的格式和结果的响应形式,从而确保跨系统环境下的交互保持一致与可控为交互提供统一的结构化支持,便于系统中各组件间的协同运作。
- Server 模块:是实际执行各类任务的服务端模块,负责连接数据库、调用外部 API 或执行本地功能。每个 Server 可以封装一个或多个工具,并通过 MCP 协议对外提供调用接口,响应来自 Host 的指令。Server 是智能体体系中的“执行者”,为模型提供外部知识和操作能力支撑。
- Host 模块:是任务的发起者,通常运行在语言模型环境中。它负责解析用户意图、组织 Prompt、决定工具调用策略,并整合 Server 返回的结果,生成最终响应输出。用户接口通常集成在 Host 中,如网页应用、命令行终端或桌面平台。

Host 承担着交互控制和智能体逻辑的主要职责。

- Client 模块:Client 模块则位于 Host 与 Server 之间,负责建立与 MCP Server 的通信连接,并管理调用请求与响应的数据流。它的核心职责是实现 Host 到 Server 的协议封装与转发,将 Host 发起的工具调用请求准确传递给对应的 Server,并将返回结果送回 Host。Client 不直接参与用户交互,也不承担推理与上下文构建任务,而是专注于通信流程的标准化与稳定性,是连接 Host 与工具服务的重要中介模块。

MCP 通过对智能体运行环境中各组成模块进行明确的职责划分,实现了大语言模型推理能力与工具执行能力的解耦协同。在该架构下,Client、Host 与 Server 各司其职,构成了一个高内聚、低耦合的系统体系。大模型在其中更像是操作系统中的"用户进程",在清晰定义的上下文和权限边界内自主完成任务,为构建可控、可维护、可移植的智能体系统奠定了坚实基础。

在此基础上,MCP 进一步支持一种分布式、多源异构资源访问模式,使一个 Agent 或模型客户端能同时连接多个后端服务。无论目标资源是本地数据库、私有 API,还是远程 Web 服务,均可通过统一的 MCP 协议进行安全、稳定的调用。这种灵活的访问机制极大增强了智能体的连接能力与任务调度能力,也为多模态协同、多工具融合提供了通用的技术底座。

前述架构理念在图 19.5 中得到了形象展现:MCP Host(由 Agent 与大模型构成)作为任务的发起者,通过 MCP 协议同时调度多个 MCP Server。图中上方两个 Server 分别连接本地数据库,执行结构化数据处理与信息检索;而底部的 Server 则通过 Web API 接入远程数据库,完成跨平台、跨网络的服务访问。借助这一统一接口、分布执行的机制,智能体系统能够灵活整合本地与远程资源,实现复杂任务的高效协同与动态扩展。

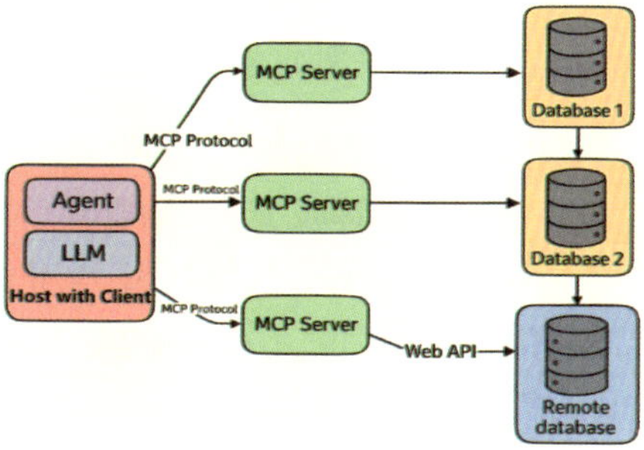

图 19.5 MCP 示意图

19.2.3 MCP 的运行流程与服务机制

在智能体系统中,Agent 负责感知用户输入、维护对话历史、构建执行链条;LLM 提供核心的推理、决策与自然语言生成能力。MCP 协议作为桥梁,标准化了 Agent 与 LLM 之间的通信,使其能够高效协作完成复杂任务。

图 19.6 为 MCP 运行流程图,整个协作流程如下所列。

(1) 用户输入与上下文构建

在典型的 MCP 系统中,Agent 首先接收用户输入,该输入会与系统提示(System Prompt)合并,提示中包含当前任务的目标说明及可用工具的结构化描述,如工具名

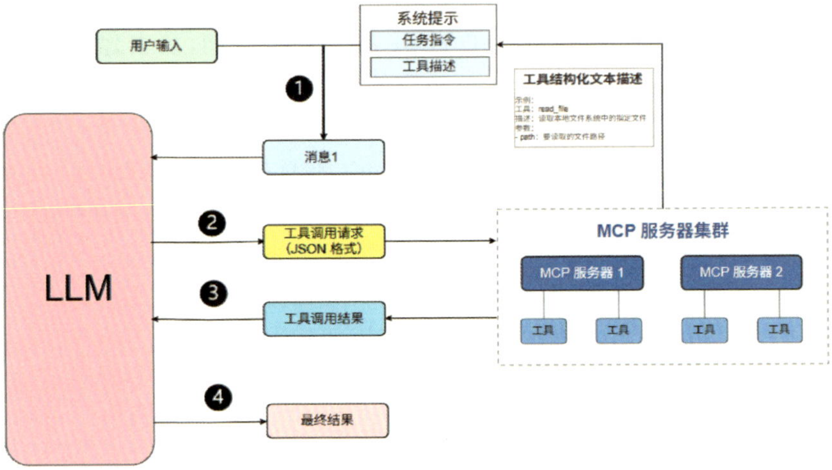

图 19.6　MCP 运行流程图

称、用途、参数格式等。Agent 构建完整的上下文后,将其作为 Prompt 传递给 LLM(如 DeepSeek 模型),以启动推理流程。

(2) 模型推理与调用判断

LLM 接收到输入后,进行第一次思维链推理(消息 1),判断当前任务是否可以直接回答,或是否需要调用外部工具支持。当模型认为需要工具辅助时,它将生成一个结构化的调用请求,例如调用 fetch 工具获取网页内容。

(3) 工具执行与结果返回

Agent 识别并转发这一 JSON 请求,通过 MCP 协议发送至注册了目标工具的 MCP Server,由 Server 执行实际调用任务,如访问 API、查询数据库或运行本地脚本等。工具执行完毕后,结果通过 MCP Server 返回,形成 Tool call result,Agent 将该结果封装后再交还给 LLM。

(4) 最终推理与答复生成

模型结合原始问题和工具结果进行第二次推理,生成最终响应文本(Final Result)供用户使用。而当模型判断任务无需外部调用时,可直接输出最终结果,跳过工具链流程,实现高效回答。

19.3　DeepSeek 模型与 MCP 的集成实践

接下来,我们结合实例讲解 DeepSeek 与 MCP 的集成案例。

19.3.1　开发环境搭建及 VS Code+CLine 配置

第一步,下载 VS Code。在官网下载页面中,根据操作系统选择对应版本进行下载，本实验以 Windows x64 版本为例进行演示，下载页面如图 19.7 所示。

https://visualstudio.microsoft.com/zh-hans/free-developer-offers。

图 19.7　VS Code 官网下载页面

第二步，购买与申请 DeepSeek API。进入 DeepSeek(https://platform.deepseek.com/usage)控制台，完成付费后依次单击左侧“API keys”，再单击“创建 API key”，输入名称并确认，即可生成用于调用的专属密钥，如图 19.8 所示。

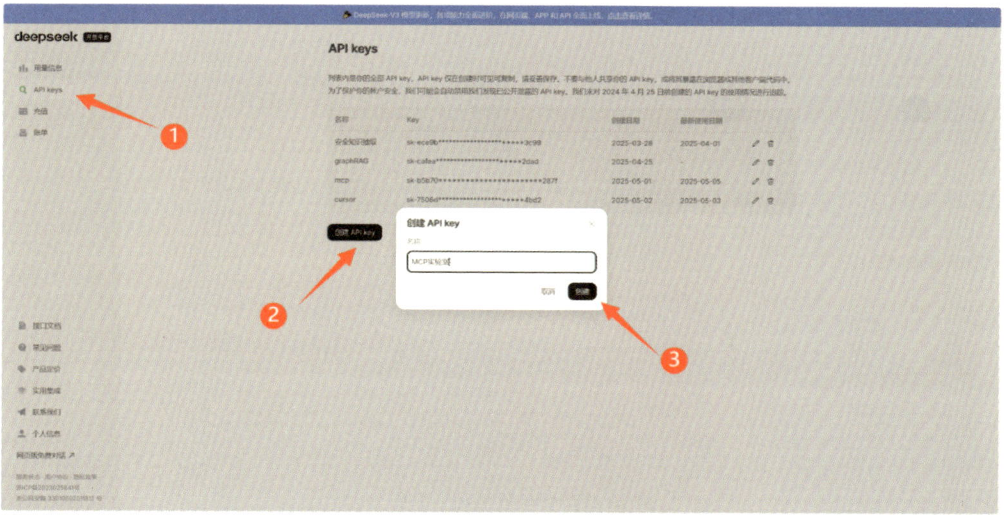

图 19.8　DeepSeek API 申请页面

第三步，VS Code 配置 CLine。在 VS Code 左侧扩展栏中搜索“CLine”，找到对应插件后单击安装，即可完成插件集成。图 19.9 展示了在 VS Code 中下载 Cline 插件。

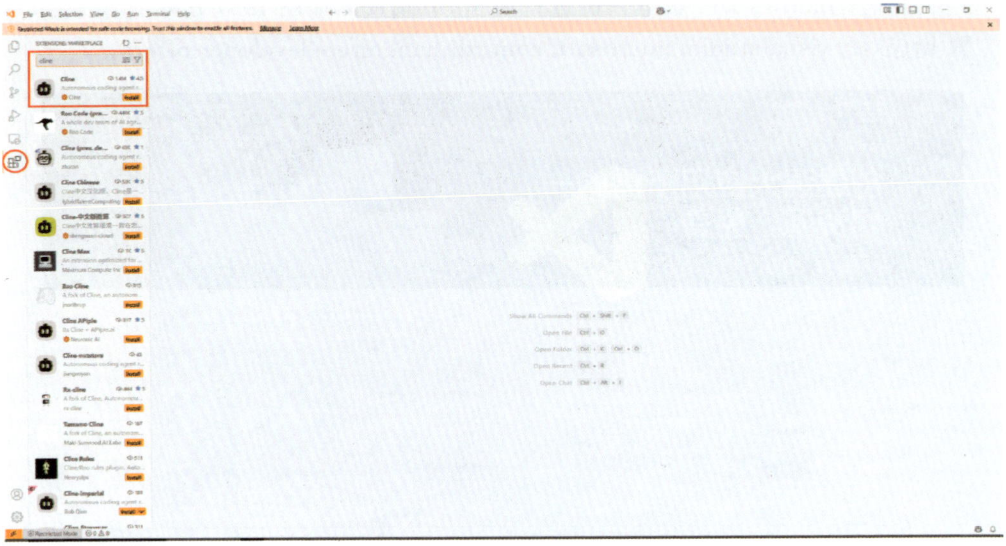

图 19.9　VS Code 下载 Cline 插件

第四步,配置 CLine。在安装完成 Cline 插件后,单击左侧插件面板中的设置入口,找到“API Provider”区域,选择 DeepSeek 并粘贴你在官网申请的 API 密钥,即可完成配置,如图 19.10 所示。

图 19.10　Cline 配置 DeepSeek API

第五步,测试 Cline。完成 API 配置后,即可在 Cline 插件中直接提问,大模型将自动生成并返回回答,如图 19.11 所示则表示配置成功。

图 19.11　Cline 对话测试

19.3.2　常用 MCP Server 平台概览

在完成 VS Code 环境与 Cline 插件配置之后，下一步是为智能体提供具体的执行能力，这就需要配置一个或多个 MCP Server。MCP Server 作为实际调用外部工具或 API 的执行后端，是智能体完成任务的关键组成部分。每个 Server 通常对应一个具体能力模块，如调用日历服务、读取本地文件、访问数据库等。

开发者可以使用官方提供的开源服务模板，也可以根据需求自定义服务。以下是几个常用的 MCP Server 示例仓库，支持本地或远程部署。

- ModelContextProtocol Servers（https://github.com/modelcontextprotocol/servers）是官方维护的示例仓库，收录了多种开源的 MCP Server 实现，涵盖 Python 与 TypeScript 两种主流语言。该平台适合具有一定开发能力的读者进行学习与二次开发，尤其适用于想深入理解 MCP 协议原理的技术用户。
- Smithery（https://smithery.ai/）提供了一个插件式的 MCP Server 管理环境，用户可以在平台内一键搜索、安装并运行各类 Server，支持热更新和插件扩展。该平台对配置门槛要求较低，适合希望快速接入现成能力模块、专注任务开发的用户使用。Smithery 官网的主界面如图 19.12 所示。
- MCP.so（https://mcp.so/zh）是一个由社区维护的 MCP Server 展示平台，聚合了大量功能各异的 Server 示例，并按用途进行分类。该平台适合能力浏览、使用场景参考，对于初学者或非专业开发者来说，也是了解 MCP 生态的良好入口。MCP.so 官网的主界面如图 19.13 所示。
- ModelScope MCP 广场（https://www.modelscope.cn/mcp）是阿里云提供的企业级平台，将 MCP Server 与模型能力集成在统一的云服务框架中。该平台支持一站式部署与调用，适合科研团队和企业在生产环境中构建大规模的智能体系统。主界面如图 19.14 所示。

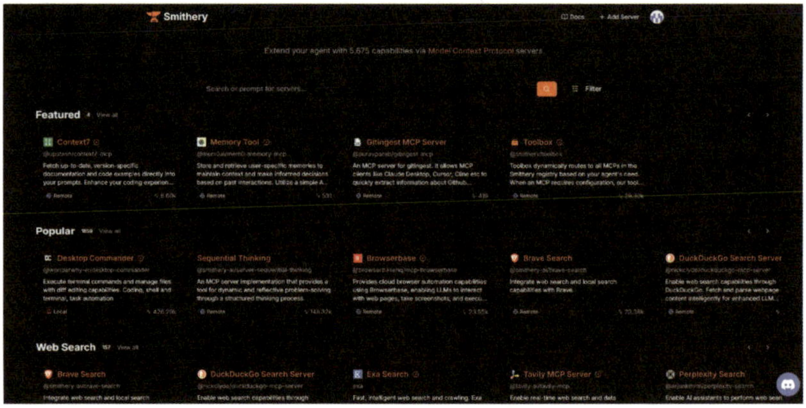

图 19.12　Smithery 官网

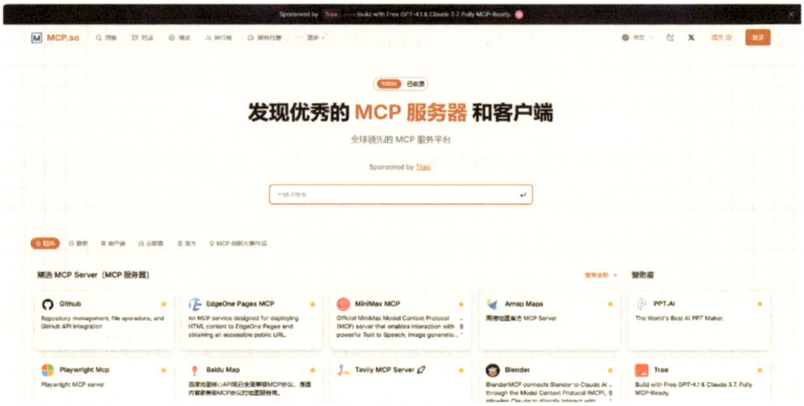

图 19.13　MCP. so 官网

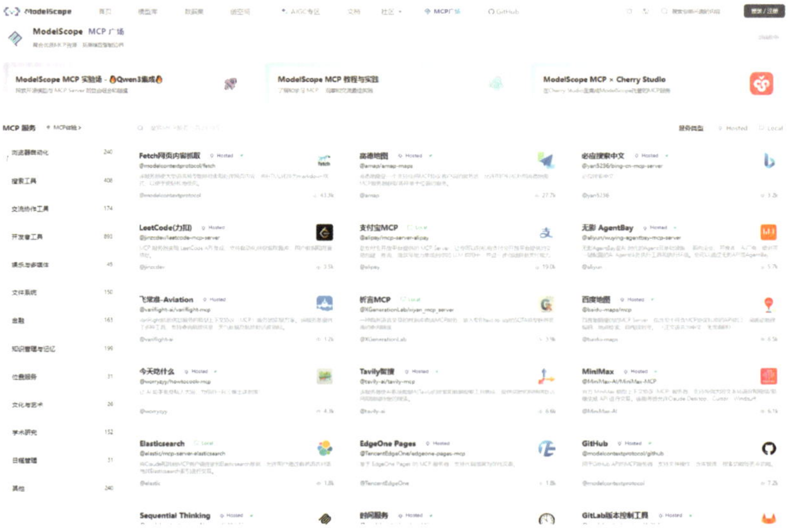

图 19.14　ModelScope MCP 广场页面

19.3.3 Server 端服务的标准化配置

在 MCP 协议体系中，Server 端服务主要有两种运行方式：本地模式（Stdio）与远程模式（Web API），两者适用于不同的部署场景。

- 在远程模式下，MCP Server 通常以独立服务的形式运行于远程主机或云平台，模型通过网络协议（如 HTTP）与这些服务通信。这类 Server 适合需要长时间运行、稳定性要求高或需要与企业现有系统对接的任务，具备良好的可维护性与可扩展性。
- 在本地模式中，MCP Server 通过标准输入输出（Stdio）协议直接与大语言模型所在主机进行通信。该方式无需部署远程服务，适合调试阶段或轻量级插件运行场景。在本地环境中，开发者通常使用 Python 或 TypeScript 来实现 MCP Server，不同语言对应不同的启动方式。其中 Python 服务通常通过 uvx 命令运行，它是一个轻量级的封装工具，基于标准输入输出（Stdio）协议启动 Python 脚本，适合快速调试与部署；而 TypeScript 服务则通常借助 npx 命令执行，它依赖 Node.js 环境，能够便捷地调用本地或远程的 npm 脚本模块。

第一步，安装 uv 模块。可通过如下命令使用 pip 安装所需的 uv 模块（安装 uv 后即自动提供了 uvx 的命令支持，因此无需单独安装 uvx 工具），同时指定清华镜像源以加快下载速度。图 19.15 展示了安装过程及成功验证结果。

```
pip install uv - i https://pypi.tuna.tsinghua.edu.cn/simple
```

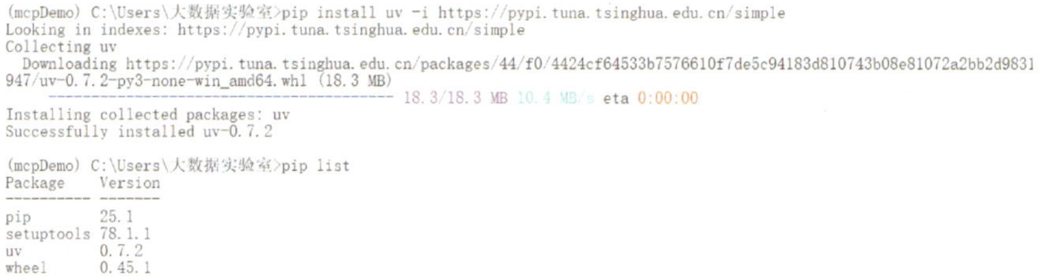

图 19.15 uv 下载命令界面

第二步，安装 nodejs。访问 Node.js 官网，下载与系统相匹配的版本（推荐 LTS 版本），并根据安装程序的提示逐步完成安装。安装完成后，即可在命令行中使用 node 和 npx 命令，支持运行和调用基于 JavaScript 的 MCP Server。

- nodejs 下载官网：https://nodejs.org/zh - cn。

第三步，验证 nodejs。可通过以下命令验证 Node.js 及其相关工具是否配置成功，如图 19.16 所示。

```
node - v
npm - v
npx - v
```

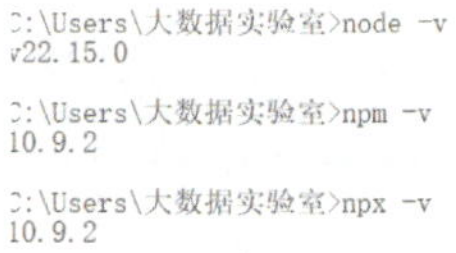

图 19.16 Node.js 验证命令界面

第四步，查看 MCP 文件。配置过程

如图 19.17 所示,用户可以通过编辑 JSON 配置文件的方式手动添加 MCP Server。单击左侧 MCP 插件面板中的“Configure MCP Servers”按钮,即可打开配置文件(cline_mcp_settings.json),在其中填写所需的 Server 信息,完成个性化配置。该方式适用于需要精确控制 Server 启动参数或批量添加服务的场景。

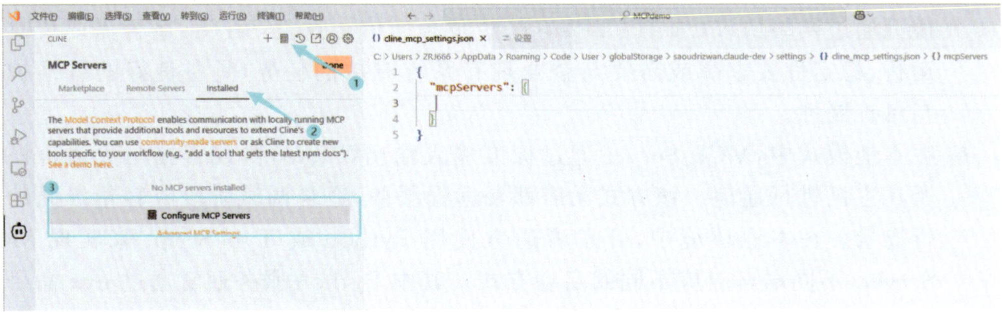

图 19.17　VS Code 配置 MCP

第五步,搜索 MCP Server。以国内的 ModelScope 魔塔社区为例,用户可通过搜索关键词(如“bing”)快速查找所需的 MCP Server,如图 19.18 所示。

图 19.18　必应搜索页面

第六步,查看 MCP Server 配置。用户可根据自身系统环境选择对应的 MCP Server 配置方式。以图 19.19 中展示的 Windows 系统为例,只需将提供的 JSON 片段复制到本地配置文件中,即可完成服务的注册与调用准备。

第七步,配置 MCP Server。在 VS Code 的 MCP 插件面板中,左侧列出了已配置的 MCP 服务。用户可通过切换按钮控制服务的启用状态,绿色图标表示该服务已成功接入并处于激活状态,说明配置文件格式正确,且本地 Server 启动无误,如图 19.20 所示。

第八步,测试 MCP Server。发送“请你用必应搜索一下贵州”的请求,MCP 成功调用已配置的 Bing 服务并返回搜索结果,说明 Server 接入与调用流程配置正确,已实现智能体与外部工具之间的联通与交互,如图 19.21 所示。

贵州网旅游官方界面如图 19.22 所示。

图 19.19　必应中文搜索配置页面

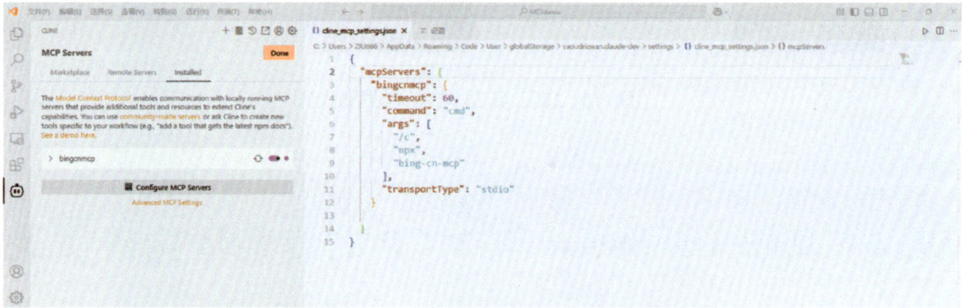

图 19.20　VS Code 的 MCP 插件面板

图 19.21　VS Code MCP 交互页面

图 19.22 贵州网旅游界面

19.4 基于 DeepSeek 与 MCP 的智能体构建实战

随着大语言模型推理能力的不断增强，如何将其与外部工具高效协同，成为智能体系统研发的关键突破方向。模型上下文协议(MCP)提供了一种结构化的调用机制，使大模型能够动态调用本地脚本、远程 API 与多源服务，执行复杂任务链条。基于此理念，DeepSeek 模型通过接入 MCP 服务，可在无需硬编码的前提下，完成从数据分析到地图路径规划、再到知识抽取的多种任务。

为全面展示 DeepSeek 与 MCP 集成后的智能体能力，本节设计了三个典型场景：一是自动化的财务数据分析与图表生成，二是结合高德 API 的智能出行路径规划，三是基于文本的贵州旅游知识图谱构建。通过三个案例，读者将系统掌握如何构建、配置并调度 MCP 服务，驱动大模型完成高度自动化的实用任务。

19.4.1 财务数据分析与可视化图表自动生成

在当前数据驱动的商业环境中，深入的财务数据分析对于制定有效的战略决策至关重要。本文以 GitHub 开源数据集为基础，借助 CLine 智能体与本地 MCP Server 构建自动化分析流程，系统可自动识别数据结构、规划任务、生成并执行 Python 代码，从而高效完成数据清洗、分析与可视化。该数据集涵盖订单日期、销售渠道、产品类型、销售数量、单价、总收入、总成本与总利润等关键字段，能够揭示销售趋势、利润分布与成本结构等核心信息。

考虑到大语言模型的上下文长度限制，本文选取其中前 900 条记录作为分析样本，如图 19.23 所示。在确保数据代表性的同时，能提升处理效率，实现从原始销售记录到商业洞察的智能转化。数据地址为：https://github.com/HariVM/Analytics/blob/master/1000%20Sales%20Records.csv。

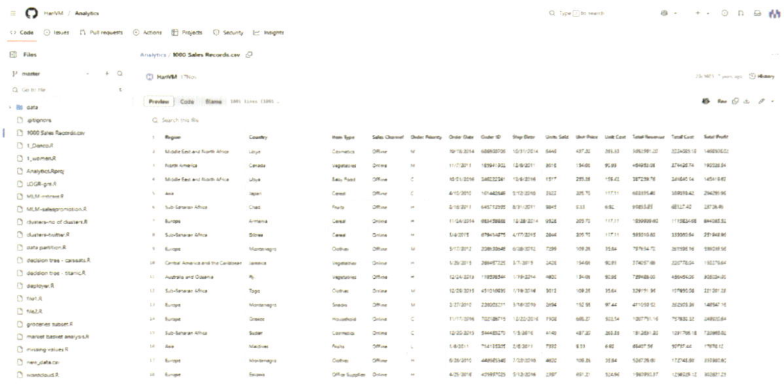

图 19.23　财务数据 github 页面

第一步，搜索 Filesy system Server。在 Smithery 平台中搜索关键词“File system”，然后选择界面中红框标出的“Filesystem MCP”，作为所需 MCP 服务进行安装和配置，如图 19.24 所示。

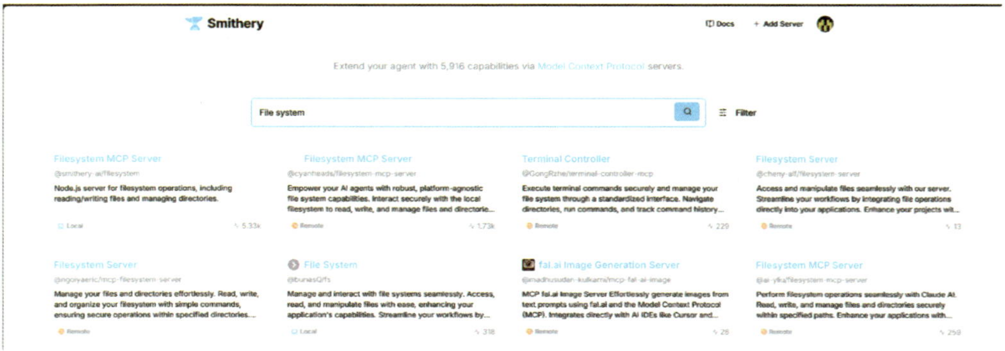

图 19.24　Smithery 搜索 File System

第二步，查看 Filesy system Server 配置。在 File System MCP Server 页面，选择右侧“Install”区域中的 JSON for Windows 选项，然后单击红框中的复制按钮，将生成的配置文件复制下来，用于后续集成到 json 中，如图 19.25 所示。

第三步，配置 Filesy system Server 并调用模型完成任务。

- 左侧三个红框依次对应任务提示词、CLine 对任务的规划方案，以及对指定 CSV 文件的读取与分析过程；右侧红框则展示了用于启用文件系统 json 配置，确保大模型具备访问本地数据的能力，如图 19.26 所示。输入的提示词如下所示。

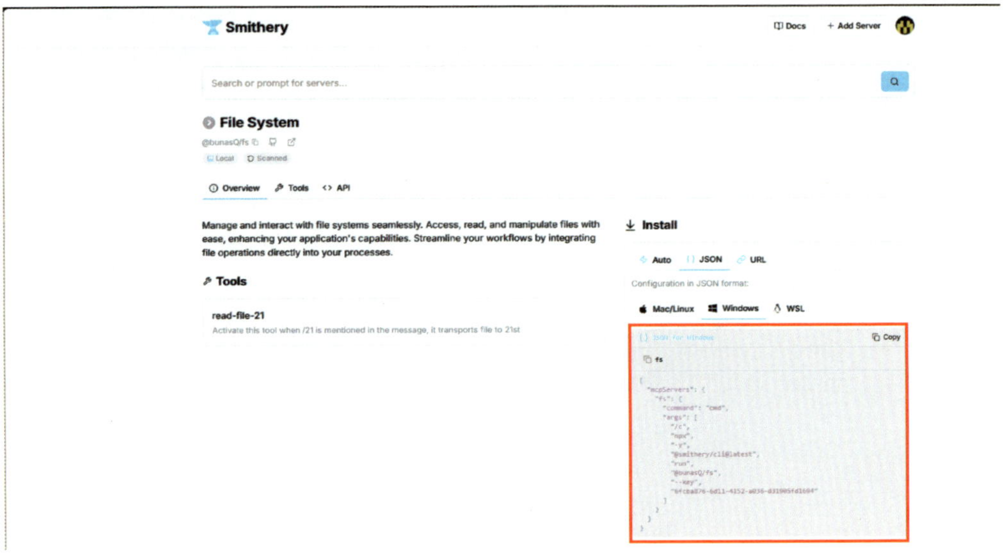

图 19.25　FileSystem 配置页面

编写 python 代码分析 Records.csv 并生成合理四个图表,添加在一张大图里颜色好看一点

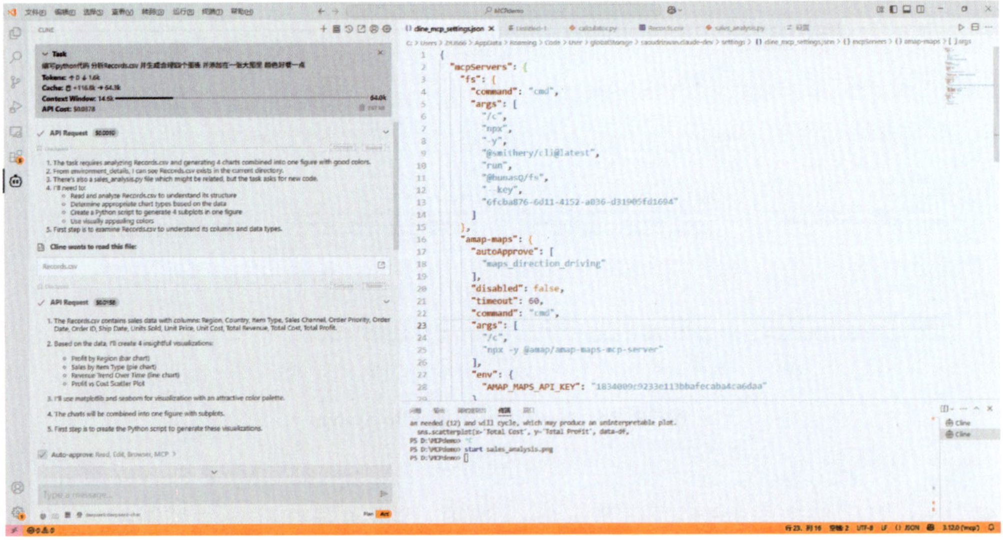

图 19.26　CLine 任务与 MCP 配置

■ 左侧展示了 CLine 编写并执行分析脚本的完整过程,包括生成代码、保存文件以及最终运行程序并输出执行结果与总结;右侧则为其生成的完整 Python 脚本,用于对销售数据进行可视化分析。图 19.27 为生成的分析代码。

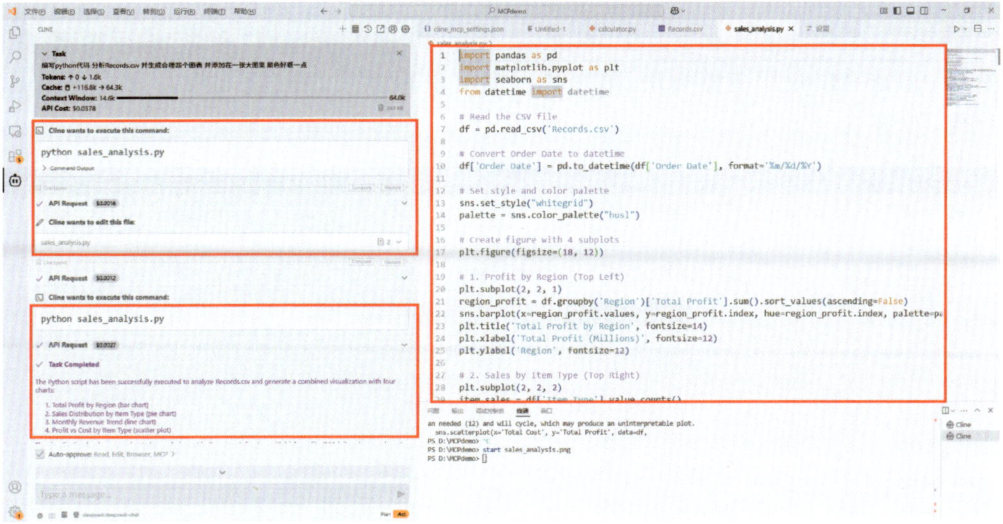

图 19.27　自动生成并执行分析代码

最终生成的图 19.28 展示了销售数据的多维可视化结果，涵盖区域利润分布、商品销售占比、月度营收趋势及利润与成本关系，帮助用户直观理解市场结构与经营效益。

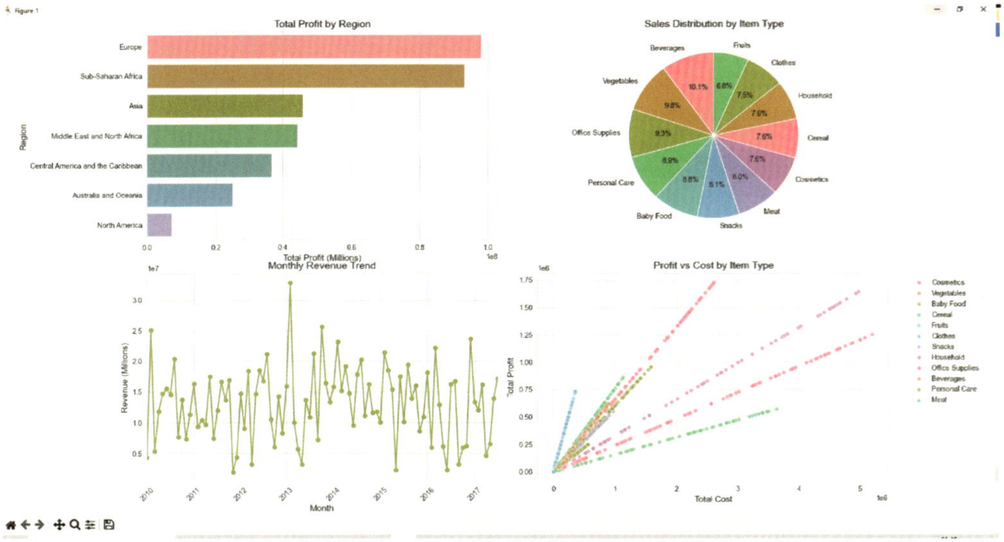

图 19.28　可视化结果

19.4.2　高德地图智能出行路径规划实践

借助高德地图实现自动化路径规划，以“从贵州大学到黔灵山公园的公共交通路线查询”为示例，系统演示如何通过高德地图提供的服务接口，结合 cline 智能体工具与 MCP Server，完成地理位置解析、交通路径计算与结果自动落地的全流程操作，最终将规划结果写入本地文件,实现从用户意图到可执行出行方案的智能转换。

第一步,搜索高德 Server。在 MCP. so 平台中,输入关键词“高德”进行搜索,找到并选择 Amap Maps 服务器模块,单击进入后可获取其安装配置方式并完成下载或集成操作,如图 19.29 所示。

图 19.29　MCP. so 搜索页面

第二步,查看高德配置。进入 Amap Maps 页面后,右侧展示标准的 MCP 服务配置示例,单击复制按钮可获取完整 JSON 配置,可直接粘贴到. mcp. json 文件中用于快速接入地图服务。Amap Maps 配置页面如图 19.30 所示。

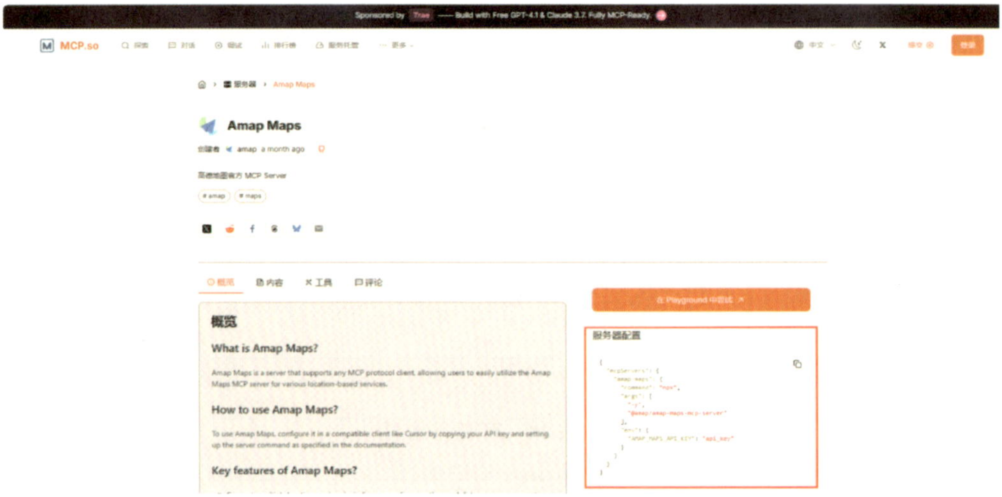

图 19.30　Amap Maps 配置页面

第三步,申请高德 API。访问高德开放平台(https://console. amap. com/dev/key/app),单击左侧“应用管理”中的“我的应用”,在弹出的窗口中填写 API 名称,选择服务平台为 Web 服务（图 19.31），完成后提交，即可生成用于 MCP 配置的 AMAP_MAPS_API_KEY。

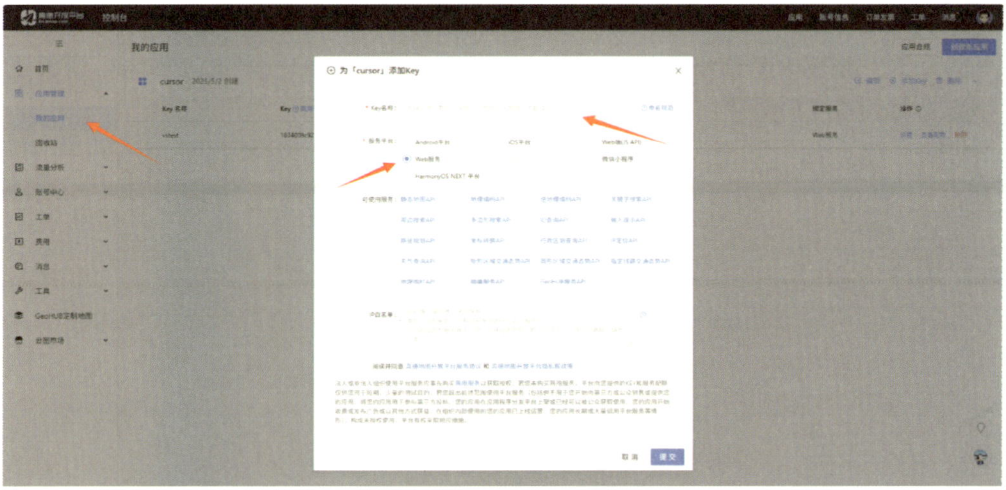

图 19.31　高德 API 申请

第四步，调用模型完成任务。任务规划并查询终点起点的图中展示了 CLine 对任务“从贵州大学到黔灵山的公共交通路线写在 txt 文件中”的完整规划流程。左上为任务描述，中部为工具调用意图，CLine 选择使用 amap-maps MCP 服务中的 maps_geo 工具，先获取起点“贵州大学”和终点“黔灵山”的经纬度信息，并分步骤说明了获取坐标、查询路线、写入文件的完整执行路径。提示词如下，任务规划及坐标获取如图 19.32 所示。

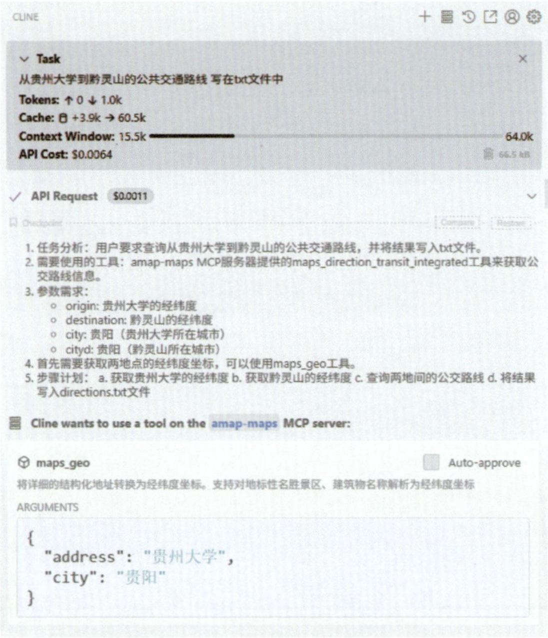

图 19.32　任务规划及坐标获取

从贵州大学到黔灵山的公共交通路线写在 txt 文件中。

图 19.33 展示了 CLine 成功获取“贵州大学”和“黔灵山”两地的经纬度坐标后，调用 amap-maps MCP 服务中的 maps_direction_transit_integrated 工具，查询两点间公共交通方案。参数中明确指定了起点与终点的坐标、城市名与城市编码，为后续路线规划和结果写入 TXT 文件提供了准确依据。

图 19.33 路线查询

CLine 成功调用 amap-maps 服务获取从贵州大学到黔灵山的详细公共交通路线，并将结果写入 directions.txt 文件。如图 19.34 所示，右侧为生成的文本内容，详细列出了多种出行方案，包括所需时间、换乘信息及交通工具，满足用户对出行路径可读性与实用性的需求。

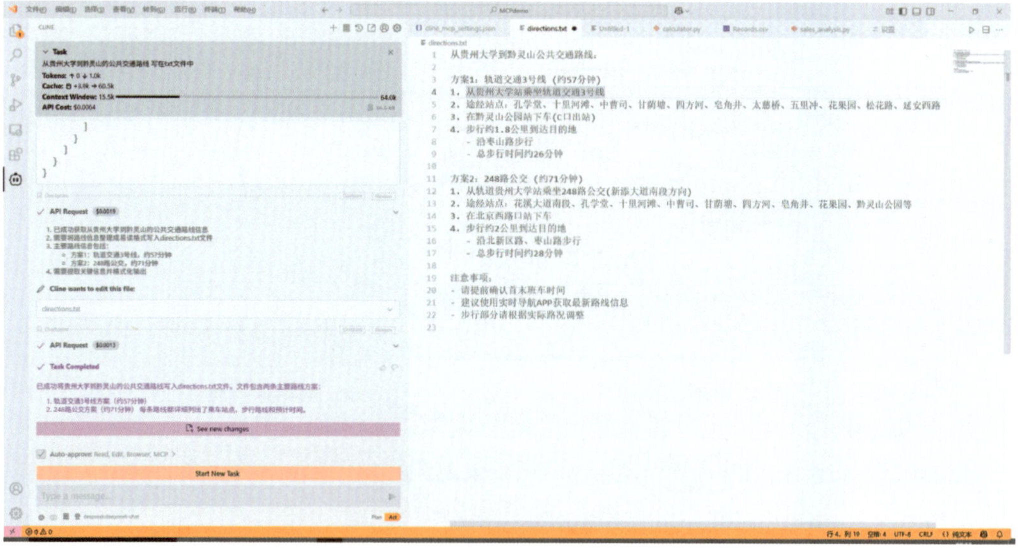

图 19.34 规划路线并写入

19.4.3　贵州旅游知识图谱生成实践

在本项目中，我们以一份描述贵州旅游景点的中文文本为起点，探索如何将自然语言中的信息结构化为可查询的知识图谱。整个流程从文本中抽取实体与关系，构建三元组文件，并最终写入 Neo4j 图数据库中，生成可视化的图谱数据。

本次实验采用 neo4j3.5.5 版本，MCP 需要通过 Bolt 协议与 Neo4j 数据库进行通信，以读取或写入图数据，因此必须开启 dbms.connector.bolt.enabled=true，并监听默认端口 7687，否则 MCP 后端服务（如 mcp-neo4j-server）无法建立连接，从而导致知识图谱推理、查询等功能失效。开启 Bolt 是 MCP 与 Neo4j 实时交互的前提条件。

第一步，修改配置。在 conf 目录下的 neo4j.conf 配置文件中添加配置

```
dbms.connector.bolt.enabled=true
dbms.connector.bolt.listen_address=:7687
```

第二步，启动 neo4j 数据库。其已在本地通过 Bolt 协议监听地址 127.0.0.1:7687，如图 19.35 所示。

```
C:\Users\ZRJ666>neo4j console
2025-05-11 13:22:09.419+0000 WARN  dbms.active_database is deprecated.
2025-05-11 13:22:09.432+0000 INFO  ======== Neo4j 3.5.5 ========
2025-05-11 13:22:09.441+0000 INFO  Starting...
2025-05-11 13:22:18.040+0000 INFO  Bolt enabled on 127.0.0.1:7687.
2025-05-11 13:22:19.277+0000 INFO  Started.
2025-05-11 13:22:19.940+0000 INFO  Remote interface available at http://localhost:7474/
```

图 19.35　Neo4j 启动页面

第三步，搜索 neo4j Server。在 Smithery 平台中搜索"neo4j"的结果页面，可通过关键词快速定位并选择适配的 Neo4j 相关 MCP Server，如左上角标记出的"Neo4j Server"，该服务用于集成 Neo4j 图数据库，实现自然语言查询与图谱交互功能，如图 19.36 所示。

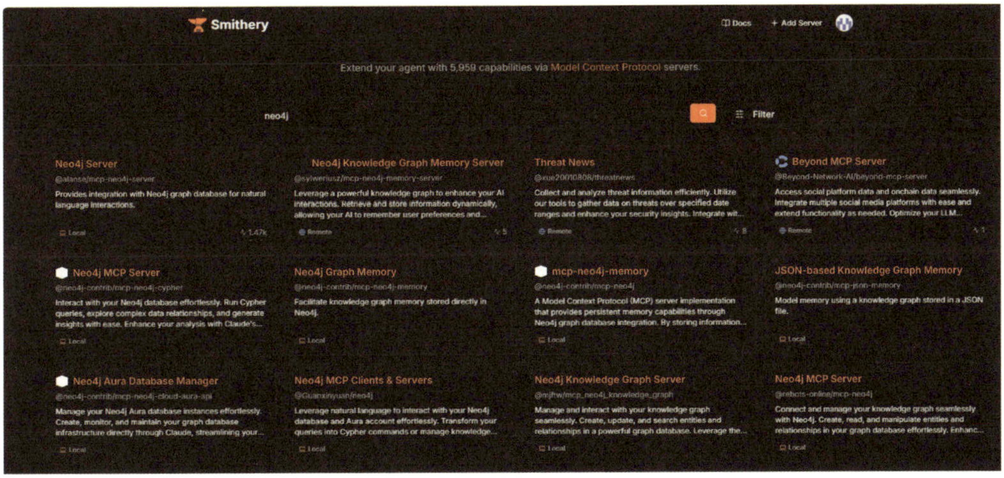

图 19.36　Smithery 搜索界面

第四步，查看 neo4j Server 配置。图 19.37 展示了 Neo4j Server 的安装配置界面，需根据自己本地 Neo4j 实例的启动信息填写参数，neo4j Url 应与本地 Bolt 服务监听端口一致。

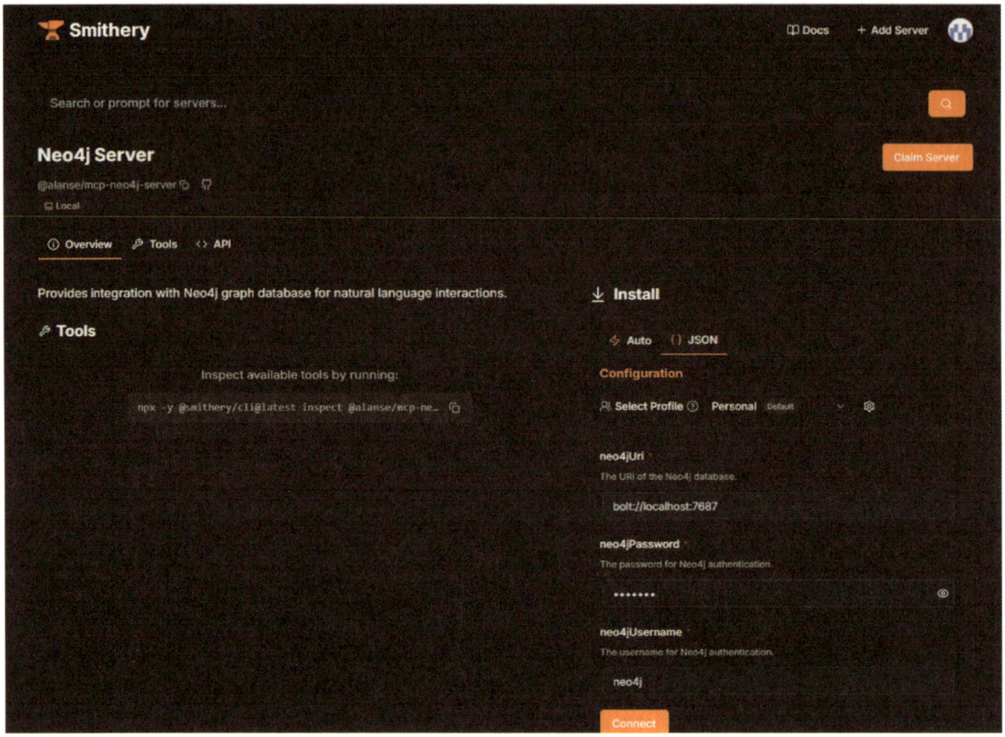

图 19.37　Neo4j Server 配置界面

第五步，调用模型抽取知识。Cline 智能体从 input.txt 文件中读取文本，并基于其中的内容自动提取实体关系，生成结构化的三元组数据(subject，predicate，object)并保存为 CSV 文件。图 19.38 的右侧 input.txt 包含描述人物行为和身份的句子，左下方为 Cline 的任务执行记录及输出指令，体现了从自然语言到知识结构化的自动转换过程。

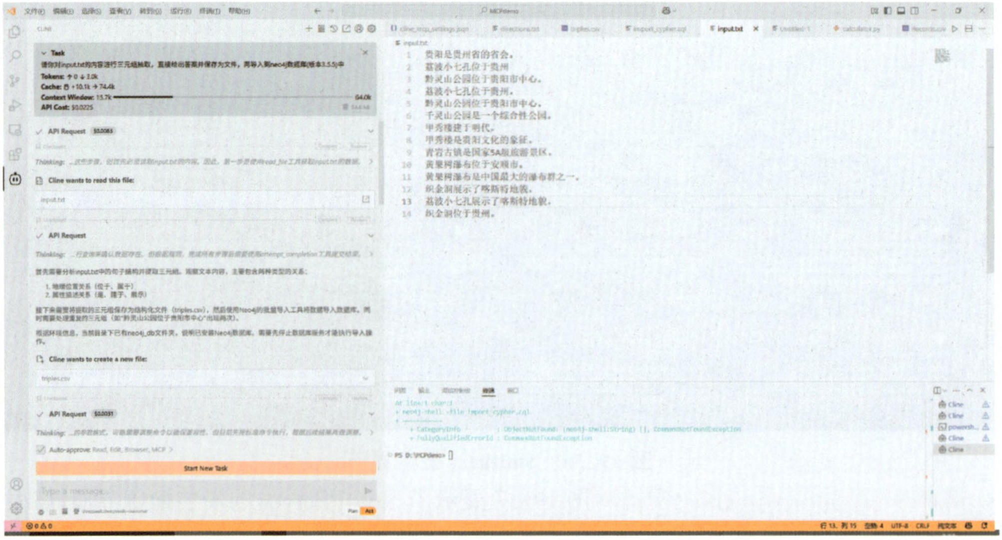

图 19.38　文本提取

第六步，调用 Neo4j 图数据库。图 19.39 展示了将基于自然语言提取出的三元组数据（右侧 triples.csv 文件）导入 Neo4j 图数据库的过程。左侧 Cline 调用 neo4j_query 工具，自动生成并执行 Cypher 语句来加载 CSV 文件。

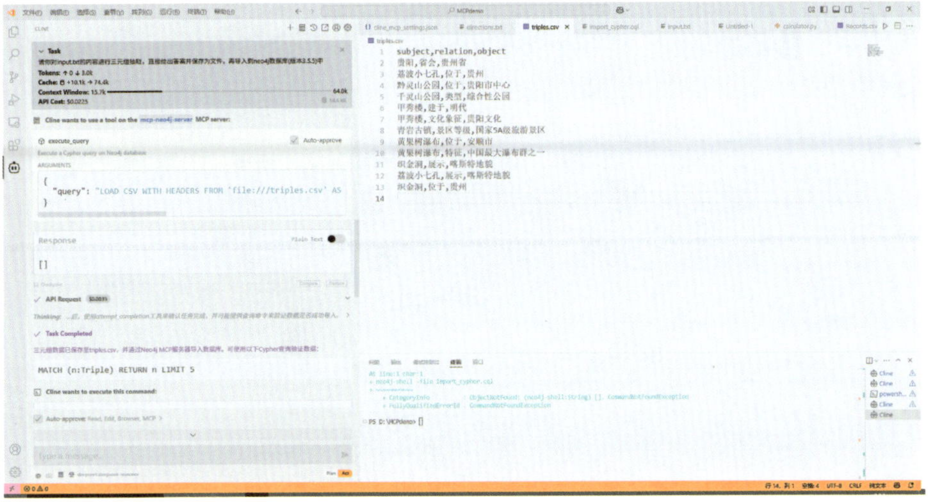

图 19.39　加载 CSV 文件

图 19.40 为提取三元组数据导入 Neo4j 数据库后的验证过程。Cline 自动生成了导入命令并尝试执行验证查询，但由于权限限制，最终建议用户手动登录 Neo4j 图形界面。

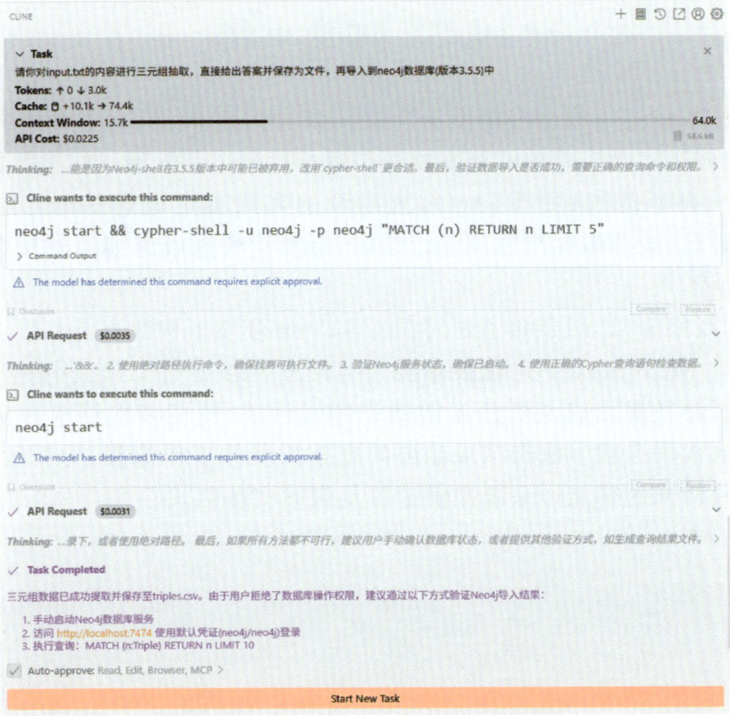

图 19.40　存入数据到 Neo4j 数据库

第七步,知识图谱可视化展示及搜索。在 Neo4j 可视化界面执行图查询,得到如图 19.41 所示的图谱结构可视化展示,验证了三元组数据已经正确存储和关联,实现了从文本抽取到知识图谱构建的完整流程闭环。

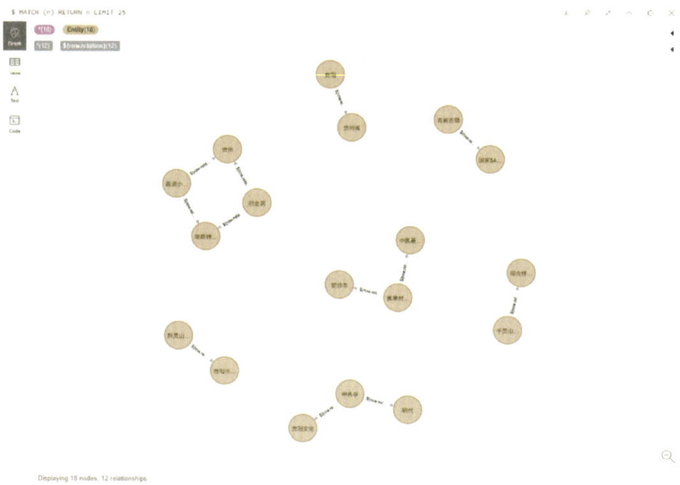

图 19.41 Neo4j 可视化结果

19.5 本章小结

本章围绕 DeepSeek 模型与模型上下文协议(MCP)的结合,系统介绍了大语言模型驱动的智能体在实际应用中的开发方法与运行机制。首先通过回顾智能体的核心结构、功能模块与典型范式(如 ReAct),为后续的实践奠定概念基础。随后深入解析 MCP 的设计理念、架构组成与协议运行流程,帮助读者理解其如何桥接大模型与外部工具的调用过程。

在集成实践部分,详细介绍了如何在 VS Code 环境下构建支持 CLine 的智能体开发体系,并结合 MCP Server 完成服务接入与配置。通过三个典型案例——财务数据分析、高德地图路径规划以及贵州旅游知识图谱构建,使读者能够掌握从任务意图识别、工具规划到代码自动生成与结果输出的完整智能体工作流程,为后续构建更复杂、多模态、多工具协同的智能体系统提供了可复制的实现范式。

参考文献

[1] 杨秀璋，颜娜. Python 网络数据爬取及分析从入门到精通[M]. 北京：北京航空航天大学出版社，2018.

[2] 松尾丰. 人工智能狂潮[M]. 赵函宏，高华彬，译. 北京：机械工业出版社，2016.

[3] Ian Goodfellow，Yoshua Bengio，Aaron Courville. 深度学习[M]. 赵申剑，黎彧君，符天凡，等，译. 北京：人民邮电出版社，2017.

[4] Guo D，Yang D，Zhang H，et al. Deepseek-r1：Incentivizing reasoning capability in llms via reinforcement learning[EB/OL]. (2025-01-22)[2025-05-25]. https://arxiv.org/abs/2501.12948.

[5] Chang Y，Wang X，Wang J，et al. A survey on evaluation of large language models[J]. ACM transactions on intelligent systems and technology，2024，15(3)：1-45.

[6] Devlin J，Chang M W，Lee K，et al. BERT：Pre-training of Deep Bidirectional Transformers for Language Understanding[C]. Proceedings of the 2019 Conference of the North American Chapter of the Association for Computational Linguistics：Human Language Technologies. Stroudsburg，2019，1：4171-4186.

[7] Ouyang L，Wu J，Jiang X，et al. Training language models to follow instructions with human feedback[J]. Advances in neural information processing systems，2022，35：27730-27744.

[8] Edge D，Trinh H，Cheng N，et al. From local to global：A graph rag approach to query-focused summarization[EB/OL]. (2024-04-24)[2025-05-20]. https://arxiv.org/abs/2404.16130.

[9] Lewis P，Perez E，Piktus A，et al. Retrieval-augmented generation for knowledge-intensive nlp tasks[J]. Advances in neural information processing systems，2020，33：9459-9474.

[10] Huang L，Yu W，Ma W，et al. A survey on hallucination in large language models：Principles，taxonomy，challenges，and open questions[J]. ACM Transactions on Information Systems，2025，43(2)：1-55.

[11] Wei J，Wang X，Schuurmans D，et al. Chain-of-thought prompting elicits reasoning in large language models[J]. Advances in neural information processing systems，2022，35：24824-24837.

[12] Wang L，Ma C，Feng X，et al. A survey on large language model based autonomous agents[J]. Frontiers of Computer Science，2024，18(6)：186345.

[13] Gao Y，Xiong Y，Gao X，et al. Retrieval-augmented generation for large language models：A survey[EB\OL]. (2023-12-18)[2025-05-20]. https://arxiv.org/abs/2312.10997.

[14] 杨秀璋，彭国军，刘思德，等. 面向 APT 攻击的溯源和推理研究综述[J]. 软件学报，2025，36(01)：203-252.

[15] Deng J，Li X，Chen Y，et al. RACONTEUR：A Knowledgeable，Insightful，and Portable LLM-Powered Shell Command Explainer[C]. Proceedings of the 2025 Network and Distributed System Security (NDSS) Symposium，2025：1-18.